高等学校应用型本科"十三五"规划教材

单片机技术及应用

王玮 费莉 谌丽 编著

西安电子科技大学出版社

内 容 简 介

本教材依据"单片机技术与应用"课程教学大纲,将所要求掌握的基本知识和基本原理分解到若干个章节,主要包括:单片机基本结构、单片机的指令系统、单片机的中断系统、单片机的定时器/计数器、单片机的串行口以及单片机常用接口电路与外设等。本教材还介绍了单片机开发设计过程中会用到的编程语言(汇编及 C51)和开发软件(Keil 及 Proteus)。在各章末,安排了能力训练和知识测试两个环节,以加深读者对重点内容的理解与掌握。在第 9 章介绍了两个完整的应用案例,这两个案例具有一定的综合性,能为读者进行课程设计和单片机应用开发打下基础。

本教材适合应用型本科院校,尤其是二本、三本院校电子、通信、自动化、仪器仪表等专业使用。

图书在版编目(CIP)数据

单片机技术及应用/王玮,费莉,堪丽编著. —西安:西安电子科技大学出版社,2015.8
高等学校应用型本科"十三五"规划教材
ISBN 978 - 7 - 5606 - 3764 - 8

Ⅰ. ① 单… Ⅱ. ① 王… ② 费… ③ 谌… Ⅲ. ① 单片微型计算机—高等学校—教材
Ⅳ. ① TP368.1

中国版本图书馆 CIP 数据核字(2015)第 177911 号

策划编辑　李惠萍
责任编辑　马武装　郭　魁
出版发行　西安电子科技大学出版社(西安市太白南路 2 号)
电　　话　(029)88242885　88201467　　　邮　　编　710071
网　　址　www.xduph.com　　　　　　　电子邮箱　xdupfxb001@163.com
经　　销　新华书店
印刷单位　陕西大江印务有限公司
版　　次　2015 年 8 月第 1 版　2015 年 8 月第 1 次印刷
开　　本　787 毫米×1092 毫米　1/16　印张　16.5
字　　数　385 千字
印　　数　1~3000 册
定　　价　30.00 元
ISBN 978 - 7 - 5606 - 3764 - 8/TP

XDUP　4056001 - 1

＊＊＊如有印装问题可调换＊＊＊
本社图书封面为激光防伪覆膜,谨防盗版。

应用型本科信息工程类专业系列教材

编审专家委员名单

主　任：鲍吉龙（宁波工程学院副院长、教授）

副主任：彭　军（重庆科技学院电气与信息工程学院院长、教授）

　　　　张国云（湖南理工学院信息与通信工程学院院长、教授）

　　　　刘黎明（南阳理工学院软件学院院长、教授）

　　　　庞兴华（南阳理工学院机械与汽车工程学院副院长、教授）

电子与通信组

组　长：彭　军（兼）

　　　　张国云（兼）

成　员：（成员按姓氏笔画排列）

　　　　王天宝（成都信息工程学院通信学院院长、教授）

　　　　安　鹏（宁波工程学院电子与信息工程学院副院长、副教授）

　　　　朱清慧（南阳理工学院电子与电气工程学院副院长、教授）

　　　　沈汉鑫（厦门理工学院光电与通信工程学院副院长、副教授）

　　　　苏世栋（运城学院物理与电子工程系副主任、副教授）

　　　　杨光松（集美大学信息工程学院副院长、教授）

　　　　钮王杰（运城学院机电工程系副主任、副教授）

　　　　唐德东（重庆科技学院电气与信息工程学院副院长、教授）

　　　　谢　东（重庆科技学院电气与信息工程学院自动化系主任、教授）

　　　　楼建明（宁波工程学院电子与信息工程学院副院长、副教授）

　　　　湛腾西（湖南理工学院信息与通信工程学院教授）

计算机大组

组　　长：刘黎明（兼）

成　　员：（成员按姓氏笔画排列）

刘克成（南阳理工学院计算机学院院长、教授）

毕如田（山西农业大学资源环境学院副院长、教授）

李富忠（山西农业大学软件学院院长、教授）

向　　毅（重庆科技学院电气与信息工程学院院长助理、教授）

张晓民（南阳理工学院软件学院副院长、副教授）

何明星（西华大学数学与计算机学院院长、教授）

范剑波（宁波工程学院理学院副院长、教授）

赵润林（山西运城学院计算机科学与技术系副主任、副教授）

雷　　亮（重庆科技学院电气与信息工程学院计算机系主任、副教授）

黑新宏（西安理工大学计算机学院副院长、教授）

前　言

　　单片机以其高可靠性、高性价比、设计灵活等优点被广泛应用于仪器仪表、家用电器、医疗设备、汽车电子、航空航天等各种产品中，具有很大的应用价值，在人们的生活中几乎随处可见。因此，单片机技术及应用课程在本科电类专业广泛开设。该课程虽具有较强的实践性和趣味性，但由于单片机集硬件使用与软件编程为一体，要求学生既要有较好的电子技术（包括模拟电子技术和数字电子技术）知识，又要有一定的逻辑思维能力，对于初次接触的学生来说，学习单片机技术有一定的难度。

　　为了适应高等工程教育和应用型人才的培养，本书编著者在参阅大量同类书籍的基础上，结合自己多年的教学经验和体会，编写了这本《单片机技术及应用》教材。

　　本书主要特色表现在如下几个方面：

　　（1）关注基础，强调原理，重在应用。

　　本书编写过程中强调基础知识及基本应用。书中讲述的内容都是初学者必须掌握的基本知识，书中"知识测试"模块主要检查学生对基础知识和基本原理的掌握程度；"能力训练"模块注重实例剖析和技能训练。

　　（2）以汇编语言为重点，辅以C51。

　　C51虽已流行，但因汇编语言与单片机的底层硬件联系更加紧密，对于初学者来说重点仍是汇编语言。同时，本书单独开辟一章介绍C51基本知识，为学有余力的同学提供帮助，这种安排也便于教师教学取舍。

　　（3）引入Proteus软件，增加锻炼机会。

　　考虑到学生学习过程中，总会由于各种原因，无法立即进行实物测试，本书特意引入市面上最流行的单片机系统仿真软件Proteus，让学生在实验室之外，在没有具体硬件的情况下，也能开展实验研究，为学生提供更多的学习、探究机会，促进学生自主学习。

　　（4）语言简练，易于学生阅读理解。

　　在本书编写过程中，作者力求层次分明，逻辑清晰，语言简练，易于读者自学。同时，选用简单而具有代表性的实例，可使读者轻松自如地掌握单片机的基本知识和典型应用。

　　本书由王玮、费莉、谌丽三位老师编写，具体分工如下：费莉编写第5章及第6章；谌丽编写第1章第8节、第3章、第4章；其余章节以及每章节的"能力训练"由王玮编写。全书由王玮负责统稿。编写过程中得到了重庆邮电大学移动通信学院通信工程系主任毛期俭教授的大力支持，还得到了重庆邮电大学移动通信学院通信工程系何永洪教授、王军高级工程师的鼎力帮助，在此表示最诚挚的谢意。

　　由于作者水平有限，书中难免有不妥之处，恳请读者批评指正。

编　者

2015年3月

目　　录

第 1 章 单片机概论

1.1 计算机中数据的表示方法

在计算机中，能直接表示和使用的有数值数据和符号数据两大类。数值数据用来表示数值的大小，并且还带有表示数值正负的符号位。符号数据又称非数值数据，用来表示一些符号标记，包括英文大小字母、数字符号 0～9、汉字和图像信息等。由于计算机中的数据都采用二进制编码形式，因此，讨论数据的表示方法就是讨论它们在计算机中的组成格式和编码规则。

1.1.1 带符号数的表示方法

在计算机中，数值有大小，也有正负，用什么方法表示数值的正负符号呢？通常用一个数的最高位表示符号位，若字长为 8 位，则 D7 为符号位，D6～D0 为数值位。符号位用 0 表示正数，用 1 表示负数。例如：

$$(0101\ 1011)_2 = +91 \qquad (1101\ 1011)_2 = -91$$

这种连同一个符号位在一起的数称为机器数，它的数值称为机器数的真值。机器数的表示如图 1-1 所示。

符号位　　　　　　　　　　数值位

图 1-1 机器数的表示

为了运算方便，机器数在计算机中有 3 种表示法：原码、反码和补码。

1. 原码

机器数用原码表示时，最高位为符号位，正数用 0 表示，负数用 1 表示，其余的位用于表示数的绝对值。正数的符号位为 0，因而正数的表示与它对应的无符号数的表示相同，负数则不是。原码的表示如图 1-2 所示。

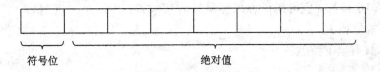

符号位　　　　　　　　　　绝对值

图 1-2 原码的表示

用原码表示时，由于最高位用作符号位，所以剩下的位就作为数的绝对值位。对于一个 n 位的二进制数，其原码表示范围为 $-(2^{n-1}-1) \sim +(2^{n-1}-1)$。例如，如果用 8 位二进制数表示原码，则数的范围为 −127～+127。

用原码表示时，对 −0 和 +0 的编码是不一样的。假设机器字长为 8 位，−0 的编码为 10000000B，+0 的编码为 0000 0000B。

【例 1−1】 求 +67、−25 的原码（机器字长为 8 位）。

因为

$$|+67|=67=1000011B, \qquad |-25|=25=11001B$$

所以

$$[+67]_原=01000011B, \qquad [-25]_原=10011001B$$

2. 反码

机器数用反码表示时，最高位为符号位，正数用 0 表示，负数用 1 表示。正数的反码与原码相同，而负数的反码可在原码的基础上，符号位不变，其余位取反得到。

反码的表示范围与原码相同，对于一个 n 位的二进制数，它的反码表示范围为 $-(2^{n-1}-1)$～$+(2^{n-1}-1)$。对于 0，假设机器字长为 8 位，−0 的反码为 1111 1111B，+0 的反码为 0000 0000B。

【例 1−2】 求 +67、−25 的反码（机器字长 8 位）。

因为

$$[+67]_原=01000011B, \qquad [-25]_原=10011001B$$

所以

$$[+67]_反=01000011B, \qquad [-25]_反=11100110B$$

3. 补码

机器数用补码表示时，最高位为符号位，正数用 0 表示，负数用 1 表示。正数的补码与原码相同，而负数的补码可在原码的基础之上，符号位不变，其余位取反，末位加 1 得到。对于一个负数 X，其补码也可用 $2^n-|X|$ 得到，其中 n 为计算机字长。

对于一个 n 位二进制数，补码表示范围为 $-(2^{n-1})$～$+(2^{n-1}-1)$，例如：8 位二进数的范围为 −128～+127。补码表示时，−0 的编码为 00000000，+0 的编码为 00000000（假设机器字长为 8 位）。

【例 1−3】 求 +67、−25 的补码（机器字长 8 位）。

因为

$$[+67]_原=01000011B, \qquad [-25]_原=10011001B$$

所以

$$[+67]_补=01000011B, \qquad [-25]_补=11100111B$$

另外，补码的计算，也可用一种求补运算方法求得，即一个二进制数，符号位和数值位一起取反，末位加 1。

求补运算具有以下特点：

对于一个数 X，

$$[X]_补 \rightarrow 求补 \rightarrow [-X]_补 \rightarrow 求补 \rightarrow [X]_补$$

【例 1−4】 已知 +25 的补码为 00011001B，用求补运算求 −25 的补码。

因为

$$[25]_补 \rightarrow 求补 \rightarrow [-25]_补$$

所以

$$[-25]_补 = 11100110 + 1 = 11100111B$$

4. 补码的加减运算

现在的计算机中,符号数的表示都用补码表示,因为用补码表示时运算简单。

补码的加、减法运算规则如下:

$$[X+Y]_补 = [X]_补 + [Y]_补$$
$$[X-Y]_补 = [X]_补 + [-Y]_补 = [X]_补 + \{[Y]_补\}_{求补}$$

【例1-5】 假设计算机字长为8位,完成下列补码运算。

(1) 求(+25)+(+32)的补码。

因为

$$[+25]_补 = 00011001B, \quad [+32]_补 = 00100000B$$

而

$$
\begin{array}{r}
[+25]_补 = 0\ 0\ 0\ 1\ 1\ 0\ 0\ 1 \\
+\quad [+32]_补 = 0\ 0\ 1\ 0\ 0\ 0\ 0\ 0 \\
\hline
0\ 0\ 1\ 1\ 1\ 0\ 0\ 1
\end{array}
$$

所以

$$[(+25)+(+32)]_补 = [+25]_补 + [+32]_补 = 00111001B = [+57]_补$$

(2) 求(+25)+(-32)的补码。

因为

$$[+25]_补 = 0011001B, \quad [-32]_补 = 11100000B$$

而

$$
\begin{array}{r}
[+25]_补 = 0\ 0\ 0\ 1\ 1\ 0\ 0\ 1 \\
+\quad [-32]_补 = 1\ 1\ 1\ 0\ 0\ 0\ 0\ 0 \\
\hline
1\ 1\ 1\ 1\ 1\ 0\ 0\ 1
\end{array}
$$

所以

$$[(+25)+(-32)]_补 = [+25]_补 + [-32]_补 = 11111001B = [-7]_补$$

(3) 求(+25)-(+32)的补码。

因为

$$[+25]_补 = 0011001B$$
$$[+32]_补 = 00100000B, \quad [-32]_补 = \{[+32]_补\}_{求补} = 11100000B$$

而

$$
\begin{array}{r}
[+25]_补 = 0\ 0\ 0\ 1\ 1\ 0\ 0\ 1 \\
+\quad [-32]_补 = 1\ 1\ 1\ 0\ 0\ 0\ 0\ 0 \\
\hline
1\ 1\ 1\ 1\ 1\ 0\ 0\ 1
\end{array}
$$

所以

$$[(+25)-(+32)]_补 = [+25]_补 + [-32]_补 = 11111001B = [-7]_补$$

(4) 求(+25)-(-32)的补码。

因为

$$[25]_补＝00011001B$$

$$[-32]_补＝11100000B,\quad [+32]_补＝\{[-32]_补\}_{求补}＝00100000B$$

而

$$[+25]_补＝0\,0\,0\,1\,1\,0\,0\,1$$
$$+\ [+32]_补＝0\,0\,1\,0\,0\,0\,0\,0$$
$$\overline{\hphantom{+\ [+32]_补＝}0\,0\,1\,1\,1\,0\,0\,1}$$

所以

$$[25-(-32)]_补＝[25]_补＋[32]_补＝00111001B＝[57]_补$$

4. 十进制数的表示

在计算机内部，信息是按二进制方式进行处理的，但我们生活中习惯使用十进制数。为了处理方便，在计算机中，对于十进制数，也提供了十进制编码形式。

十进制编码又称为 BCD 码，分为压缩 BCD 码和非压缩 BCD 码。压缩 BCD 码又称为8421 码，它用四位二进制编码来表示一位十进制符号。十进制数符号有 0～9 共 10 个，其编码情况如表 1-1 所示。

表 1-1　压缩 BCD 编码表

十进制符号	压缩 BCD 编码	十进制符号	压缩 BCD 编码
0	0000	5	0101
1	0001	6	0110
2	0010	7	0111
3	0011	8	1000
4	0100	9	1001

用压缩 BCD 码表示十进制数，只要把每个十进制符号用对应的四位二进制编码代替即可，不考虑十进制符号出现在个位还是十位、百位等。例如，十进制数 124 的压缩 BCD 码为 0001 0010 0100。十进制数 4.56 的压缩 BCD 码为 0100.0101 0110。

非压缩 BCD 码是用八位二进制来表示一位十进制符号，其中低四位二进制编码与压缩 BCD 码相同，高四位任取。例如，十进制数 124 的非压缩 BCD 码为 00110001 00110010 00110100。

1.1.2　字符在计算机内的表示

在计算机信息处理中，除了处理数值数据外，还涉及大量的字符数据。例如，从键盘上输入的信息或打印输出的信息都是以字符方式输入/输出的，字符包括字母、数字、专用字符及一些控制字符等，这些字符在计算机中也是用二进制编码表示的。现在的计算机中字符数据的编码通常采用的是美国信息交换标准代码，即 ASCII 码（American Standard Code for Information Interchange）。基本 ASCII 标准定义了 128 个字符，用 7 位二进制来编码，包括英文 26 个大写字母、26 个小写字母、10 个数字符号（0～9），还有一些专用符号（如"："、"！"、"％"）及控制符号（如换行、换页、回车等）。常用字符的 ASCII 码如表1-2所示。

表 1-2　常用字符的 ASCII 码(用十六进制表示)

字符	ASCII	字符	ASCII	字符	ASCII	字符	ASCII	字符	ASCII
NUL	00	.	2F	C	43	W	57	k	6B
BEL	07	0	30	D	44	X	58	l	6C
LF	0A	1	31	E	45	Y	59	m	6D
FF	0C	2	32	F	46	Z	5A	n	6E
CR	0D	3	33	G	47	[	5B	o	6F
SP	20	4	34	H	48	\	5C	p	70
!	21	5	35	I	49	]	5D	q	71
"	22	6	36	J	4A	↑	5E	r	72
#	23	7	37	K	4B	,	5F	s	73
$	24	8	38	L	4C	←	60	t	74
%	25	9	39	M	4D	a	61	u	75
&	26	:	3A	N	4E	b	62	v	76
'	27	;	3B	O	4F	c	63	w	77
(	28	<	3C	P	50	d	64	x	78
)	29	=	3D	Q	51	e	65	y	79
*	2A	>	3E	R	52	f	66	z	7A
+	2B	?	3F	S	53	g	67	{	7B
,	2C	@	40	T	54	h	68	|	7C
-1	2D	A	41	U	55	i	69	}	7D
/	2E	B	42	V	56	j	6A	~	7E

1.2　单片机的基本概念

　　单片机就是"单片微型计算机"(Single Chip Micro Computer,SCMC 或 SCM)的简称。单片机将 CPU、随机存储器、只读存储器、中断系统、定时器/计数器以及 I/O 接口电路等微型计算机的主要部件集成在一块芯片上,使其具有计算机的基本功能。由于单片机在使用时通常处于测控系统的核心地位并嵌入其中,所以国际上通常把单片机称为嵌入式控制器或微控制器。

1.2.1　单片机的主要特点

　　与通常所说的微型计算机相比,单片机的特点可概括为"两多两少,三低三高"。
　　所谓"两多"是指:
　　第一,内部多种部件。将多种功能部件集成到一片 IC 芯片中是单片机的一个主要特色。

第二，单片机品种多。几乎世界上所有半导体厂商都有自己的单片机产品，目前有上百系列、上千种型号的单片机已用于各种不同场合，每年都有数十种新产品问世。

所谓"两少"是指：

第一，占用空间少（体积小）。单片机芯片的尺寸一般都很小，其中最小的同绿豆粒差不多。

第二，系统所需外围器件少。由于单片机可将主要器件集成到芯片内部，所以以单片机为核心的应用装置所用的外围器件很少。

所谓"三低"是指：

第一，价格低。目前一般单片机芯片的价格大多是在一元到几十元人民币之间。

第二，电压低。单片机的工作电压一般为 5 V、3.3 V，甚至还有工作电压为 2.7 V、1.5 V的产品。

第三，功耗低。一般单片机的功耗都在数毫瓦，有些单片机功耗更低，可以用微型电池或太阳能电池供电。

所谓"三高"是指：

第一，高灵活性。由于通过程序控制，单片机应用系统功能的改变往往不需要改变硬件电路，只需通过程序切换或修改程序即可实现。

第二，高可靠性。由于高可靠性的设计和制造工艺的提高，加上所用器件少、线路简单，所以单片机系统的工作可靠性非常高，可在一些恶劣的环境下可靠地工作。

第三，高性价比。功能复杂的电子控制系统采用单片机后，硬件结构变得简单，功能更强，更灵活，成本更低，所以只需要极低的成本就可开发出功能强大的高性能产品。

1.2.2　单片机的发展历史

自 1971 年，Intel 公司制造出世界上第一块微处理器芯片4004不久，就出现了单片微型计算机，经过之后的二三十年，单片机得到了飞速的发展。在发展过程中，单片机先后经过了 4 位机、8 位机、16 位机、32 位机几个有代表性的发展阶段。

1. 4 位单片机阶段

1971 年，Intel 公司首先开发出了第一片 4 位微处理器4004，主要用于家用电器、计算器、高级玩具中。

4004 的问世，既标志着微处理器的诞生，也标志着单片机、嵌入式系统的诞生。1975年，美国德克萨斯仪器公司（TI）推出 4 位单片机 TMS-1000。4 位单片机主要用于家用电器、电子玩具中等。

2. 8 位单片机阶段

1976 年 9 月，美国 Intel 公司首先推出了 MCS-48 系列 8 位单片机。1978 年以后，集成电路水平有所提高，出现了一些高性能的 8 位单片机，它们的寻址能力达到了 64KB，片内集成了 4～8 KB 的 ROM，片内除了带并行 I/O 接口外，还有串行 I/O 接口，甚至有些单片机还集成了 A/D 转换器。这类单片机被称为高档 8 位单片机。8 位单片机由于功能强大，被广泛用于工业控制、智能接口、仪器仪表等各个领域。

3. 16 位单片机阶段

1983 年，Intel 公司推出了 16 位单片机 MCS-96 系列。16 位单片机把单片机性能又推向了一个新的阶段。它内部集成了多个 CPU，8 KB 以上的存储器，多个并行接口、多个串行接口等。部分 16 位单片机还集成了高速输入/输出接口、脉冲宽度调制输出、特殊用途的监视定时器等电路。16 位单片机可用于高速复杂的控制系统。

4. 32 位单片机阶段

近几年，更高性能的 32 位单片机得到广泛的应用，典型的机型有 ARM、DSP 等系列。ARM(Advanced RISC Machines)是微处理器行业的一家知名企业，其设计的微处理器内核有 ARM7、ARM9 等多种，基于这些内核的微处理器具有很强的运算能力和任务调度能力，在很多智能设备中都能见到 ARM 的身影。DSP(Digital Signal Processor)是一种独特的微处理器，有自己的完整指令系统，是以高速处理大量数字信号为目的的微处理器，在数字图像、数字视频等领域被广泛应用。

1.3　单片机的常见应用

单片机具有软硬件结合、体积小、很容易嵌入到各种应用系统中等优点，因此，以单片机为核心的嵌入式控制系统在下述各个领域中得到了广泛的应用。

1. 工业控制与检测

在工业领域，单片机的主要应用有：工业过程控制、智能控制、设备控制、数据采集和传输、测试、测量、监控等。在工业自动化领域中，机电一体化技术将发挥愈来愈重要的作用，在这种集机械、微电子和计算机技术为一体的综合技术(如机器人技术)中，单片机发挥着非常重要的作用。

2. 仪器仪表

目前对仪器仪表的自动化和智能化要求越来越高。在智能仪器仪表中使用单片机，不仅有助于提高仪器仪表的精度和准确度，而且可以简化结构、减小体积，从而使其易于携带和使用，加速了仪器仪表向数字化、智能化、多功能化方向发展。

3. 消费类电子产品

单片机在家用电器中的应用已经非常普及，例如，洗衣机、电冰箱、微波炉、空调、电风扇、电视机、加湿机、消毒柜等。在这些设备中嵌入了单片机之后，使其功能与性能大大提高，并实现了智能化、最优化控制。

4. 通信

在调制解调器、各类手机、传真机、程控电话交换机、信息网络以及各种通信设备中，单片机也已经得到了广泛的应用。

5. 武器装备

在现代化的武器装备中，如飞机、军舰、坦克、导弹、鱼雷制导、智能武器装备、航天飞机导航系统等，都嵌入有单片机系统。

6. 各种终端及计算机外部设备

计算机网络终端设备(如银行终端)以及计算机外部设备(如打印机、硬盘驱动器、绘图机、传真机、复印机等)中都使用了单片机作为控制器。

7. 汽车电子设备

单片机已经广泛地应用在各种汽车电子设备中，如汽车安全系统、汽车信息系统、智能自动驾驶系统、卫星汽车导航系统、汽车紧急请求服务系统、汽车防撞监控系统、汽车自动诊断系统以及汽车黑匣子等。

8. 分布式多机系统

在比较复杂的多节点测控系统中，常采用分布式多机系统。多机系统一般由若干台功能各异的单片机组成，各自完成特定的任务，它们通过串行通信相互联系、协调工作。在这种系统中，单片机往往作为一个终端机，安装在系统的某些节点上，对现场信息进行实时测量和控制。

综上所述，从工业自动化、自动控制、智能仪器仪表、消费类电子产品等方面，直到国防尖端技术领域，单片机都发挥着十分重要的作用。

1.4　单片机系统的设计原则

一般来说，单片机应用系统的设计原则是：系统功能应满足生产要求；系统运行应安全可靠；系统具有较高的性能价格比；系统易于操作和维护；系统功能应灵活，便于扩展；系统具有自诊断功能；系统能与上位机通信或并用。

在这些原则中，适用、可靠、经济最为重要。对于一个应用系统的设计要求，应根据具体任务和实际情况进行具体分析后提出。

单片机应用系统类型很多，用途和功能各异，故构成系统的硬件和软件也不相同，但就应用系统的设计和开发过程来说，却是基本相同的。

设计者在开始单片机应用系统开发之前，除了需要掌握单片机的硬件及程序设计方法外，还需要对整个系统进行可行性分析和系统总体方案分析。这样，可以避免因盲目地工作而浪费宝贵的时间。可行性分析用于明确整个设计任务在现有的技术条件和个人能力上是可行的。

首先，要保证设计要求可以利用现有的技术来实现。一般可以通过查找相关文献、寻找类似设计等方法找到与该任务相关的设计方案。这样可以参考这些相关的设计，分析该项目是否可行以及如何实现。如果所设计的是一个全新的项目，则需要了解该项目的功能需求、体积和功耗等，同时需要对当前的技术条件和器件性能非常熟悉，以确保合适的器件能够完成所有的功能。

其次，需要了解整个项目开发所需要的知识是否都具备。如果不具备，则需要估计在现有的知识背景和时间限制下能否掌握并完成整个设计。必要的时候，可以选用成熟的开发板来加快学习和程序设计的速度。

完成可行性分析后，便进入系统总体方案设计阶段。设计者可参考前面可行性分析中查找到的相关资料及本系统的应用要求和现有条件，初步规划本设计所采用的器件以及实现的功能和技术指标。接着，再制定合理的时间计划表，编写设计的任务书，从而完成系统总体方案设计。

单片机应用系统的开发过程中，单片机是整个设计的核心。设计者需要为单片机设置合适的外部器件，同时还需要设计整个控制软件，因此选择合适的单片机型号很重要。目前，市场上的单片机种类繁多，在进行正式的单片机应用系统开发之前，需要根据不同单片机的特性，从中作出合理的选择。

1.5 单片机系统的开发流程

单片机应用系统是指以单片机芯片为核心，配以一定的外围电路和软件，能实现某种或几种功能的应用系统。单片机应用系统的开发工作主要包括应用系统硬件电路的设计和单片机控制程序设计两个部分，其中又以单片机控制程序的设计为核心。一个单片机系统经过预研、总体设计、硬件设计、软件设计、制版、元器件安装后，在系统的程序存储器中放入编制好的应用程序，系统即可运行。但一次性成功几乎是不可能的，多少会出现一些硬件、软件上的错误，这就需要通过调试来发现并加以改正。由于单片机在执行程序时人工是无法控制的，为了能调试程序，检测硬件、软件运行状态，就必须借助于某种开发工具模拟用户实际使用的单片机，并且能随时观察运行的中间过程而不改变运行中原有的数据性能和结果，从而模仿现场的真实调试。

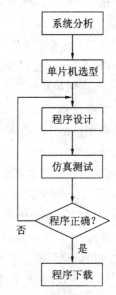

一般来说，单片机应用系统的开发过程主要包括：系统分析、单片机选型、外围器件选择、硬件设计、软件设计、仿真测试等步骤。实际开放过程中，软件设计和硬件设计可同时进行，对于初学者，可先借助于已经设计好的硬件电路板或实验箱，只需设计相应软件并调试、下载即可。单片机应用系统开发的整个流程如图 1-3 所示。

不同的单片机应用系统由于应用目的不同，设计时自然要考虑其应用特点。如智能仪器仪表，要求有较高的测量精度，功能齐全；对于工业实时控制系统，则要求有较 图 1-3 单片机应用系统开发流程 强的实时控制能力，较完善的输入/输出设备；而对于数据采集系统，则要求具有一定的精度和较强的数据处理能力，等等。所以，设计一个符合生产要求的单片机应用系统，就必须要充分了解这个系统的应用目的和其特殊性，才能真正做到有的放矢，提出合理、可行的设计方案。

1.6 单片机系统硬件设计

1.6.1 单片机选型

1. 单片机选型注意事项

（1）仔细调查市场，尽量选用主流的、货源充足的单片机型号，这些器件使用的比较广泛，有许多设计资料可供学习或参考。

（2）尽量选择所需的硬件资源集成在单片机内部的单片机型号，例如：ADC、DAC、I²C、SPI 和 USB 等。这样便于整个控制系统的软件管理，减少外部硬件的投入，缩小整体电路板面积，从而减少总体投资等。

（3）对于手持式设备、移动设备等需要低功耗设备，尽量选择低电压、低功耗单片机型号，这样可以减少能量的消耗，延长设备的使用寿命。

（4）在资金等条件允许的情况下，尽量选择功能丰富、扩展能力强的单片机，这样便于以后的功能升级和扩展。

（5）对于体积有限制的产品，尽量选择贴片封装的单片机型号，这样可以减少电路板面积，从而降低硬件成本，同时也有助于电磁兼容设计。

2. 各大公司单片机简介

目前，市场上的单片机种类很多，不同厂商均推出很多具有不同侧重功能的单片机类型。设计者需要了解目前主流的一些单片机，这样便于选择合适的芯片进行设计。

1）Intel 公司生产的单片机

MCS 是 Intel 公司生产的单片机的系列符号，MCS-51 系列单片机是 Intel 公司在 MCS-48 系列单片机基础上于 19 世纪 80 年代初发展起来的，是最早进入我国，并在我国得到广泛应用的机型。

基本型产品主要包括 8031、8051、8751（对应的低功耗型为 80C31、80C51、87C51）和增强型产品 8032、8052、8752。

① 基本型。典型产品有：8031、8051、8751。8031 内部包括 1 个 8 位 CPU、128B RAM，21 个特殊功能寄存器（SFR）、4 个 8 位并行 I/O 口、1 个全双工串行口，2 个 16 位定时器/计数器，5 个中断源，但片内无程序存储器，需外部扩展程序存储器芯片。

基本型单片机是一个程序不超过 4KB 的小系统。ROM 内的程序是芯片厂商制作芯片时，代为用户烧制的，主要用在程序已定且批量大的单片机产品中。

8751 与 8051 相比，片内集成的 4KB 的 EPROM 取代了 8051 的 4KB ROM，构成了一个程序不大于 4 KB 的小系统。用户可以将程序固化在 EPROM 中，EPROM 中的内容可反复擦写修改。8031 外扩一片 4 KB 的 EPROM 就相当于一片 8751。

② 增强型。Intel 公司在 MCS-51 系列基本型产品的基础上，又推出了增强型系列产品，即 52 子系列，其典型产品为：8032、8052、8752。它们内部的 RAM 增至 256B，8052、8752 的片内程序存储器扩展到 8 KB，16 位定时器/计数器增至 3 个，中断源增至 6 个。它们的引脚及指令系统相互兼容，主要在内部结构和应用上有些区别。表 1-3 列出基本型和增强型的 MCS-51 系列单片机片内的基本硬件资源。

表 1-3　MCS-51 系列单片机片内的基本硬件资源

型　号		片内程序存储器	片内数据存储器	I/O 口线/位	定时器/计数器/个	中断源数目/个
基本型	8031	无	128	32	2	5
	8051	4 KB ROM	128	32	2	5
	8751	4 KB EPROM	128	32	2	5

型 号		片内程序存储器	片内数据存储器	I/O 口线/位	定时器/计数器/个	中断源数目/个
增强型	8032	无	256	32	3	6
	8052	8 KB ROM	256	32	3	6
	8752	8 KB EPROM	256	32	3	6

2）Atmel（爱特梅尔）单片机介绍

Atmel 的产品非常丰富，除基本的 51 系列单片机外，还包括针对不同设计领域的专用 51 内核单片机。Atmel 的 51 内核单片机有如下几类：

① 单周期 8051 内核单片机。例如 AT89LP213、AT89LP214、AT89LP216、AT89LP2052、4052 等。

② Flash ISP 在系统编程单片机。例如 AT89C51、AT89LS51、AT89LS52、AT89S2051、AT89S4051、AT89S51、AT89S52、AT89S8253 等。

③ USB 接口单片机。例如 AT83C5134、AT83C5135、AT83C5136、AT89C5130、AT89C5131、AT89C5132。

④ 智能卡接口的单片机。例如 AT83C5121、AT83C5122、AT83C5123、AT83C5127、AT85C5121、AT85C5122、AT89C5121 等。

⑤ MP3 专用单片机。例如 AT85C51SND3、AT89C51SND2C、AT89C51SND1C、AT83SND2C、AT83SND1C。

3）Cypress（赛普拉斯）单片机介绍

Cypress 公司的 51 内核单片机主要扩展了 USB 接口，包括 USB 嵌入式主机、USB 低速、全速和高速设备等。其中典型的 USB 嵌入式主机为 SL811HST，典型的 USB 全速设备为 AN21××系列单片机，使用最为广泛的 USB 高速设备为 CY7C68013 等。

4）Infineon（英飞凌）单片机介绍

Infineon 公司的产品包括标准的 8051 内核以及符合工业标准的 8051 单片机，主要包括 XC800 系列和 C500/C800 系列。其中，新型的 XC800 系列单片机采用高性能 8051 内核、片上集成闪存和 ROM 存储器以及功能强大的外设组，如增强型 CAPCOM6（CC6）、CAN、LIN 和 10 位 ADC，包括 XC886/888CLM、XC886/888LM、XC866 等。

C500/C800 系列单片机是基于工业标准 8051 架构的微处理器，具有 CAN、SPI 等资源，包括 C515C、C505CA、C868 等。

5）Silicon（芯科）单片机介绍

Silicon Laboratories 公司的 C8051F 系列单片机，集成了一流的模拟功能，Flash、JTAG 的调试功能，最高可达 100MIPS 的 8051 CPU，以及系统内现场可编程性。C8051F 系列单片机有如下几类。

① USB 混合信号微处理器。例如 C8051F340、C8051F341、C8051F342、C8051F343、C8051F344、C8051F345、C8051F320、C8051F321 等。

② 精密混合信号微处理器。例如 C8051F120、C8051F121、C8051F130、C8051F133、C8051F350、C8051F020、C8051F021、C8051F064 等。

③ CAN 接口的混合信号微处理器。例如 C8051F040、C8051F041、C8051F060、C8051F061、C8051F062、C8051F063 等。

6）Maxim（美信）单片机介绍

Maxim 产品线很丰富，其 8051 兼容微控制器主要有如下几类：

① 高速微处理器。这类微处理器每机器周期使用一个时钟，速度是标准 8051 的 33 倍。例如：DS89C450、DS87C530、DS87C520、DS83C520、DS80CH11、DS80C323、DS80C320 等。

② 安全微控制器。这类微处理器为具有防篡改能力的微控制器，例如：DS5250、DS5000、DS2250、DS2252T、DS907X、DS2252T 等。

③ 网络微控制器。例如 DS80C411、DS80C400、DS80C390 等。

7）NXP（恩智浦半导体）单片机介绍

NXP 半导体公司的前身是 Philips 半导体公司，它推出了多种单片机微控制器，主要包括 LPC7000 系列单片机、LPC9000 系列多用途 Flash 单片机和基本的 80C51 系列单片机。

8）Winbond（华邦）单片机介绍

Winbond 系列单片机由中国台湾的华邦电子公司推出，具有丰富的产品线，主要有如下几类：

① 标准 51 单片机，如 W78C32、W78E51B、W78E516、W78E858、W78C54、W78C801 等。

② 宽电压单片机，如 W78L32、W78L51、W78L801、W78LE51、W78LE82。

③ 增强 C51 单片机，如 W77C32、W77L32、W77E58、W77LE58 等。

④ 工业温度级单片机，如 W78IE52、W78IE54、W77IC32、W77IE58 等。

9）Analog Devices 单片机介绍

美国 ADI 公司（Analog Device Inc）以其生产各种高性能的模拟器件著称，它先后推出了集成诸多精密模拟资源的 ADuC800 系列单片机。

例如：ADuC812、ADuC824、ADuC831、ADuC832、ADuC836、ADuC841、ADuC842、ADuC848 等。

10）TII（美国德州仪器）单片机介绍

T 公司提供两类具有嵌入式 8051/8052 微控制器的产品系列。其中 MicroSystems（MSC）产品系列包括嵌入式数据获取解决方案，例如 MSC1200、MSC1201、MSC1202、MSC1210、MSC1211、MSC1212、MSC1213、MSC1214 等。TUSB 产品系列包括 USB 嵌入式连接解决方案，例如：TUSB2136、TUSB5052、TUSB6xxx 等。

11）普芯达单片机介绍

上海普芯达电子有限公司提供多种半导体器件，该公司新推出的 CW89F 系列和 CW89FE 系列单片机很有特色。其中，CW89F 系列单片机具有标准的 8051 内核、大电流 I/O 端口，同时提供了 VML 虚拟固件库将常用的数字模块、模拟模块、通信接口模块等集成在一起，减少客户的程序代码，方便了用户的使用。另外，CW89FE 系列单片机具有 6T8051 内核，同样支持 VML 虚拟固件库。

除了上述介绍的单片机之外，还有很多其他的半导体厂商也提供了多种单片机。例如美国的 Freescale、Motorola、Microchip 等，日本的 NEC、Hitachi、Renesas 等。用户可以根据需要在其网站上查找最新的单片机型号及参数。

这里所介绍的国内外众多单片机类型都具有很多兼容的特性，同时又各有其突出特点，用户可以根据项目的需要选择相应类型的单片机。

1.6.2　单片机系统电路原理设计

在确定好单片机型号和其他外围器件之后，还需进行电路原理设计，电路原理设计的主要任务是为实际的制版电路提供理论上的基础。

电路原理设计的基本原则是：

（1）利用已有的基本电路定理，找准硬件系统的基本原理来源。

（2）电路原理图通常以满足系统要求的默认值作为元器件的选用基础，只要不违反基本的电路定理，均可满足布线要求。

（3）电路原理图应尽量简单、清楚。它的主旨是为了说明设计的可行性，而不刻意强调实际的操作性。随着工程经验的增加，往往可以做到既能满足设计的可行性，又能为后续的电路制版提供便利。

（4）电路原理图不能直接作为电路焊接的依据，需利用 Protel 完成布线。

1.6.3　单片机系统电路制板

电路制板阶段一般分为两步完成：Protel 布线和电路焊接。

Protel 布线后的电路图是真正的产品电路图。一般来说，设计者都是在电路原理图的基础上，凭借自己的工程经验和电路知识来完成最终布线的。

电路制板的基本步骤如下：

（1）分析电路原理图，确定电路模块并定义模块间的连线。

（2）完成各电路模块内部的布线，将各模块连接起来。

（3）在面包板上测试电路布线，确认电路是否可行。

（4）选好器件，完成焊接。

（5）对已经焊接好的电路进行调试。

电路板的制作是一个不断反馈的过程，通常需要花很多时间在测试上。如果测试结果与设计初衷不符，首先应确认系统连线是否准确；如果连线无误，则需查看电路原理图，找出出错的原因；如果以上都无误，那么必须检查器件是否损坏。

1.7　单片机系统软件设计

1. 软件设计注意事项

在整个单片机应用系统设计中，单片机的程序设计至关重要。在单片机程序设计时，主要需要从以下几点来考虑。

（1）选择合适易用的程序开发工具，例如 Keil μVision 系列等。

（2）尽量选择使用单片机 C51 语言来进行设计，避免使用汇编语言，这样可以使程序易懂，便于代码交流和后期维护。

（3）对于那些在执行速度上有特殊要求的场合，可以采用 C51 语言嵌入汇编代码来实现。

（4）采用结构化的程序设计，将各个主要的功能部件设计为子程序或者子函数，这样便于调试以及后续的移植修改等。

（5）设计时要合理使用单片机的硬件资源，包括 RAM、ROM、串口、定时器/计数器和中断等。

（6）程序尽量采用执行速度快的指令，以充分发挥单片机的运算性能。

（7）设计时要充分考虑到软件运行时的状态，避免未处理的运行状态。否则，程序运行时进入未处理的状态便容易出错，甚至致使软件死机。

（8）必要时可以在软件中采用看门狗定时器进行强制复位。

（9）编写源程序代码时要尽量添加注释，这样可以提高程序的可读性，便于代码交流和维护。

2. 软件仿真测试

单片机程序在实际使用前，一般均需要进行代码仿真。单片机仿真测试和程序设计是紧密相关的。在实际设计过程中，通过仿真测试，可以及时发现问题，确保模块及程序的正确性。当发现问题时，需要重新修改设计，直到程序通过仿真测试。单片机程序的仿真测试需要从如下几点考虑：

（1）对于模块化的程序，可以通过仿真测试的方法单独测试每一个模块的功能是否正确。

（2）对于通信接口，如串口等，可以在仿真程序中测试通信的流程。

（3）通过仿真测试可以预先了解软件的整体运行情况是否满足要求。

（4）要选择一个好的程序编译仿真环境，例如 Keil 公司的 μVision 系列、英国 Labcenter electronics 公司的 PROTEUS 软件等。

（5）如果条件允许的话，可以选择一款和单片机型号匹配的硬件仿真器。硬件仿真一般支持在线仿真调试，可以实时观察程序中的各个变量，最大程度地对程序进行测试。

3. 程序下载

当程序设计完毕并初步通过仿真测试后，便可以将其下载到单片机上，并结合硬件电路来测试系统整体运行情况。

此时，主要测试单片机程序和外部硬件接口是否运行正常，整个硬件电路的逻辑时序配合是否正确等。如果发现问题，则要返回设计阶段，逐个解决问题，直至解决所有问题，达到预期设计功能和指标。在程序下载和实践电路调试时，可以从如下几点考虑：

（1）设计调试时，尽量选择可重复编程的单片机，这样便于修改程序。

（2）在投入生产时，可以根据需要选择一次性编程的器件。

（3）调试时尽量要选择 Flash 编程的单片机，相比早期问世的单片机来说，其程序下载方式简单、灵活。

（4）选择合适的程序下载器，最好同时具有在线调试功能，这样便于硬件的仿真调试。

1.8 Keil C51 集成环境介绍

任何一个用户系统的开发都需要一个界面良好的调试平台，以方便、快捷地完成系统的设计与调试。单片机的开发也是如此。Keil 是目前最流行、使用最广泛的开发平台，它集成源程序编辑和程序调试于一体，支持汇编、C、PL/M 语言，功能强大，简单易用，特别适合于初学者。本节主要是对 Keil μVision2 进行简单介绍，如果读者想深入了解和掌握该软件的使用方法，可查阅和参考其他相关资料。下面首先介绍该软件的开发环境。

Keil μVision2 是德国 Keil Software 公司出品的 51 系列兼容单片机 C 语言软件开发系统，使用接近于传统 C 语言的语法来开发，与汇编相比，C 语言在功能上、结构性、可读性、可维护性上有明显的优势，因而易学易用，而且大大地提高了工作效率和项目开发周期，它还能嵌入汇编，可以在关键的位置嵌入，使程序达到接近于汇编的工作效率。KEILC51 标准 C 编译器为 8051 微控制器的软件开发提供了 C 语言环境，同时保留了汇编代码高效、快速的特点。C51 编译器的功能不断增强，使用户可以更加贴近 CPU 本身以及其他的衍生产品。C51 已被完全集成到 μVision2 的集成开发环境中，这个集成开发环境包含：编译器、汇编器、实时操作系统、项目管理器、调试器等。μVision2 IDE(Intergrated Development Environment)可为它们提供单一而灵活的开发环境。除 Keil μVision2 开发软件外还有 Keil μVision3，它完全兼容先前的 Keil μVision2 版本。目前比较新的版本是 Keil C51 V8.08 a。

Keil C51 软件提供丰富的库函数和功能强大的集成开发调试工具，全 Windows 界面，使用户能在很短的时间内就能学会使用 keil C51 来开发自己的单片机应用程序。

另外，只要看一下编译后生成的汇编代码，就能体会到 Keil C51 生成的目标代码效率非常之高，多数语句生成的汇编代码很紧凑，容易理解。在开发大型软件时更能体现高级语言的优势。下面将详细介绍 Keil μVision2 IDE 开发系统各部分的功能和使用。

1.8.1 Keil μVision2 IDE 的安装

Keil μVision2 的安装与其他软件的安装方法基本相同，安装过程比较简单。首先运行 Keil μVision2 IDE 的安装程序 setup.exe，然后选择"Eval Version"版本进行安装。一直点击"Yes"按钮或"Next"按钮，直到点击"Finish"按钮完成安装。之后运行同汉化安装.exe 程序。安装好后，在桌面上会产生 Keil μVision2 快捷图标。

1.8.2 Keil μVision2 IDE 的界面

单击桌面上的 Keil μVision2 图标，启动 Keil μVision2 程序，就可以直接进入该软件的主界面，如图 1-4 所示。下面对 μVision2 IDE 界面进行简要介绍。

图 1-4 Keil μVision2 IDE 的主界面

1. 文件菜单命令(File)

文件菜单的各项说明如图 1-5 所示。

图 1-5　文件菜单说明

2. 编辑菜单命令(Edit)

编辑菜单的各项说明如图 1-6 所示。

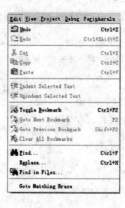

图 1-6　编辑菜单说明

3. 视图菜单命令(View)

视图菜单的各项说明如图 1-7 所示。

图 1-7　视图菜单说明

4. 项目菜单命令(Project)

项目菜单的各项说明如图 1-8 所示。

图 1-8 项目菜单说明

5. 调试菜单命令(Debug)

调试菜单的各项说明如图 1-9 所示。

图 1-9 调试菜单说明

1.8.3 Keil μVision2 IDE 的使用方法

Keil μVision2 将用户的每一个应用程序设计都当成一个项目,用项目管理的方法把一个应用程序设计中所需要用到的、相互关联的程序链接在同一个项目中。这样,打开一个项目时,所需要的关联程序也都跟着进入到一个调试窗口,方便用户对项目中各个程序的辨析、调试和存储。用户也可能开发多个项目,每个项目可能用到相同或不同的程序文件和库文件,采用项目管理,就很容易区分不同项目中所用到的程序文件和库文件,非常容易管理。所以，在编写程序前，应该先建立一个项目。下面介绍如何建立一个新的项目。

1. 建立项目文件

首先，在编辑界面下选择菜单栏中的 Project，通过选择 Project 菜单下的 New Project 命令建立项目文件，具体操作如下：

(1) 在建立工程文件之前，首先在一张盘上建立一个自己的工作文件夹。以后自己的所有设计文档都放在其中，以便于管理。

(2) 选择 Project 菜单中的 New Project 命令，弹出 Create New Project 对话框，如图 1－10 所示。

(3) 在 Create New Project 对话框中选择项目保存的位置，输入新建项目的名称，单击"保存"按钮，弹出 Select Device for Target 'Target 1'对话框，如图 1－11 所示。对话框左边显示 Keil μVision2 IDE 支持的所有 51 核心单片机，选中芯片后，在右边的描述框中将显示该选中芯片的相关信息。

图 1－10　Create New Project 的对话框　　图 1－11　Select Device for Target 'Target 1'对话框

根据实验具体情况，选择对应芯片，单击"确定"按钮完成选择。

2. 编辑程序

Keil μVision2 既支持汇编语言程序又支持 C 语言程序。这些程序文件可以是已经建立好的程序文件，也可以是新建的程序文件，如果是已经建立好的程序文件，则直接点击 File 菜单下的 Open 命令选择文件并打开，而如果是新建立的程序文件，则选择 File 菜单下的 New File 命令，在该窗口中编辑程序，编辑完成后点击 File 菜单下的 Save 命令将源程序存盘，弹出 Save As 对话框，如图 1－12 所示。保存程序时文件名后缀为".asm"或".c"，然后单击"保存"按钮，这样程序中的关键字才能被识别出来。

图 1－12　源程序文件保存对话框

3. 将源程序添加到项目中

（1）在项目管理窗口中，展开 Target 1 项，找到"Source Group1"子项，点击右键选择 "Add Files to Group 'Source Group 1'命令，如图 1-13 所示。

（2）弹出的 Add Files to Group 'Source Group 1, 对话框如图 1-14 所示，更改文件类型选择需要添加的程序文件，点击"Add"按钮添加程序。一次可以选择添加多个程序文件，所添加的所有文件都可以在项目管理窗口中的 Source Group 1 中观察到。当不再添加时，直接点击"Close"按钮，结束程序文件的添加。如果在 Source Group 1 中观察到添加的程序前出现错误标识，则选中对应的程序文件，单击右键选择 Remove File 命令将它移除。

 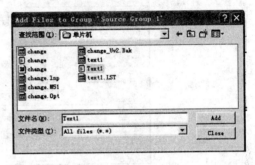

图 1-13　添加源程序对话框　　　　　图 1-14　Add File to Group 'Source Group 1, 对话框

4. 编译与连接

完成上述操作后，就可以对源文件进行编译与连接了。这样我们可以因此获得调试与写片的目标文件。具体操作如下：

（1）选择 Project 菜单下的 Built Target 命令，如图 1-15 所示。

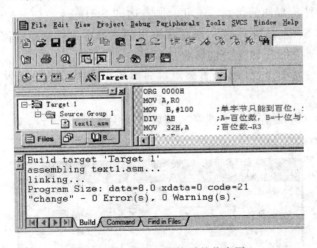

图 1-15　编译、连接后的状态图

（2）在这一过程中，我们应该注意输出窗口中的"Build"页面。观察编译是否出现错误。

如果出现错误，鼠标左键双击错误提示信息所在的行，Keil 就会在文本编辑窗反显出错误语句的位置，以便于检查修改。之后重新编译，直到顺利编译通过。

1.8.4　仿真环境的设置

当 Keil μVision2 IDE 在用于软件仿真和硬件仿真时，如果不是工作在默认状态下，就需要在编译、连接之前进行设置。设置步骤如下：

（1）点击 Project 选择 Options for Target 'Target 1'命令，弹出 Options for Target 'Target 1'对话框，选择 Debug 标签，如图 1 - 16 所示。Debug 标签用于对软件仿真和硬件仿真的设置。

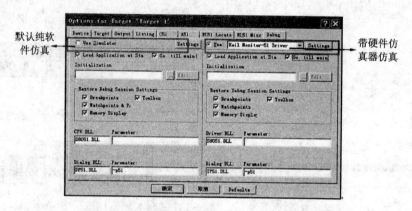

图 1 - 16　Options for Target 'Target 1'对话框

- Use Simulator：纯软件仿真选项，系统默认为纯软件仿真。
- Use：Keil Monitor - 51 Driver：带硬件仿真器的仿真。
- Load Application at Start：Keil C51 自动装载程序代码选项。
- Go till main：调试 C 语言程序，自动运行 main 函数。

如果选择带硬件仿真器的仿真，还可单击右边的 Settings 按钮，对硬件仿真器连接情况进行设置，点击"Settings"按钮后，系统将弹出仿真器连接设置对话框如图 1 - 17 所示。

- Port：仿真器与计算机连接的串行口号。
- Baudrate：波特率设置，与仿真器串行通信的波特率一致，（仿真器上的设置必须与它保持一致）。
- Cache Options：缓存选项，选择该项后可加快程序的运行速度。
- Serial Interrupt：运行单片机串行通信。

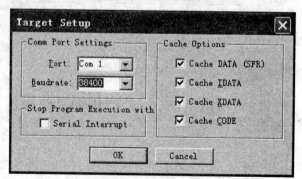

图 1 - 17　Target Setup 对话框

（2）Output 标签页面设置。Output 标签页面用于对编译后形成的目标文件输出进行设置，如图 1-18 所示。

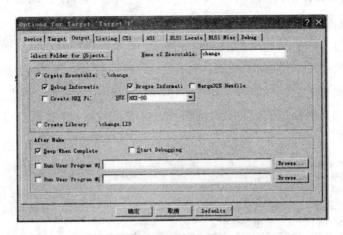

图 1-18 Output 标签页面设置对话框

- Select Folder for Objects：选择编译之后的目标文件存储在哪个目录里，默认位置为工程文件的目录里。
- Name of Executable：生成的目标文件的名字，缺省默认为工程的名字。
- Create Executable：生成 obj、hex 格式的目标文件。
- Create Library：选择生成 lib 库文件。

1.8.5 跟踪调试程序

编译器只能检查语法错，而逻辑上的问题，只能通过运行程序发现。使用 Debug 调试解决问题。调试过程如下：

（1）选择菜单栏中 Debug 菜单下的 Start/Stop Debug Session 命令启动调试过程，弹出下述窗口，因为本软件是用户评估版，使用受限，但对于初学者调试简单的程序不会受到影响，单击"确定"，如图 1-19 所示。

（2）如果未能进入 Debug 状态，而弹出如图 1-20 所示的对话框，请检查实验箱与计算机是否连接，实验箱电源是否打开等。如果排除了上述情况仍不能进入 Debug，则应检查硬件问题。

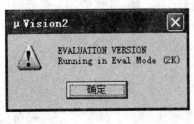

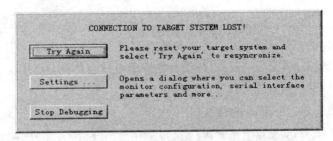

图 1-19 软件为评估版本对话框　　图 1-20 CONNECTTON TO TARGET SYSTEM LOST 对话框

（3）进入调试状态后，界面与编辑状态相比有明显的变化，Debug 菜单项中原来不能用的命令现在已可以使用了，工具栏会多出一个运行和调试的工具条，如图 1-21 所示。

Debug 菜单上的大部分命令可以在此找到对应的快捷按钮 ，从左到右依次是复位按钮 、运行按钮 、暂停按钮 、单步按钮 、过程单步按钮 、观察窗口、代码作用范围分析、1#串行窗口、内存窗口、性能分析、工具按钮等命令。

在调试程序中，如果只使用 按钮跟踪程序，这将使得调试速度变慢。如果能确保一段程序没有问题，则可以使用 按钮，全速运行该段程序到光标处。当跟踪进入到一个子程序中，如果能确保之后的一段程序没有问题，则可以使用 按钮，全速运行余下的程序，返回上级程序。如果能确保子程序没有问题可以使用 按钮，全速运行该子程序到 CALL 的下一条指令。

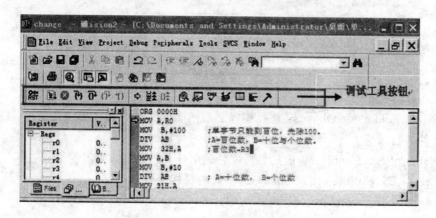

图 1 - 21　启动调试程序状态图

在调试程序中，还可以按程序段来调试或测试程序段的逻辑功能。其方法如下：

首先按下 按钮，复位程序。然后将光标移到需要设置断点的地方，按下 按钮，就设置好一个断点(在该处会出现一个红点)。以此法可以在多个逻辑断点处设置断点。程序运行时，使用 按钮，程序会在第一个断点处停止运行。此时，可以通过观察相关寄存器或存储器内容来判断程序的正确性。如果有问题，可以复位后，利用上述工具按钮跟踪调试该段程序，直到解决问题。再用 按钮，运行到下一断点处，调试下一段程序。

1.9　单片机仿真软件 Proteus ISIS

Proteus ISIS 是英国 Labcenter 公司于 1989 年开发推出的，备受单片机应用爱好者青睐的单片机系统设计的虚拟仿真工具，已在全球得到广泛应用。Proteus 不仅能实现数字电路、模拟电路及数/模混合电路的设计与仿真，而且能为单片机应用系统提供方便的软、硬件设计和系统运行的虚拟仿真。

1. Proteus 的特点

(1) 实现了单片机仿真和 SPICE 电路仿真相结合，具有模拟电路仿真、数字电路仿真、单片机及其外围电路组成系统仿真、RS - 232 动态仿真、I2C 调试器、SPI 调试器、键盘和 LCD 系统仿真的功能；有各种虚拟仪器，如示波器、逻辑分析仪、信号发生器等。

(2) 支持主流单片机系统的仿真。目前支持的单片机类型有 6800 系列、8051 系列、AVR

系列、PIC12 系列、PIC16 系列、PIC18 系列、Z80 系列、HC11 系列以及各种外围芯片。

（3）提供软件调试功能。在硬件仿真系统中具有全速、单步、设置断点等调试功能，同时可以观察各个变量、寄存器等的当前状态，因此在该软件仿真系统也具有这些功能；同时支持第三方软件编译和调试环境，如 Keil C51μVision 2 等软件。

（4）具有强大的原理图绘制功能。

特别指出，Proteus 库中数千种仿真模型是依据生产企业提供的数据来建模的。因此，Proteus 设计与仿真极其接近实际。目前，Proteus 已成为流行的单片机系统设计与仿真平台，应用于各种领域。

实践证明，Proteus 是单片机应用产品研发的灵活、高效、正确的设计与仿真平台，它明显提高了研发效率，缩短了研发周期，节约了研发成本。Proteus 的问世，刷新了单片机应用产品的研发过程。

2. 传统的单片机应用产品开发过程

（1）进行单片机系统原理图设计，选择、购买元器件和接插件，安装和电气检测等（简称硬件设计）。

（2）进行单片机系统程序设计，调试、汇编、编译等（简称软件设计）。

（3）单片机系统在线调试、检测，实时运行直至完成（简称单片机系统综合调试）。

3. 基于 Proteus 的单片机应用产品开发流程

（1）在 Proteus 平台上进行单片机系统电路设计，选择元器件、接插件，连接电路并进行电气检测等（简称 Proteus 电路设计）。

（2）在 Proteus 平台上进行单片机系统源程序设计、编辑、汇编、编译、调试，最后生成目标代码文件（＊.hex）（简称 Proteus 软件设计）。

（3）在 Proteus 平台上将目标代码文件加载到单片机系统中，并实现单片机系统的实时交互、协同仿真（简称 Proteus 仿真）。

（4）仿真正确后，制作、安装实际单片机系统电路，并将目标代码文件（＊.hex）下载到实际单片机中运行、调试。若出现问题，可与 Proteus 设计与仿真相互配合调试，直至运行成功（简称实际产品安装、运行与调试）。

4. 用 Proteus 软件虚拟机实验的优点

（1）内容全面。实验的内容包括软件部分的汇编、C51 等语言的调试过程，也包括硬件接口电路中的大部分类型。对于同一类功能的接口电路，可以采用不同的硬件来搭建完成，可以扩展读者思路，提高学习兴趣。

（2）硬件投入少，经济优势明显。Proteus 所提供的元件库中，大部分可以直接用于接口电路的搭建，同时该软件所提供的仪表，不管在数量还是质量上都是可靠和经济的。如果在实验教学中投入这样的真实仪器仪表，仅仪表的维护来讲，其工作量也是比较大的。因此，采用软件的方式进行教学，其经济优势是比较明显的。

（3）学生可自行实验，锻炼解决实际工程问题的能力。采用仿真软件后，学习的难度减小了，对于实际工程问题的研究，可以先在软件环境中模拟通过，再进行硬件投入。这样处理，不仅省时省力，而且可以节省因方案不正确所造成的硬件投入的浪费。

（4）实验过程中损耗小，基本没有元器件的损耗问题。在传统的实验教学中，都涉及因操作不当而造成的元器件和仪器仪表的损毁,也涉及仪器仪表等工作时所造成的能源消耗。采用 Proteus 仿真软件,则不存在上述问题。

(5) 与工程实践最为接近,可以了解实际问题的解决过程。在 Proteus 中做一个工程项目,并将其最后移植到一个具体的硬件电路中,让学生了解将仿真软件和具体的工程实践如何结合起来,利于学生对工程实践过程的了解和学习。

(6) 大量的范例可以提供给学生参考处理。在系统设计时,存在对已有资源的借鉴和引用处理,而该仿真系统所提供的比较完善的系统设计方法和设计范例,可供学生参考和借鉴。

(7) 培养和锻炼学生的协作能力。比较大的工程设计项目可由一个开发小组协作完成。在 Proteus 中进行仿真实验时,所涉及的内容需要学生共同设计完成,这对于锻炼学生的团结协作意识是有好处的。

本节将简单介绍 Proteus ISIS 的使用方法,采用的版本为 Proteus 6.7 SP3 Professional,不同的版本,可能会有细微的差别。

1.9.1　Proteus Professional 界面简介

双击桌面上的 ISIS 6 Professional 图标或者单击屏幕左下方的"开始"→"程序"→"Proteus 6 Professional"→"ISIS 6 Professional",即可进入 Proteus ISIS 集成环境。

Proteus ISIS 的工作界面是一种标准的 Windows 界面,如图 1-22 所示。其中包括:标题栏、主菜单、标准工具栏、绘图工具栏、状态栏、对象选择按钮、预览对象方位控制按钮、仿真进程控制按钮、预览窗口、对象选择器窗口、图形编辑窗口。

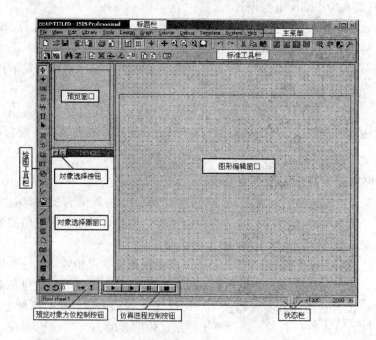

图 1-22　Proteus ISIS 的工作界面

图 1-22 所示的操作界面中,窗口左边是含有三个组成部分的模式选择工具栏,主要包括主模式图标、部件模式图标和二维图形模式图标,表 1-4 给出了这些模式图标功能的简要说明。

表 1-4 模式功能介绍

主模式图标	 ↖	选择模式(Selection Mode)	在选取仿真电路图中的元件等对象时使用该图标模式
	 ⊅	元件模式(Component Mode)	用于打开元件库选取各种元器件
	 ✛	连接点模式(Junction Dot Mode)	用于在电路中放置连接点
	 LBL	连线标签模式(Wird Label Mode)	用于放置或编辑连线标签
	☰	文本脚本模式(Text Script Mode)	用于在电路中输入或编辑文本
	 ╫	总线模式(Buses Mode)	用于在电路中绘制总线
	 ⌷	子电路模式(Sub-circuit Mode)	用于在电路中放置子电路框图或子电路元器件
部件模式图标	 ▤	终端模式(Terminals Mode)	提供各种终端,如输入、输出、电源和地等
	 ⊅	设备引脚模式(Device Pins Mode)	提供 6 种常用的元件引脚
	 🗠	图形模式(Graph Mode)	列出可供选择的各种仿真分析所需要的图表,如模拟分析图表、数字分析图表、频率响应图表等
	 ▣	磁带记录器模式(Tape Recorder Mode)	对原理图分析分割仿真时用来记录前一步的仿真输入
	 ◎	发生器模式(Generator Mode)	用于列出可供选择的模拟和数字激励源,如正弦波信号、数字时钟信号及任意逻辑电平序列等
	 ✎	电压探针模式(Voltage Probe Mode)	用于记录模拟或数字电路中探针处的电压值
	 ✎	电流探针模式(Current Probe Mode)	用于记录模拟电路中探针处的电流值
	 🖵	虚拟仪器模式(Virtual Instruments Mode)	提供的虚拟仪器有示波器、逻辑分析仪、虚拟终端、SPI 调试器、IIC 调试器、直流与交流电压表、直流与交流电流表
二维图形模式图标	 ╱	直线模式(2D Graphics Line Mode)	用于在创建元件时绘制直线,或者直接在原理图中绘制直线
	 ■	框线模式(2D Graphics Box Mode)	用于在创建元件时绘制矩形框,或者直接在原理图中绘制矩形框
	 ●	圆圈模式(2D Graphics Circle Mode)	用于在创建元件时绘制圆圈,或者直接在原理图中绘制圆圈
	 ◙	封闭路径模式(2D Graphics Close Path Mode)	用于在创建元件时绘制任意多边形,或者直接在原理图中绘制多边形
	 A	文本模式(2D Graphics Text Mode)	用于在原理图中添加说明文字
	 S	符号模式(2D Graphics Symbol Mode)	用于从符号库中选择各种元件符号
	 ╱	标记模式(2D Graphics Markers Mode)	用于在创建或编辑元器件、符号、终端、引脚时产生各种标记图标

为了方便学习,下面再分别对图 1 - 22 所示窗口内各部分的功能进行说明。

1. 原理图编辑窗口(The Editing Window)

在图形编辑窗口内可以完成电路原理图的编辑和绘制。

1) 坐标系统(CO - ORDINATE SYSTEM)

ISIS 中坐标系统的基本单位是 10 nm,主要是为了和 Proteus ARES 保持一致。但坐标系统的识别(read-out)单位被限制在 1th。坐标原点默认在图形编辑区的中间,图形的坐标值能够显示在屏幕右下角的状态栏中。

2) 点状栅格(The Dot Grid)与捕捉到栅格(Snapping to a Grid)

编辑窗口内有点状的栅格,可以通过 View 菜单的 Grid 命令在打开和关闭间切换。点与点之间的间距由当前捕捉的设置决定。捕捉的尺度可以由 View 菜单的 Snap 命令设置,或者直接使用快捷键 F4、F3、F2 和 CTRL+F1,如图 1 - 23 所示。若键入 F3 或者通过 View 菜单的选项选中 Snap 100th,请注意:鼠标在图形编辑窗口内移动时,坐标值是以固定的步长 100th 变化的,这称为捕捉,如果想要确切地看到捕捉位置,可以使用 View 菜单的 X-Cursor 命令,选中后将会在捕捉点显示一个小的或大的交叉十字。

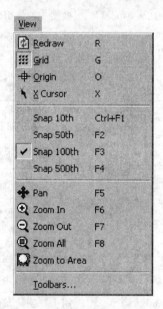

图 1 - 23　View 菜单

3) 实时捕捉(Real Time Snap)

当鼠标指针指向管脚末端或者导线时,鼠标指针将会被捕捉到这些物体,这种功能被称为实时捕捉,该功能可以方便地实现导线和管脚的连接。可以通过 Tools 菜单的 Real Time Snap 命令或者是 CTRL+S 快捷键切换该功能。可以通过 View 菜单的 Redraw 命令来刷新显示内容,同时预览窗口中的内容也将被刷新。当执行其他命令导致显示错乱时,可以使用该特性恢复显示。

4) 视图的缩放与移动

视图的缩放与移动可以通过如下几种方式进行:

·用鼠标左键点击预览窗口中想要显示的位置,这将使编辑窗口显示以鼠标点击处为中心的内容。

・在编辑窗口内移动鼠标，按下 SHIFT 键，用鼠标"撞击"边框，将会使显示平移。这称为 Shift-Pan。

・用鼠标指向编辑窗口并按缩放键或者操作鼠标的滚动键，会以鼠标指针位置为中心重新显示。

2. 预览窗口(The Overview Window)

该窗口通常显示整个电路图的缩略图。在预览窗口上点击鼠标左键，将会有一个矩形蓝绿框标示出在编辑窗口中显示的区域。其他情况下，预览窗口显示将要放置的对象的预览。这种 Place Preview 特性在下列情况下被激活：

(1) 当一个对象在选择器中被选中。

(2) 当使用旋转或镜像按钮时。

(3) 当为一个可以设定朝向的对象选择类型图标时(例如：Component icon，Device Pin icon 等)。

当放置对象或者执行其他非以上操作时，Place Preview 会自动消除。

3. 对象选择器窗口

通过对象选择按钮，可以从元件库中选择对象，并置入对象选择器窗口，供今后绘图时使用。显示对象的类型包括设备、终端、管脚、图形符号、标注和图形。

放置对象的步骤如下(To place an object)。

(1) 根据对象的类别在工具箱选择相应模式的图标(mode icon)。

(2) 根据对象的具体类型选择子模式图标(sub-mode icon)。

(3) 如果对象类型是元件、端点、管脚、图形、符号或标记，则从选择器里(selector)选择你想要的对象的名字。对于元件、端点、管脚和符号，可能首先需要从库中调出它们。

(4) 如果对象是有方向的，将会在预览窗口显示出来，你可以通过预览对象方位按钮对对象进行调整。

(5) 指向编辑窗口并点击鼠标左键放置对象。

为了便于读者快速选取元件，表 1-5 给出了 Proteus 提供的所有元件分类与子类，其中 CMOS 系列和 TTL 系列多数子类是相同的，本表将它们列在同一行中。

表 1-5　Proteus 提供的所有元件分类及子类

元件分类	元件子类
所有分类 (All Categories)	无子类
模拟芯片 (Analogy IC)	放大器(Amplifiers) 比较强(Comparators) 显示驱动器(Display Drivers) 过滤器(Filters) 数据选择器(Multiplexers) 稳压器(Regulators) 定时器(Timers) 基准电压(Voltage References) 杂类(Miscellaneous)

元件分类	元件子类
电容 （Capacitors）	可动态显示充放电电容（Animated） 音响专用轴线电容（Audio Grade Axial） 轴线聚丙烯电容（Axial Lead Polyprope） 轴线聚苯乙烯（Axial Lead Polystyrene） 陶瓷圆片电容（Ceramic Disc） 去耦片状电容（Decoupling Disc） 普通电容（Generic） 高温径线电容（High Temp Radial） 高温轴线电解电容（High Temperature Axial Electrolytic） 金属化聚酯膜电容（Metallised Polyester Film） 金属化聚烯电容（Metallised Polyprope） 金属化聚烯膜电容（Metallised Polyprope Film） 小型电解电容（Miniature Electrolytic） 多层金属化聚酯膜电容（Multilayer Metallised Polyester Film） 聚酯膜电容（Mylar Film） 镍栅电容（Nickel Barrier） 无极性电容（Non Polarized） 聚酯层电容（Polyester Layer） 径线电解电容（Radial Electrolytic） 树脂蚀刻电容（Resin Dipped） 钽珠电容（Tantalum Bead） 可变电容（Variable） VX 轴线电解电容（VX Axial Electrolytic）
连接器 （Connectors）	音频接口（Audio） D 型接口（D－Type） 双排插座（DIL） 插头（Header Blocks） PCB 转换器（PCB Transfer） 带线（Ribbon Cable） 单排插座（SIL） 连线端子（Terminal Blocks） 杂类（Miscellaneous）
数据转换器 （Data Converters）	模数转换器（A/D Converters） 数模转换器（D/A Converters） 采样保持器（Sample & Hold） 温度传感器（Temperature Sensors）
调试工具 （Debugging Tools）	断点触发器（Breakpoint Triggers） 逻辑探针（Logic Probes） 逻辑激励源（Logic Stimuli）
二极管 （Diodes）	整流桥（Bridge Rectifiers） 普通二极管（Generic） 整流管（Rectifiers） 肖特基二极管（Schottky） 开关管（Switching） 隧道二极管（Tunnel） 变容二极管（Varicap） 齐纳击穿二极管（Zener）

续表二

元件分类	元件子类
ECL 10000 系列 (ECL 10000 Series)	各种常用集成电路
机电 (Electromechanical)	各类直流和步进电动机
电感 (Inductors)	普通电感(Generic) 贴片式电感(SMT Inductors) 变压器(Transformers)
拉普拉斯变换 (Laplace Transformation)	一阶模型(1st Order) 二阶模型(2nd Order) 控制器(Controllers) 非线性模式(Non-Linear) 算子(Operations) 极点/零点(Poles/Zones) 符号(Symbols)
存储芯片 (Memory ICs)	动态数据存储器(Dynamic RAM) 电可擦除可编程存储器(EEPROM) 可擦除可编程存储器(EPROM) IIC 总线存储器(IIC Memories) SPI 总线存储器(SPI Memories) 存储卡(Memory Cards) 静态数据存储器(Static Memories)
微处理器芯片 (Microprocessor ICs)	68000 系列(68000 Family) 8051 系列(8051 Family) ARM 系列(ARM Family) AVR 系列(AVR Family) Parallax 公司微处理器(BASIC Stamp Modules) HCF11 系列(HCF11 Family) PIC10 系列(PIC10 Family) PIC12 系列(PIC12 Family) PIC16 系列(PIC16 Family) PIC18 系列(PIC18 Family) Z80 系列(Z80 Family) CPU 外设(Peripherals)
杂项 (Miscellaneous)	含天线、ATA/IDE 硬盘驱动模型、单节或多节电池、串行物理接口模型、晶振、动态与通用保险、模拟电压与电流符号、交通信号灯
建模源 (Modelling Primitives)	模拟(仿真分析)(Analogy(SPICE)) 数字(缓冲器与门电路) 数字(杂类)(Digital (Miscellaneous)) 数字(组合电路)(Digital(Combinational)) 数字(时序电路)(Digital(Sequential)) 混合模式(Mixed Mode) 可编程逻辑器件单元(PLD Elements) 实时激励源(Realtime(Actuators)) 实时指示器(Realtime (Indictors))

元件分类	元件子类
运算放大器 (Operational Amplifiers)	单路运放(Single) 二路运放(Dual) 三路运放(Triple) 四路运放(Quad) 八路运放(Octal) 理想运放(Ideal) 大量使用的运放(Macromodel)
光电子类器件 (Optoelectronics)	7 段数码管(7－Segment Displays) 英文字符与数字符号液晶显示器(Alphanumeric LCDs) 条形显示器(Bargraph Displays) 点阵显示屏(Dot Matrix Displays) 图形液晶(Graphical LCDs) 灯泡(Lamp) 液晶控制器(LCD Controllers) 液晶面板显示器(LCD Panels Displays) 发光二极管(LEDs) 光耦元件(Optocouplers) 串行液晶(Serial LCDs)
可编程逻辑电路与现场可编程门阵列 (PLD & FPGA)	无子分类
电阻 (Resistors)	0.6W 金属膜电阻(0.6W Metal Film) 10W 绕线电阻(10W Wirewound) 2W 金属膜电阻(2W Metal Film) 3W 金属膜电阻(3W Metal Film) 7W 金属膜电阻(7W Metal Film) 通用电阻符号(Generic) 高压电阻(High Voltage) 负温度系数热敏电阻(NTC) 排阻(Resistor Packs) 滑动变阻器(Variable) 可变电阻(Varistor)
仿真源 (Simulator Primitives)	触发器(Flip－Flops) 门电路(Gates) 电源(Sources)
扬声器与音响设备 (Speakers & Sounders)	无子分类
开关与继电器 (Switchers & Relays)	键盘(Keypads) 普通继电器(Generic Relays) 专用继电器(Specific Relays) 按键与拨码开关(Switchs)
开关器件 (Switching Devices)	双端交流开关元件(DIACs) 普通开关元件(Generic) 可控硅(SCRs) 三端可控硅(TRIACs)

续表四

元件分类	元件子类
热阴极电子管 (Thermionic Valves)	二极真空管(Diodes) 三极真空管(Triodes) 四极真空管(Tetrodes) 五极真空管(Pentodes)
转换器 (Transducers)	压力传感器(Pressure) 温度传感器(Temperature)
晶体管 (Transistors)	双极性晶体管(Bipolar) 普通晶体管(Generic) 绝缘栅场效应管(IGBT) 结型场效应管(JFET) 金属氧化物半导体场效应管(MOSFET) 射频功率 LDMOS 晶体管(RF Power LDMOS) 射频功率 VDMOS 晶体管(RF Power VDMOS) 单结晶体管(Unijunction)
CMOS4000 系列 (COMS 4000 series) TTL74 系列 (TTL74 Series) TTL74 增强型低功耗肖特基系列 (TTL74ALS Series) TTL74 增强型肖特基系列 (TTL74AS Series) TTL74 高速系列 (TTL74F Series) TTL74HC 系列/COMS 工作电平 (TTL74HC Series) TTL74HCT 系列/TTL 工作电平 (TTL74HCT Series) TTL74 低功耗肖特基系列 (TTL74LS Series) TTL74 肖特基系列 (TTL74S Series)	加法器(Adders) 缓冲器/驱动器(Buffers & Drivers) 比较器(Comparators) 计数器(Counters) 解码器(Decoders) 编码器(Encoders) 触发器/锁存器(Flip—Flop & Latches) 分频器/定时器(Frequency Dividers & Timers) 门电路/反相器(Gates & Inverters) 数据选择器(Multiplexers) 多谐振荡器(Multivibrators) 振荡器(Oscillators) 锁相环(Phrase-Locked-Loops. PLL) 寄存器(Registers) 信号开关(Signal Switches) 收发器(Transceivers) 杂类逻辑芯片(Misc Logic)

1.9.2　Proteus ISIS 使用实例

本小节以一个单片机控制 1 个 LED 显示器闪烁的实际例子来介绍 Proteus ISIS 仿真软件的使用，以及 Keil C 与 Proteus 的联合调试方法。

1. 单片机电路设计

如图 1-24 所示，电路的核心是单片机 AT89C51。单片机 P1.0 引脚接 LED 显示器。图中电阻起限流作用，不能太大，如果选择 1 kΩ 或更大的电阻，在仿真过程中，该灯将不会闪烁。

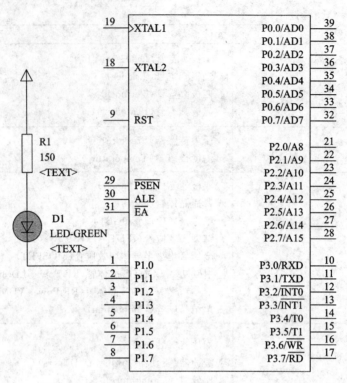

图 1-24　单片机电路

2. 程序设计

程序代码如下：

```
            ORG   0100H
            MOV   A,#01H
FLASH:      MOV   P1,A
            ACALL  DELAY_1S
            CPL   A
            AJMP  FLASH
DELAY_1S:  MOV   R7,#04H
D3:         MOV   R6,#250
D2:         MOV   R5,#250
D1:         DJNZ  R5,D1
DJNZ        R6,D2
DJNZ        R7,D3
            RET
            END
```

3. 电路图的绘制

绘图步骤如下：

（1）将如图 1-25 所示元器件加入到对象选择器窗口（Picking Components into the Schematic）。单击对象选择器按钮，如图 1-26 所示。

图 1-25　元器件

图 1-26　对象选择

（2）弹出 Pick Devices 对话框，在关键字（Keywords）文本框中输入 AT89C51，系统在对象库中搜索查找，并将结果显示在 Results 结果列表框中，如图 1-27 所示。在结果列表中双击 AT89C51 则可将 AT89C51 元件添加至对象选择器窗口。

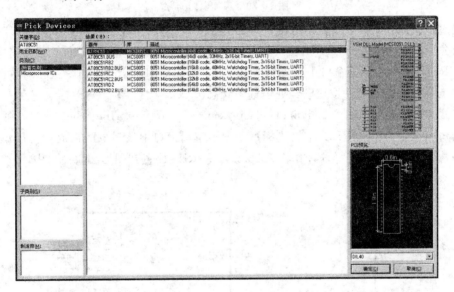

图 1-27　Pick Devices 对话框

（3）在关键字文本框中重新输入 LED—BLUE，如图 1-28 所示，双击 Results 列表框中的 LED—BLUE，则可将 LED—BLUE 元件添加至对象选择器窗口。

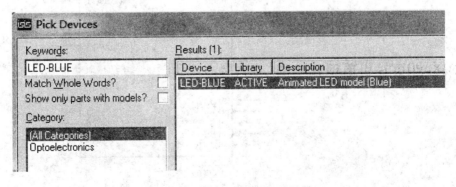

图 1-28　添加 7 段 LED 显示器

（4）在关键字文本框中重新输入 RES，并选中"完全匹配（Match Whole Words）？"复选框，如图 1-29 所示。在 Results 列表框中获得与 RES 完全匹配的搜索结果，双击 RES 则可将 RES 元件（电阻）添加至对象选择器窗口。单击 OK 按钮，结束对象选择。

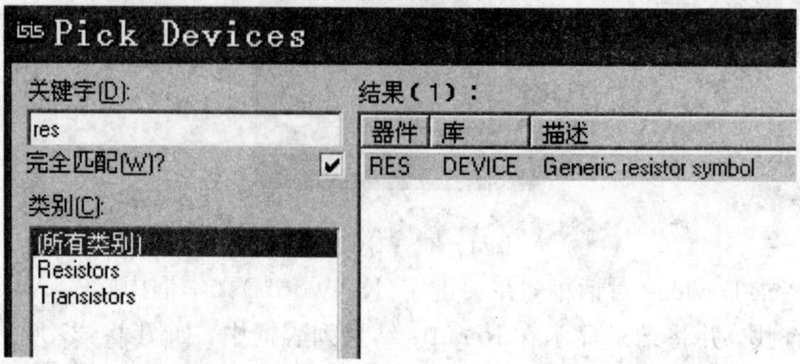

图 1-29　添加电阻对象

经过以上操作，在对象选择器窗口中已有了 LED-GREEN、AT89C51 和 RES 三个元器件对象，若单击 AT89C51，则在预览窗口中可见到 AT89C51 的实物图；若单击 RES 或 LED-GREEN，则在预览窗口中可见到 RES 和 LED— GREEN 的实物图。此时，可以注意到绘图工具栏中的元器件按钮已经处于选中状态。

（5）放置元器件至图形编辑窗口（placing components onto the schematic）。在对象选择器窗口中选中 LED-GREEN，将光标置于图形编辑窗口中该对象的欲放位置后单击，该对象被放置完成。按照同样的操作将 AT89C51 和 RES 放置到图形编辑窗口中，如图 1-30 所示。

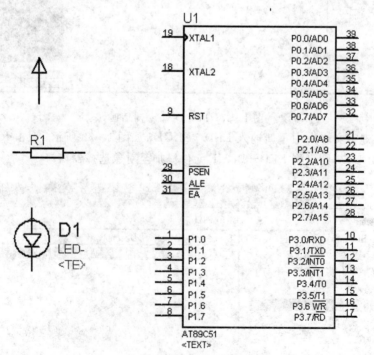

图 1-30　元件放置后的窗口

　　若对象位置需要移动，则将光标移到对象上单击，此时注意到该对象的颜色已经变成红色，表明该对象已经被选中，单击对象并拖动，将对象移至新位置后松开鼠标，即完成移动操作。

　　(6) 在元器件之间连线(wiring up components on the schematic)。Proteus 的智能化可以在想要画线的时候自动检测。下面将电阻 R1 旋转 90°并将其下端连接到 LED 灯。当光标靠近 R1 下端的连接点时，光标处会出现一个"×"号，表明找到了 R1 的连接点；单击鼠标，然后移动光标(不用拖动光标)，当光标靠近 LED 的连接点时，光标处会出现一个"×"号，表明找到了 LED 显示器的连接点，同时屏幕上出现粉红色的连接线；单击鼠标，粉红色的连接线变成深绿色，同时，线形由直线自动变成了 90°的折线，如图 1-31 所示。这是因为已经选中了线路自动路径功能。

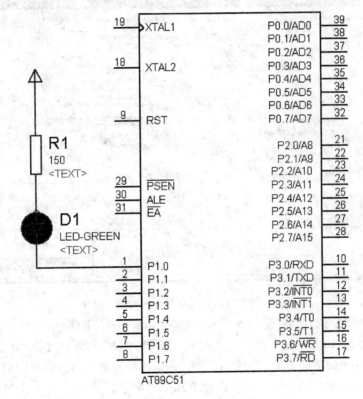

图 1-31　元器件间连线

　　Proteus 具有线路自动路径功能，当选中两个连接点后，自动路径功能将选择一个合适的路径连线。自动路径功能可以通过点击工具栏中自动路径按钮 來关闭或打开自动路径功能。

4. Keil C 与 Proteus 的连接调试

调试的步骤如下：

　　(1) 假若 Keil C 与 Proteus 均已正确安装在 C：\Program Files 目录中，把 C：\Program Files\Labcenter Electronics\Proteus 6 Professional\MODELS\VDM51.DLL 文件复制到 C：\Program Files\keilC\C51\BIN 目录中。

（2）用记事本打开 C：\Program Files\keilC\C51\TOOLS. INI 文件，在［C51］栏目下加入：

TDRV5＝BIN\VDM51. DLL("Proteus VSM Monitor－51 Driver")

其中"TDRV5"中的"5"要根据实际情况写，不要与原来的重复。

注意：步骤（1）和（2）只需在初次使用时设置。

（3）进入 Keil CμVision2 集成开发环境，创建一个新项目，并为该项目选定合适的单片机 CPU 器件（比如 Atmel 公司的 AT89C51）。然后为该项目加入 Keil C 源程序。

（4）选择 Project→Options for Target 菜单项，弹出对话框，单击 Debug 标签，如图 1－32所示。

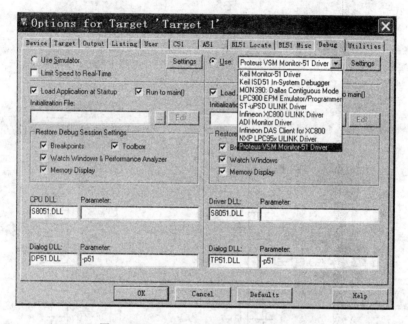

图 1－32　Options for Target 对话框设置

在右上部的下拉列表框中选中 Proteus VSM Monitor－51 Driver，并单击选中 Use 单选按钮，再单击 Setting 按钮，设置通信接口，如图 1－33 所示。在 Host 文本框中输入"127.0.0.1"，如果使用的不是同一台计算机，则这里填写另一台计算机的 IP 地址（另一台计算机也应安装 Proteus）。在"Port"后面添加"8000"。设置好以后单击"OK"按钮完成设置。

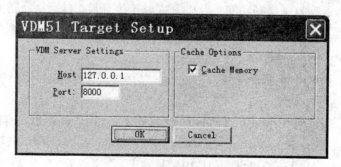

图 1－33　通信接口设置

（5）进行 Proteus 设置。进入 Proteus 的 ISIS，选择 Debug→Use Remote Debug Monitor（使用远程调试监控）菜单项，如图 1-34 所示。此后，便可实现 Keil C 与 Proteus 的连接调试。

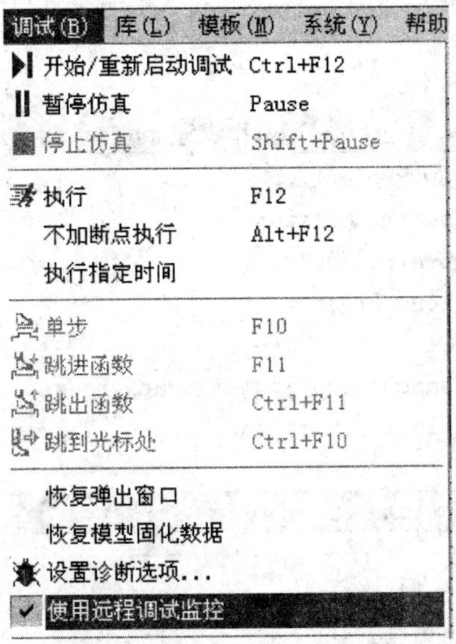

调试(B)	库(L)	模板(M)	系统(Y)	帮助

▶ 开始/重新启动调试　　Ctrl+F12

‖ 暂停仿真　　Pause

■ 停止仿真　　Shift+Pause

➡ 执行　　F12

　不加断点执行　　Alt+F12

　执行指定时间

　单步　　F10

　跳进函数　　F11

　跳出函数　　Ctrl+F11

　跳到光标处　　Ctrl+F10

　恢复弹出窗口

　恢复模型固化数据

　设置诊断选项…

✔ 使用远程调试监控

图 1-34　使用远程调试监控

（6）Keil C 与 Proteus 连接仿真调试。单击仿真运行开始按钮 ▶ 后，可以清楚地观察到每个引脚的电平变化，红色代表高电平，蓝色代表低电平。此时 LED 灯不断闪烁，某时刻的仿真效果如图 1-35 所示，P1.0 引脚输出低电平，LED 灯处于点亮状态。

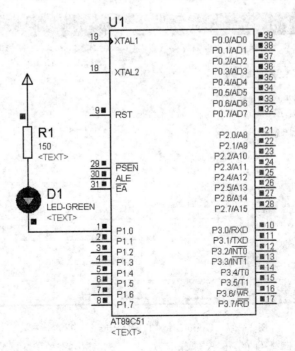

图 1-35　仿真效果图

有时也使用如下的方法 Proteus 仿真：

如图 1-36 所示，在 Keil 软件的 Project 菜单下点击"Options for Target 'Target 1'"，系统将弹出如图 1-37 所示的对话框，在该对话框中选中"Output"选项，选中对话框中出现的"Create HEX File"。这样一来，源程序经过编译连接以后就会生成能在单片机上执行的二进制文件（.hex 格式）。

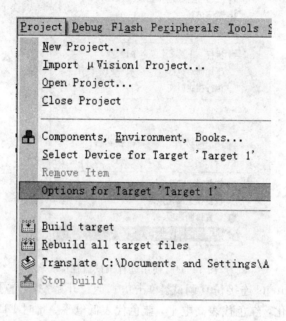

图 1-36 "Project"菜单

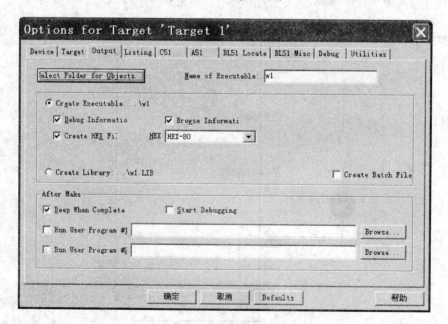

图 1-37 Options for Target 'Target 1'对话框

再在 Proteus 仿真软件的 ISIS 编辑区双击原理图中的单片机 AT89C51，出现如图 1-38 所示的"编辑元件"窗口，在"Program File"右侧的对话框中，输入目标代码文件名，点击"确定"按钮，关闭对话框。此时，在 Keil 软件中为单片机项目编写的程序就可以在单片机中运行了，亦就可以进行 Proteus 的交互式仿真了。

　　至此，即完成了用 LED 显示器显示字符的实验。该实验经过了从电路设计、程序设计、电路图绘制到仿真调试的全过程。

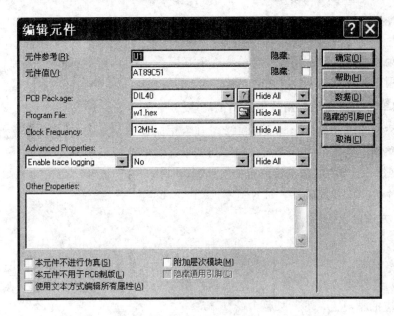

图 1-38　加载目标代码

1.10　本课程学习目标

　　本课程采用理论和实践相结合的教学方法，即结合若干个单片机应用实验和课程设计来学习单片机知识。通过边学习边实践，应当达到如下的学习目标：

　　（1）掌握单片机的特点和基本工作原理，熟悉 51 系列单片机的内部结构。

　　（2）初步掌握目前较为流行的单片机软件开发环境 Keil 的基本使用方法，了解 Proteus ISIS 电路设计与仿真软件的使用。

　　（3）会运用 51 单片机的内部资源和外部接口，通过编程实现简单的控制功能。

　　（4）初步掌握单片机的指令系统，并能熟练阅读教材中的范例，能使用汇编或 C 语言进行简单的实际项目开发。

1.11　如何学习单片机

　　单片机对于初学者来说，稍有困难，但对于已经具有电子电路，尤其是数字电路基本知识的读者来说，不会有太大困难，如果读者有 PC 基础，学习单片机就更容易了。学习单片机技术，还要有较好的方法，方法找对，事半功倍。

1.学习单片机必备的基础知识

学习单片机必备的专业知识如下：

（1）电工学、模拟电子和数字电子技术。

（2）C 语言程序设计基础。

（3）单片机文化基础，即数制和代码问题。

2. 学习单片机所需的硬件条件

（1）计算机。

（2）单片机学习板。

（3）万用电路板。无论你有没有单片机学习板，一两块万用电路板总是必需的。

（4）常用工具及材料，如万用表、电烙铁、焊锡丝、导线等。

3. 学习单片机所需的应用软件及调试环境

（1）系统电路设计软件。当单片机学习到一定阶段时，系统电路设计，包括电路原理图的设计、印刷电路图的设计等工作就不可避免了。单片机系统研发者应有自己画图的能力。现在，Protel99 SE 仍是比较流行的电路图设计软件。

（2）单片机集成开发软件，如 Keil C51、Proteus 等。

4. 学习方法建议

（1）从 51 系列开始。目前，单片机的种类很多，学习单片机最好从 51 系列单片机开始，第一是教材多，资料多，而且掌握该技术的同学、老师都很多，碰到问题能及时向同学、老师及网络好友请教。其次，51 系列单片机实验芯片很多，价格低廉，在市场上很容易购买到相应的学习板，便于课后实践、研究。

（2）熟读教材。单片机原理与应用是一门知识密集的课程，研读教材是必须的。此外很多出版社出版了大量关于单片机方面的教材、教参，图文并茂，甚至配有教学视频，希望读者能根据自己的需要，购买并研读相关书籍。

（3）"软硬"兼施。要进入单片机领域，需要有"硬功夫"，即掌握它的硬件系统，具有识别器件、画原理图、做电路板、焊接元件等的技能。同时还要掌握它的编程语言、指令系统，能进行汇编语言和 C 语言程序设计等"软实力"。

（4）购买实验器材。单片机技术和 PC 技术一样，是实践性很强的一门技术，有人说"计算机是玩出来的"，单片机也是一样，只有多"玩"，也就是多练习、多实践，才能真正掌握其原理。所以，同学们可以自行购买一套单片机学习板，增加实践机会，促进学习效果。

能力训练一　　Keil 软件的使用

1. 训练目的

掌握 Keil C51 开发软件的使用方法。

2. 实验设备

Keil C51 开发软件、PC 机一台。

3. 实验内容

（1）完成 Keil C51 软件的安装。

（2）完成工程文件的建立。

（3）下列程序 first_keil.asm 是将外部数据存储器 2000H 单元的内容搬到内部数据存储器 30H 单元中，完成源程序一的录入、编译、连接。

```
first_keil.asm：
ORG   0000H
MOV   DPTR,2000H
MOV   A,@DPTR
MOV   30H， A
AJMP  $
END
```

（4）进入 DEBUG，打开内部数据存储器窗口与外部数据存储器窗口，并分别指向 30H 单元与 2000H 单元。设置外部数据存储器 2000H 单元内容为 0FEH。通过单步按钮跟踪程序，观察程序控制搬运过程。直到 AJMP 指令处，观察 30H 单元的内容为多少，程序是否将外部数据存储器的内容搬到了内部数据存储器中。

（5）按下复位按钮，修改外部数据存储器 2000H 单元内容为 55H，移动鼠标，将光标定位到 AJMP 指令处，按下按钮，观察结果。

（6）修改程序，将内部数据存储器 30H～3FH 单元的内容搬运到以 2000H 为起始地址的外部数据存储器中来。

（7）总结本次训练所学知识，撰写心得体会。

知 识 测 试 一

一、选择题

1. 在家用电器中使用单片机应属于微计算机的（　　　）。

A. 辅助设计应用　　　　　　　　　　　　B. 测量、控制应用

C. 数值计算应用　　　　　　　　　　　　D. 数据处理应用

2. 8051 和 8751 的区别是（　　　）。

A. 内部数据存储单元数目不同　　　　　　B. 内部数据存储器的类型不同

C. 内部程序存储器的类型不同　　　　　　D. 内部寄存器的数目不同

二、填空题

1. 除了单片机这一名称之外，单片机还可以称为_____、_____。

2. 单片机与普通微型计算机的不同之处在于其将_____、_____和_____三部分，通过内部_____总线连接在一起，集成于一块芯片上。

3. $(30)_{10}$ 的 BCD 码为_____，74H 的 BCD 码为_____，0010 0010B 的 BCD 码为_____。

4. 二进制数 1111 1111 代表原码时等效的十进制数为_____，代表反码时等效的十进制数为_____，代表补码时等效的十进制数为_____。

三、简答题

1. 何谓单片机? 单片机有何特点?

2. 简述单片机经历了哪些主要发展阶段。

3. 解释在 Keil 的 DEBUG 下调试程序的目的是什么？

4. 分别描述常用调试命令：单步、过程单步、执行完当前子程序、运行到当前行功能。如何使用？

5. 简述 Proteus ISIS 仿真软件所具备的功能。

第 2 章　MCS－51 单片机结构与基本原理

2.1　MCS－51 单片机的外部特征

　　51 系列单片机一般采用 40 只引脚的双列直插式(Dual In-line Package，DIP)封装结构，如图 2-1 所示。

　　除 DIP 封装外，51 单片机还采用 44 只引脚的方形扁平(Quad Flat Package，QFP)封装方式，如图 2-2 所示，其中 4 个 NC 为空引脚。DIP 引脚分布如图 2-3 所示。

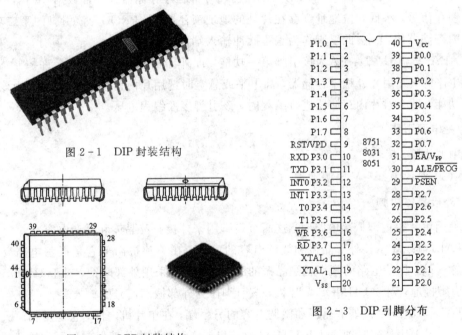

图 2-1　DIP 封装结构

图 2-2　QFP 封装结构

图 2-3　DIP 引脚分布

1. 输入/输出引脚

　　(1) P0 口(39～32 脚)：P0.0～P0.7 统称为 P0 口。在不接片外存储器与不扩展 I/O 口时，作为准双向输入/输出口。在接有片外存储器或扩展 I/O 口时，P0 口分时复用为低 8 位地址总线和双向数据总线。

　　(2) P1 口(1～8 脚)：P1.0～P1.7 统称为 P1 口，可作为准双向 I/O 口使用。对于 52 子系列，P1.0 与 P1.1 还有第二功能：P1.0 可用作定时器/计数器 2 的计数脉冲输入端 T2，P1.1 可用作定时器/计数器 2 的外部控制端 T2EX。

　　(3) P2 口(21～28 脚)：P2.0～P2.7 统称为 P2 口，一般可作为准双向 I/O 口使用；

在接有片外存储器或扩展 I/O 口且寻址范围超过 256 字节时，P2 口用作高 8 位地址总线。

(4) P3 口(10~17 脚)：P3.0~P3.7 统称为 P3 口，除作为准双向 I/O 口使用外，还可以将每一位用于第二功能，而且 P3 口的每一条引脚均可独立定义为第一功能的输入输出或第二功能。

2. 控制引脚

此类引脚提供控制信号，有的引脚还具有复用功能。

(1) RST/VPD(9 脚)：RST 即为 RESET，VPD 为备用电源。当单片机振荡器工作时，该引脚上出现持续两个机器周期的高电平，就可实现复位操作，使单片机回复到初始状态。上电时，考虑到振荡器有一定的起振时间，该引脚上高电平必须持续 10 ms 以上才能保证有效复位。

(2) $\overline{\text{PSEN}}$(29 脚)：片外程序存储器读选通信号输出端，低电平有效。

(3) ALE/$\overline{\text{PROG}}$(30 脚)：ALE 为 CPU 访问外部程序存储器或外部数据存储器提供一个地址锁存信号，将低 8 位地址锁存在片外的地址锁存器中。$\overline{\text{PROG}}$为该引脚的第二功能，即对片内存储器编程时，此引脚作为编程脉冲输入端。

(4) $\overline{\text{EA}}$/V$_{\text{PP}}$(31 脚)：$\overline{\text{EA}}$为该引脚第一功能，即外部程序存储器访问允许控制端。该引脚低电平时，选用片外程序存储器，高电平或悬空时选用片内程序存储器。V$_{\text{PP}}$为该引脚的第二功能，即在对片内存储器进行编程时，该引脚接入编程电压。

3. 主电源引脚

V$_{\text{CC}}$(40 脚)：接+5 V 电源正端。

V$_{\text{SS}}$(20 脚)：接+5 V 电源地端。

4. 外接晶体引脚

当使用单片机内部振荡电路时，这两个引脚用来外接石英晶体和微调电容。

XTAL1(19 脚)：接外部晶振和微调电容的一端。在单片机内部它是振荡电路反相放大器的输入端，振荡电路的频率就是晶振的固有频率。若采用外部时钟，对于 HMOS 单片机，该引脚接地，对于 CHMOS 单片机，该引脚作为外部振荡信号的输入端。

XTAL2(18 脚)：接外部晶振和微调电容的另一端，在单片机内部，它是反相放大器的输出端。若需采用外部时钟，对于 HMOS 单片机，该引脚作为外部振荡信号的输入端，对于 CHMOS 芯片，该引脚悬空。

2.2　MCS-51 单片机的内部结构

2.2.1　MCS-51 单片机的基本组成

MCS-51 单片机内部结构如图 2-4 所示，由 8 位的中央处理器(CPU)、时钟模块、IO 端口、内部程序存储器、内部数据存储器、2 个 16 位的定时计数器、中断系统和一个串行通信模块组成。

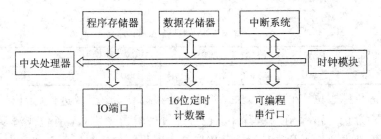

图 2 - 4　MCS - 51 单片机基本结构

MCS - 51 系列单片机内部模块的功能简要说明如下：

（1）中央处理器：单片机的核心部件，执行预先设置好的程序代码，负责数据的计算和逻辑的控制。

（2）程序存储器：存放程序代码。

（3）数据存储器：存放程序执行过程中的数据。

（4）中断系统：根据设置接收单片机的各个中断事件，提交到处理器。

（5）时钟模块：提供整个单片机所需要的各个时钟信号。

（6）可编程串行口：根据设置进行串行数据通信。

（7）16 位定时计数器：根据设置进行定时或计数工作。

（8）I/O 端口：与外部接口部件通信，进行数据交换。

2.2.2　MCS - 51 系列单片机的中央处理器

MCS - 51 单片机内部有一个功能强大的 8 位 CPU，它包含两个基本部分，运算器和控制器。

1. 运算器

运算器以算术逻辑单元 ALU（Arithmetic and Logic Unit）为核心，包括累加器 ACC（简称 A）、B 寄存器、暂存器、标志寄存器 PSW（Program Status Word）等部件。

1）算术逻辑运算单元 ALU

ALU 可以对 4 位（半字节）、8 位（一字节）和 16 位（双字节）数据进行操作。这些操作可以是：算术运算（如加、减、乘、除、加 1、减 1、BCD 码数的十进制调整及比较等），逻辑运算（如与、或、异或、求补及循环移位等）。

2）累加器 A

累加器 A 在 CPU 结构中占有特殊的位置，在指令中使用非常频繁。累加器 A 既可作源操作数又可作目的操作数。ALU 进行运算时，数据绝大多数都来自于累加器 A，运算结果也通常送回累加器 A。在 MCS - 51 指令系统中，绝大多数指令都要累加器 A 参与处理。A 也作为通用寄存器使用，并且可以按位操作，但在对累加器 A 的直接寻址和对累加器 A 的某一位寻址时要用 Acc，而不能写成 A。例如，指令"POP Acc"不能写成"POP A"；指令"SETB Acc.0"，不能写成"SETB A.0"。

3）程序状态字寄存器 PSW

程序状态字寄存器为 8 位寄存器，且 8 个位都有特殊的定义和作用，有的可以由用户设定，有的直接反映指令执行后的状态，起一定的标志作用。PSW 中各位的定义见

表2-1。

表 2-1　PSW 中各位的定义

位序	PSW.7	PSW.6	PSW.5	PSW.4	PSW.3	PSW.2	PSW.1	PSW.0
位标志	CY	AC	F0	RS1	RS0	OV	未使用	P

① CY：进位标志位。在加（减）法运算中，若最高位 D7 出现进位（借位），则 CY 自动置 1，否则 CY 为 0；另外，在位操作中，也可通过逻辑指令使 CY 置位或清零。

② AC：辅助进位标志位。在加（减）法运算中，若出现低四位向高四位进位（借位），则 AC 自动置 1，否则 AC 为 0。

③ F0：用户标志位。可由用户通过软件对它进行置位、复位或测试，以控制程序的流向。

④ RS1、RS0：工作寄存器组选择位。可以通过软件对其进行设置来决定工作寄存器组的选择。

⑤ OV：溢出标志位。计算机所进行的运算都是无符号数运算，即把有符号数的符号位也当作数值进行运算，又把运算结果当符号数来影响溢出标志位。在符号数的加减运算中，当运算结果超出了累加器 A 所能表示的符号数的范围（$-128 \sim 127$），即产生溢出，OV=1。在乘法运算中，OV=1 表示乘积超出 255，乘积在 B 和 A 中；OV=0 表示乘积不超过 255，乘积只在 A 中（B=0）。在除法运算中，OV=1 表示除数为 0，除法不能进行；OV=0 表示除数不为 0，除法可以进行。

⑥ P：奇偶标志位。用于表示累加器中 1 的奇偶性，如累加器中 1 的个数为奇数，P 为 1，否则为 0。P 标志位的状态随累加器中内容的变化而变化。

4）B 寄存器

B 寄存器为 8 位的寄存器，主要用于乘法、除法运算，与累加器配对使用。在乘法指令中，被乘数取自 A，乘数取自 B，结果存放于寄存器对 BA 中；在除法指令中，被除数取自 A，除数取自 B，结果商放于 A 中，余数放于 B 中。此外，B 寄存器也可作为一般的寄存器使用。

2. 控制器（Control Unit）

控制部件是单片机的控制中心，它包括定时和控制电路、指令寄存器、指令译码器、程序计数器 PC（Program Counter）、堆栈指针 SP（Stack Pointer）、数据指针 DPTR（Data Pointer）以及信息传送控制部件等。它先以振荡信号为基准产生 CPU 的时序，从 ROM 中取出指令到指令寄存器，然后在指令译码器中对指令进行译码，产生指令执行所需的各种控制信号，送到单片机内部的各功能部件，指挥各功能部件产生相应的操作，完成对应的功能。

1）程序计数器 PC

程序计数器 PC 是一个 16 位的计数器，其内容是将要执行指令的地址。它的寻址范围可达 64 KB。我们知道计算机所以能脱离人的直接干预，自动地进行计算或控制，是由人把实现这个计算或控制的一步步操作用命令的形式，即一条条指令预先输入存储器中，在执行时 CPU 把这些指令一条条地取出来，加以译码和执行。计算机所以能自动地一条一条地取指令并执行，是因为 CPU 中有一个跟踪指令地址的电路，该电路就是程序计数器 PC。在开始执行程序时，给 PC 赋以第一条指令的地址，然后每取一条指令 PC 的值就自动指向下一条指令的地址，从而实现程序的顺序执行。PC 没有地址，是不可寻址的，无法对它进行直接读写操作。但可通过转移、调用和返回等指令改变其内容，实现程序的转移。

单片机复位后 PC＝0000H，从程序存储器的 0000H 单元开始取指令执行。

2）堆栈指针寄存器 SP

堆栈是设置在片内 RAM 中的一段存储区域。它的存取顺序为先进后出。这种存取方式需要一个地址指针来指向栈顶（堆栈最上面的数据）的位置。SP 就是用来指示栈顶位置的寄存器。

堆栈有两种操作：进栈（数据存入堆栈）和出栈（从堆栈中取数据）。进栈操作后，SP 的值自动加 1，表明堆栈顶部的位置向上移（向高地址方向增长）；出栈操作后，SP 的值自动减 1，表明堆栈顶部的位置向下移。

MCS - 51 单片机系统复位后，SP 的值为 07H，这样堆栈就被开辟在片内 RAM 的工作寄存器组区域，为了避免占用宝贵的工作寄存器区和位寻址区，一般要对复位后的 SP 值进行修改，把堆栈开辟在通用寄存器区（30H～7FH）。

堆栈在子程序调用或中断处理过程中往往用来保护现场数据，以便返回后可以方便地恢复。

3）数据指针寄存器 DPTR

数据指针寄存器 DPTR 是一个 16 位的特殊功能寄存器，又可作为两个 8 位寄存器使用，写作 DPH（高 8 位）、DPL（低 8 位）。

在系统扩展中，DPTR 作为片外程序存储器和数据存储器的地址指针，指示要访问的存储器单元地址。由于它是 16 位寄存器，所以访问存储器的范围可达 64 KB。

2.2.3　MCS - 51 系列单片机的输入/输出接口

MCS - 51 系列单片机有 4 个 8 位的并行 I/O 接口：P0、P1、P2 和 P3 口。其中 P1、P2 和 P3 口为准双向口，P0 口是一个三态双向口。这 4 个口既可以作输入，也可以作输出；既可按 8 位处理，也可按位方式使用。输出时具有锁存能力，输入时具有缓冲功能。

1. P0 口

P0 口是一个三态双向 I/O 口，它有两种不同的功能，用于不同的工作环境。在不需要进行外部 ROM、RAM 等扩展时，作为通用的 I/O 口使用；在需要扩展时，采用分时复用的方式，通过地址锁存器后作为 8 位数据总线和低 8 位的地址总线。

1）P0 口结构

P0 口有 8 条端口线，命名为 P0.7～P0.0，每条线的结构组成如图 2 - 5 所示。它由一个输出锁存器、转换开关 MUX、两个三态缓冲器、与门、非门、输出驱动电路和输出控制电路等组成。

2）P0 口的功能

地址/数据总线：CPU 在执行读片外 ROM、读/写片外 RAM 或 I/O 口指令时，单片机硬件自动将控制端设为 1，MUX 开关接到非门的输出端，地址信息经 V1、V2 输出。CPU 在执行输出指令时，低 8 位地址信息和数据信息分时地出现在地址/数据总线上。若地址/数据总线的状态为 1，则场效应管 V2 导通、V1 截止，引脚状态为 1；若地址/数据总线的状态为 0，则场效应管 V2 截止、V1 导通，引脚状态为 0。可见 P0.X 引脚的状态正好与地址/数据线的信息相同。CPU 在执行输入指令时，首先低 8 位地址信息出现在地址/数据总线上，P0.X 引脚的状态与地址/数据总线的地址信息相同。然后，CPU 自动使模拟转换开关 MUX 拨向锁存器，并向 P0 口写入 0FFH，同时"读引脚"信号有效，输入数据从下方的三态输入缓冲器进入内部总线。

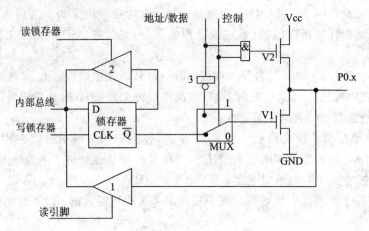

图 2-5　P0 口的一位结构

通用 I/O 口：当 P0 口作为通用口使用时，单片机硬件自动将控制端设为 0，选择开关 MUX 向下接到锁存器的反向输出端，同时使与门输出低电平，输出驱动器的上拉场效应管 V2 截止，这样 P0 口的输出级是漏极开路，故需外接上拉电阻 R。

当 P0 口作为 I/O 输出时，例如，当输出为 0（低电平）时，则锁存器的 $\overline{Q}$ 输出 1（高电平），使下拉场效应管 V1 导通并接地，从而使输出端口强拉成低电平，故而输出为 0；当输出为 1（高电平）时，锁存器的 $\overline{Q}$ 端输出为 0（低电平），使下拉场效应管 V1 截止，这样输出端口就被上拉电阻 R 拉成高电平，从而输出端为 1。

当 P0 口作为 I/O 口输入使用时，分以下两种情况：

第一，当 CPU 复位后进行输入操作时，由于复位后 CPU 对 P0 口输出 0FFH，使各位锁存器置 1。$\overline{Q}$ 端输出为 0 而使下拉场效应管 V1 截止，由于上拉电阻将端口上拉成高电平，这时端口的输入状态取决于外部输入信息状态。若输入为 1（高电平），则端口电平保持不变，从而输入为 1；若输入为 0（低电平），则把端口电平强拉成低电平，从而输入为 0。因而输入信息正确。

第二，当 P0 口的某位（或整个 P0 口）先进行了输出操作，而后要由输出变成输入操作方式。由于先前输出的是何值并不知道，如果先前输出的是 0（低电平），则锁存器的 $\overline{Q}$ 端输出为 1（高电平），使下拉场效应管导通并接地，从而使输出端口被下拉成低电平，这时即使外部输入为 1，也被下拉成低电平，造成输入不正确。因此，必须在输入操作前，先用输出 1 指令将该锁存器置 1，$\overline{Q}$ 端将下拉场效应管截止，使输出端口由上拉电阻 R 上拉成高电平，然后进行输入操作才正确。因此这时的 P0 口就不是真正的双向 I/O 口，而被称之为"准双向 I/O 口"。

综上所述，P0 口既可以作为地址/数据分时复用总线口，这时是个真正的双向 I/O 口；又可以作通用 I/O 口，但这时是个准双向 I/O 口。当用做通用 I/O 口，且先执行输出操作而后要由输出变为输入操作时，必须在输入操作前再执行一次输出 1 操作，然后执行输入操作才会正确，这就是准双向的含意。在 P0 口用于通用 I/O 口时，应加上拉电阻 R，复位后自动置成地址/数据分时复用总线方式。

另外，P0 口的输出级具有驱动 8 个 LSTTL 负载的能力，输出电流不大于 800 μA。

2. P1 口

P1 口是准双向口，它只能作通用 I/O 接口使用。作为输入时，首先应将引脚置 1。P1 口的结构与 P0 口不同，它的输出只由一个场效应管 V1 与内部上拉电阻组成，如图 2-6 所示。其输入输出原理特性与 P0 口作为通用 I/O 接口使用时一样，当其输出时，可以提供电流负载，不必像 P0 口那样需要外接上拉电阻。P1 具有驱动 4 个 LSTTL 负载的能力。

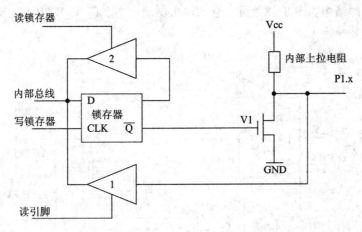

图 2-6　P1 口的一位结构

3. P2 口

P2 口也是准双向口，它有两种用途：通用 I/O 接口和高 8 位地址线。它的 1 位的结构如图 2-7 所示。与 P1 口相比，它只在输出驱动电路上比 P1 口多了一个模拟转换开关 MUX 和反相器 3。

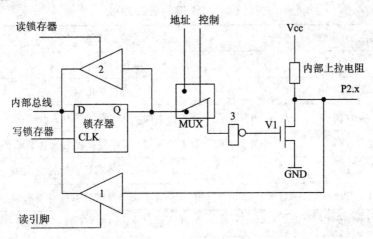

图 2-7　P2 口的一位结构

当控制信号为高电平 1，转换开关接上方，P2 口用作高 8 位地址总线使用。访问片外存储器的高 8 位地址 A8～A15 就由 P2 口输出。如系统扩展了 ROM，由于单片机工作时一直不断地取指令，因而 P2 口将不断地送出高 8 位地址，P2 口将不能作通用 I/O 接口用。如系统仅仅扩展 RAM，这时要分两种情况：当片外 RAM 容量不超过 256 字节，在访问

RAM 时，只需 P0 口送出低 8 位地址即可，P2 口仍可作为通用 I/O 接口使用；当片外 RAM 容量大于 256 字节时，需要 P2 口提供高 8 位地址，这时 P2 口就不能作通用 I/O 接口使用。

当控制信号为低电平 0 时，转换开关接下方，P2 口用作准双向通用 I/O 接口，其输入和输出的工作过程与 P0 口相似，读者可自行分析。

4. P3 口

P3 口一位的结构如图 2-8 所示。它的输出驱动由与非门 3、V1 组成，输入比 P0、P1、P2 口多了一个缓冲器 4。

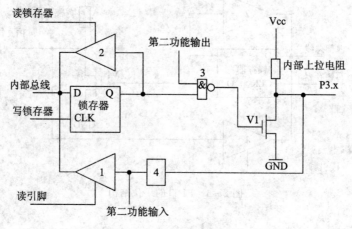

图 2-8 P3 口的一位结构

P3 口除了作为准双向通用 I/O 口使用外，它的每一根线还具有第二种功能，如表 2-2 所示。

表 2-2 **P3 口的第二功能**

P3 口	第二功能名称	第二功能
P3.0	RXD	串行口输入端
P3.1	TXD	串行口输出端
P3.2	$\overline{INT0}$	外部中断 0 请求输入端，可编程设置为低电平或下降沿触发
P3.3	$\overline{INT1}$	外部中断 1 请求输入端，可编程设置为低电平或下降沿触发
P3.4	T0	定时器/计数器 0 外部计数脉冲输入端
P3.5	T1	定时器/计数器 0 外部计数脉冲输入端
P3.6	$\overline{WR}$	外部数据存储器写信号，低电平有效
P3.7	$\overline{RD}$	外部数据存储器读信号，低电平有效

当 P3 口作为通用 I/O 接口时，第二功能输出线为高电平，与非门 3 的输出取决于锁存器的状态。这时，P3 是一个准双向口，它的工作原理、负载能力与 P1、P2 口相同。

当 P3 口作为第二功能使用时，锁存器的 Q 输出端必须为高电平，否则 V1 管导通，引脚将被钳位在低电平，无法实现第二功能。当锁存器 Q 端为高电平，P3 口的状态取决于第二功能输出线的状态。单片机复位时，锁存器的输出端为高电平。P3 口第二功能中输入信号 RXD、INT0、INT1、T0、T1 经缓冲器 4 输入，可直接进入芯片内部。

为了查阅、记忆，现将 51 单片机 I/O 端口特性总结于表 2-3 中。

表 2-3　51 单片机 I/O 端口特性

端口	P0	P1	P2	P3
共性	8 位 I/O 端口，既可按字节操作(8 位)，也可按位操作(1 位)；根据指令不同，输入时有读端口锁存器和读引脚两种情况			
性质	双向/准双向	准双向	准双向	准双向
驱动能力	8 个 LSTTL	4 个 LSTTL	4 个 LSTTL	4 个 LSTTL
内部端口电路	作外部总线时，为 FET 推拉输出；作 I/O 输出时，为准双向口，输出为漏极开路	准双向口：输出时为带上拉电阻的 FET 输出 输入时要先向端口写 1 使输出 FET 截止		
其他功能	系统扩展时，作为分时复用的片外数据总线/地址总线(低 8 位)		系统扩展时，作为片外地址总线高 8 位	第二功能：P3.0/P3.1—串口 RXD、TXD P3.2/P3.3—中断 INT0、INT1 P3.4/P3.5—计数器 T0、T1 P3.6/P3.7—写读 WR、RD

2.3　单片机最小系统设计

1. MCS-51 单片机系统的一般组成

单片机系统的基本结构框图如图 2-9 所示，从图中可以看出，对于一个典型的单片机系统而言，主要由单片机、晶振和复位电路、输入控制电路、输出显示电路以及外围功能器件 5 个部分组成。

(1) 晶振：单片机系统的必要组成部分，没有晶振，就没有时钟周期；没有时钟周期，就无法执行程序代码，单片机就无法工作。

(2) 复位电路：单片机系统的必要组成部分，控制单片机的功能复位。

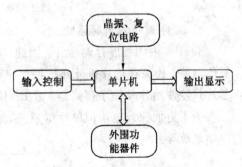

图 2-9　单片机系统的基本组成

(3) 输入控制：是指在一定要求下，采取何种形式的控制方式来实现单片机不同功能的转换，以及控制指令以何种方式传送到单片机。常用的输入控制方法有按键、矩阵键盘、串行通信等方式。

(4) 输出显示：是指单片机将需要显示的数据发送到 LED、液晶等显示模块，并控制 LED 等显示模块按照一定的格式显示的功能。此外，输出对象还有电机、传感器等特殊的功能器件。

(5) 外围功能器件：单片机只是控制器件，对应于一定的设计要求，需要加入特定功能的器件，例如外部存储器，单片机通过对外部存储器的读写操作，完成对数据的存储和读取，从而扩展单片机的存储单元和数据。此外，常用的外围器件还有 AD、DA 转换器等。

2. MCS - 51 单片机的最小系统

单片机的最简单系统又叫最小系统，是指单片机能正常工作所必需的外围元件，主要由单片机、晶振电路、复位电路构成。MCS - 51 单片机根据片内有无程序存储器最小系统分两种情况。

1）8051/8751 最小系统

8051/8751 片内有 128 字节数据存储器，有 4 KB 的 ROM/EPROM，对于最小系统来讲，这 4 KB 程序存储器足够存储相应的程序代码，因此，只需要外接晶体振荡器和复位电路就可构成最小系统，如图 2 - 10 所示。

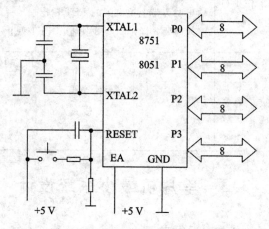

图 2 - 10　8051/8751 的最小系统

2）8031 最小应用的系统

8031 片内无程序存储器片，因此，在构成最小应用系统时，不仅要外接晶体振荡器和复位电路，还应在单片机外部扩展程序存储器，其系统原理图如图 2 - 11 所示。由于 8031 芯片只能使用片外程序存储器，故 $\overline{EA}$ 只能接低电平。

为了更加深入地认识单片机系统，在随后的几节里，将逐个介绍时钟电路、复位电路、存储系统等。

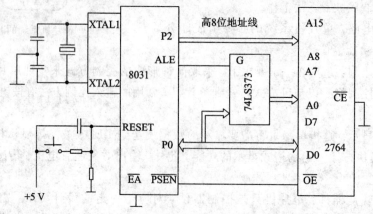

图 2 - 11　8031 最小系统

2.4　MCS-51 单片机系统的时钟与时序

MCS-51 系列单片机具有片内振荡器和时钟电路,并以此作为单片机工作所需的时钟信号。CPU 的时序是指各控制信号在时间上的相互联系与先后次序。单片机本身就如同一个复杂的同步时序电路,为了确保同步工作方式的实现,电路应在统一的时钟信号控制下按时序进行工作。

1. 单片机系统的时钟电路

MCS-51 单片机内部有产生振荡信号的放大电路,可以用两种方式产生单片机工作所需的时钟信号,一种是内部方式,另一种是外部方式。

1) 内部方式

如图 2-12 所示,内部方式就是片内的高增益反相放大器通过 XTAL1、XTAL2 外接片外晶振与电容,组成并联谐振回路,构成一个自激振荡器,向内部时钟电路提供振荡时钟。

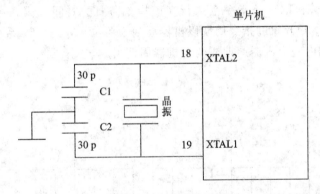

图 2-12　内部方式

2) 外部方式

如图 2-13 所示,外部方式就是把外部已经产生好的时钟信号接到 XTAL1 或 XTAL2 引脚上,以此给单片机系统提供基本的时钟信号。这种方式主要用于多电路时钟同步。

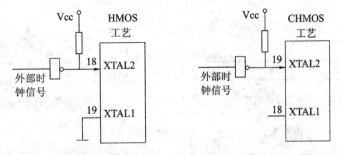

图 2-13　外部方式

时钟频率越高,单片机控制器的控制节拍就越快,运算速度也就越快,但同时消耗的功率更大,对外界的干扰就更强。因此,不同型号、不同场合的单片机所需要的时钟频率是不一样的。

2. MCS – 51 单片机系统的时序

时序就是在执行指令过程中，CPU 产生的各种控制信号在时间上的相互关系。每执行一条指令，CPU 的控制器都产生一系列特定的控制信号，不同的指令产生的控制信号不一样。

CPU 发出的时序信号有两类，一类是用于片内各功能部件的控制；另一类用于片外的存储器或扩展的 I/O 端口的控制。

1）机器周期和指令周期

单片机的时序信号是以单片机内部时钟电路产生的时钟周期（振荡周期）或外部时钟电路送入的时钟周期（振荡周期）为基础形成的，在它的基础上形成机器周期、指令周期和各种时序信号。

机器周期：机器周期是单片机的基本操作周期，每个机器周期包含 S1、S2、…、S6 共 6 个状态，每个状态包含 2 拍 P1 和 P2，每一拍为一个时钟周期（振荡周期），如图 2 – 14 所示。因此，一个机器周期包含 12 个时钟周期。依次可表示为 S1P1、S1P2、S2P1、S2P2、…、S6P1、S6P2。

指令周期：计算机取一条指令至执行完该指令需要的时间称为指令周期。不同的指令，指令周期不同。单片机的指令周期以机器周期为单位。MCS – 51 系列单片机中，大多数指令的指令周期由一个机器周期或两个机器周期组成，只有乘法、除法指令需要 4 机器周期指令。

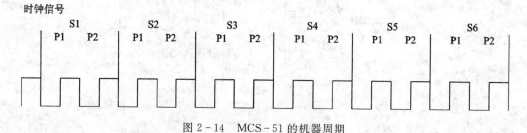

图 2 – 14　MCS – 51 的机器周期

2）单机器周期指令的时序

执行单机器周期指令的时序如图 2 – 15(a)、(b)所示，其中(a)图为单字节指令，(b)图为双字节指令。

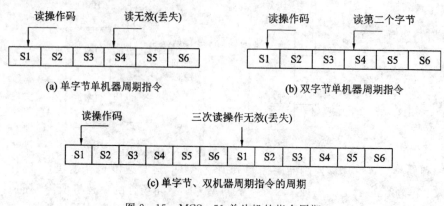

图 2 – 15　MCS – 51 单片机的指令周期

单字节指令和双字节指令都在 S1P2 期间由 CPU 取指令，将指令码读入指令寄存器，同时程序计数器 PC 加 1。在 S4P2 再读出一个字节，单字节取指令取得的是下一条指令，故读后丢弃不用，程序计数器 PC 也不加 1；双字节指令读出第二个字节后，送给当前指令使用，并使程序计数器 PC 加 1。两种指令都是在 S6P2 结束时完成操作。

3）双机器周期指令的时序

执行单字节、双机器周期指令的时序如图 2-15(c)所示，它在两个机器周期中发生了四次操作码的操作，第一次读出为操作码，读出后程序计数器 PC 加 1，后 3 次读操作都是无效的，自然丢失，程序计数器 PC 也不会改变。

2.5　MCS-51 单片机系统的复位电路

1. 单片机系统复位电路的作用

无论用户使用哪种类型的单片机，总要涉及单片机复位电路的设计。而单片机复位电路设计的好坏，直接影响到整个系统工作的可靠性。许多用户在设计完单片机系统并在实验室调试成功后，在现场却出现了"死机"、"程序走飞"等现象，这主要是由单片机的复位电路设计不可靠引起的。

单片机在刚接上电源时，其内部各寄存器处于随机状态，复位可使 CPU 和系统中其他部件都处于一个确定的初始状态，并以此初始状态开始工作。RST 为外部复位信号的输入引脚，当该引脚上保持两个机器周期以上的高电平时，单片机就会被复位。复位期间，ALE、PSEN 输出高电平。当 RST 由高电平变为低电平后，PC 指针变为 0000H，使单片机从程序存储器地址为 0000H 的单元开始取代码执行。MCS-51 单片机复位后各寄存器的初始值见表 2-4。

表 2-4　单片机复位后各寄存器的初始值

特殊功能寄存器	初始内容	特殊功能寄存器	初始内容
A	00H	TCON	00H
PC	0000H	TL0	00H
B	00H	TH0	00H
PSW	00H	TL1	00H
SP	07H	TH1	00H
DPTR	0000H	SCON	00H
P0~P3	FFH	SBUF	XXXX XXXXB
IP	XX00 0000B	PCON	0XXX 0000B
IE	0X00 0000B	TMOD	00H

2. 单片机系统复位电路设计

在时钟电路工作以后，当外部电路使得 RST 端出现 2 个机器周期(24 个时钟周期)以上的高电平时，系统内部复位。复位有两种方式：上电复位和按钮复位，如图 2-16 所示。

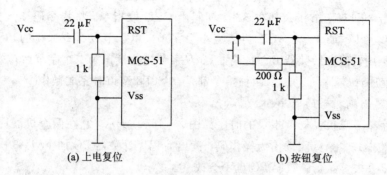

图 2-16　单片机系统复位电路

（1）上电复位。接上电源后利用 RC 充电来实现上电复位，如图 2-16(a) 所示。在系统上电瞬间，RC 电路通过电容给 RST 端加上一个高电平信号，此高电平信号随着电容的充电不断减少，直到恢复低电平。这个 RC 充放电电路的时间常数大约是 $t=RC$，根据图中给出的标称值可以计算出时间常数约为 20 ms，大大超过单片机正常工作时间的两个机器周期的时间，对于单片机应用系统，这个时间基本上可保证系统可靠复位。

（2）手动复位。在实际应用中，单片机应用系统常常需要人工干预，强制系统复位。如图 2-16(b) 所示具有上电复位和手动复位功能，系统上电时利用 RC 充放电电路实现上电复位；任何时候，只要按下开关，就可将 Vcc 通过 200 Ω 的电阻加到 RST 端，实现手动复位。

2.6　MCS-51 单片机系统的存储器

计算机的存储器有哈佛结构和冯·诺依曼结构（也称普林斯顿结构）。哈佛结构中数据存储器（RAM）和程序存储器（ROM）分为两个空间独立寻址；冯·诺依曼结构中 RAM 和 ROM 同在一个空间寻址。MCS-51 系列单片机的存储器采用哈佛结构类型。

从用户角度来说，MCS-51 系统的存储器可划分为三类，即片内、片外统一编址（0000H～FFFFH）的 64 KB 的程序存储器地址空间；256B（00H～FFH）的内部数据存储器的地址空间；64 KB（0000H～FFFFH）的外部数据存储区或 I/O 地址空间。

2.6.1　程序存储器

1. 程序存储器的作用

程序存储器主要用于存放单片机工作时执行的程序，在单片机工作时使用。另外，程序存储器可存放表格数据，在使用时可通过专门的查表指令 MOVC A、@A＋DPTR 或 MOVC A、@A＋PC 取出，该指令的运行将使各种控制信号按规定的时序有效，从而保证数据从程序存储器中正确读出，并依次送到 CPU 中执行，实现相应的功能。此处的 PC 是一个专用寄存器——程序计数器，用以存放要执行的指令的地址。它具有自动计数功能，每取出一条指令，它的内容会自动加 1，以指向下一条要执行的指令，从而实现从程序存储器中依次取出指令来执行。由于 MCS-51 单片机的程序计数器 PC 为 16 位的，因此，它可以表示的地址范围为 $(0000\ 0000\ 0000\ 0000)_2 \sim (1111\ 1111\ 1111\ 1111)_2$ 即 0000H～FFFFH，即 64 KB。所以，MCS-51 单片机可扩展 64 KB 的片外程序存储器。

2. 程序存储器的空间分布

MCS-51 系列单片机可寻址 64 KB 程序存储器，它包括片内 ROM 和片外 ROM。有的芯片有片内程序存储器(如 8051)，有的芯片没有片内程序存储器(如 8031)。无论片内 ROM 的容量为多少，片外都可以扩展 64 KB 的 ROM。如何分配这些地址空间？下面以 8051 为例介绍。

如图 2-17 所示，8051 片内有 4 KB ROM，片外还可以扩展 64 KB ROM。片内 4 KB ROM 和片外 4 KB ROM 地址重复，分配的地址空间都是 0000H～0FFFH，这时，由 $\overline{EA}$(External Access)引脚输入的信号决定是使用片内 ROM 还是片外 ROM。当 $\overline{EA}=1$ 时，使用的是片内 ROM；当 $\overline{EA}=0$ 时，使用的是片外 ROM。地址空间 1000H～0FFFFH 对应 60 KB 的片外程序存储器。8031 芯片没有片内程序存储器，只能使用扩展的片外程序存储器，其 $\overline{EA}$ 引脚必须接地。

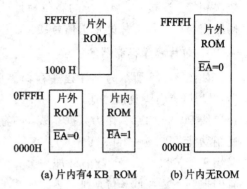

图 2-17　程序存储器的空间分布

程序存储器中有两组单元具有特殊功能。一组是 0000H～0002H 三个单元。单片机复位后程序计数器 PC 的值为 0000H，单片机将从 0000H 单元取指令执行，程序存储器的 0000H 单元地址是系统程序的启动地址，用户一般在这里放一条绝对转移指令，转到用户主程序的起始地址。

另一组是 0003H～002AH，共 40 个单元。该组单元平均分为五小组，每小组 8 个字节，每小组的首地址分别作为 5 个中断源服务程序的入口地址，其对应关系见表 2-5。

表 2-5　5 个中断源的中断入口地址

中断源	入口地址
外部中断 0	0003H
定时器 T0	000BH
外部中断 1	0013H
定时器 T1	001BH
串行口	0023H

3. 程序存储器扩展的一般方法

程序存储器用 ROM 芯片扩展，常见的 ROM 芯片有掩膜 ROM(通过掩膜工艺，一次性制造，其中的代码与数据将永久保存，不能进行修改)、可编程 PROM(Programmable Read Only Memory，该产品只允许写入一次)、光可擦除 EPROM(Erasable Programmable Read Only Memory，用紫外线照射该存储器的石英玻璃窗一定时间即可擦除)以及电可擦除 EEPROM(Electrically Erasable Programmable Read Only Memory，可直接用电信号擦除、写入)。不同种类和不同容量的存储器其引脚情况也不同，但它们与单片机扩展连接却具有共同的规律。无论何种存储器，其引脚都呈三总线结构，与单片机连接都是三总线对接。

(1) 控制线：一般说来，ROM 芯片具有输出允许控制线 $\overline{OE}$，它与单片机的 $\overline{PSEN}$ 信号线相连。

（2）数据线：如果扩展的存储器芯片的字长为 8 位，则需要 8 根数据线，可将单片机的数据总线（P0.0～P0.7）按由低位到高位的顺序依次与存储器芯片的数据线相接。

（3）地址线：存储器芯片的地址线的数目由芯片的容量决定。容量（Q）与地址线数目（N）满足关系式：$Q=2^N$。一般来说，存储器芯片的地址线数目总是少于单片机地址总线的数目，连接时存储器芯片的地址线与单片机的地址总线（A0～A15）按由低位到高位的顺序依次相接。连接后，单片机的高位地址线往往有剩余，剩余的地址线一般作为译码线，译码输出与存储器芯片的片选信号线 $\overline{CS}$ 相接。

4. 单片程序存储器的扩展

如图 2-18 所示为单片程序存储器的扩展，单片机为 8031，因该芯片没有内部存储器，故其 $\overline{EA}$ 引脚直接接地。程序存储器采用 8 KB×8 位的 2764 芯片。所示，用 P0 口的 8 位口线 P0.0～ P0.7 作为数据总线，与存储器的数据总线 D0～D7 连接。由于 P0 口的双重复用功能，P0.0～ P0.7 也作为系统的低 8 位地址总线。因为 P0 口既用于传输数据信息，又用于传输地址信号，故需外加一个 8 位地址锁存器 74LS373，该锁存器在单片机 ALE 引脚的控制下暂存低 8 位地址，然后由地址锁存器提供低 8 位地址，由 P0 口直接提供数据。

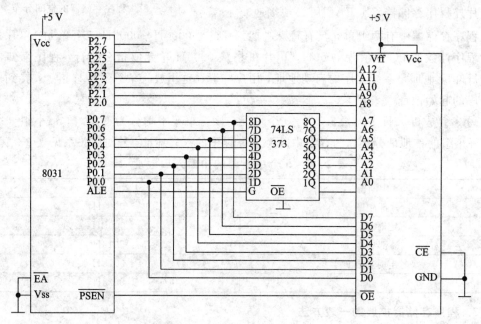

图 2-18　单片程序存储器的扩展

P2 口的 8 位口线作为高 8 位地址总线。在实际应用中需要用几位要根据扩展的存储器的容量而定。由于图 2-8 中扩展的存储器容量为 8 KB，总共需要 13 根地址线（$2^{13}=2^3×2^{10}=8×1024=8K$），所以 P0 口的 8 位口线全部用上后，P2 口仅需使用 P2.0～P2.4 共 5 位。

由于单片机 P2 口的高 3 位地址线没有利用，某一时刻单片机具体要访问存储器的哪个单元完全由地址信号中的低 13 位决定，高 3 位可以是 000，亦可以是 001、010、011 等共 8 种不同的值，这 8 个不同的地址信号访问的是同一个存储单元，此现象即为地址空间重叠。

图 2 - 18 的 8 个重叠的地址范围如下：

000 0000000000000 ~ 000 11111111111111，即 0000H~1FFFH；

001 0000000000000 ~ 001 11111111111111，即 2000H~3FFFH；

010 0000000000000 ~ 010 11111111111111，即 4000H~5FFFH；

011 0000000000000 ~ 011 11111111111111，即 6000H~7FFFH；

100 0000000000000 ~ 100 11111111111111，即 8000H~9FFFH；

101 0000000000000 ~ 101 11111111111111，即 A000H~BFFFH；

110 0000000000000 ~ 110 11111111111111，即 C000H~DFFFH；

111 0000000000000 ~ 111 11111111111111，即 E000H~FFFFH。

5. 多片程序存储器的扩展

如图 2 - 19 所示扩展了 4 片 2764 芯片，从连接图中可以看出，4 片存储器的数据线均与 P0 口连接，4 片存储器的低 8 位地址线均通过锁存器与 P0 口连接，4 片存储器的高 5 位地址线均连接到 P2.0~P2.4，4 片存储器的输出允许控制端$\overline{OE}$均与单片机的$\overline{PSEN}$信号线连接。即便如此，也不会出现单片机同时访问多片存储器的现象。因为单片机的高 3 位地址信号 P2.5~P2.7 与 74LS138 译码器连接，经译码后分别与 4 块存储器的片选端$\overline{CE}$连接，由于译码器的输出端每时刻最多只有一个端子输出有效低电平，所以，同一时刻，4 块存储器中只有一片是处于活动状态。

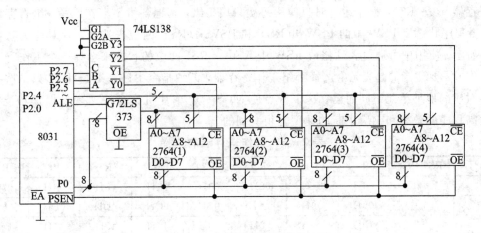

图 2 - 19　多片程序存储器的扩展

图 2 - 19 中每片 2764 的地址空间都是唯一的。它们分别是：

000000000000000000~00011111111111111，即 0000H~1FFFH；

001000000000000000~00111111111111111，即 2000H~3FFFH；

010000000000000000~01011111111111111，即 4000H~5FFFH；

011000000000000000~01111111111111111，即 6000H~7FFFH。

2.6.2　数据存储器

数据存储器在单片机中用于存放程序执行时所需的数据，它从物理结构上分为片内数据存储器和片外数据存储器。这两个部分在编址和访问方式上各有不同，其中片内数据存储器又可分成多个部分，采用多种方式访问。

1. 数据存储器的空间分布

如图 2-20 所示，MCS-51 系列单片机的片内数据存储器除了 RAM 外，还有特殊功能寄存器(SFR)块，前者为 128B，编址为 00H～7FH，后者也占 128 字节，编址为 80H～FFH。按功能划分，片内数据存储器可分为工作寄存器组区、位寻址区、一般 RAM 区和特殊功能寄存器区。

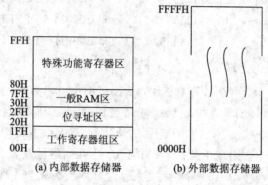

图 2-20　MCS-51 系列单片机的数据存储器空间分布

（1）工作寄存器组区。工作寄存器组区(00H～1FH 单元)共分 4 个组，每组有 8 个工作寄存器(R0～R7)，程序运行时只使用每次只用 1 组，其他各组不工作。哪一组寄存器工作，由程序状态字 PSW 中的 PSW.3(RS0)和 PSW.4(RS1)两位来选择，其对应关系如表 2-6 所示。使用中可通过软件修改 PSW 中 RS0 和 RS1 两位的状态来选择一个工作寄存器组工作。需要注意的是，无论选择哪组工作寄存器，汇编指令中还是 R0～R7，只是这些寄存器对应的地址单元不同而已。这个特点使 MCS-51 单片机具有快速现场保护功能，对于提高程序的效率和响应中断的速度是很有利的。

表 2-6　工作寄存器的选择

组号	RS1 RS0	R0	R1	R2	R3	R4	R5	R6	R7
0	0　0	00H	01H	02H	03H	04H	05H	06H	07H
1	0　1	08H	09H	0AH	0BH	0CH	0DH	0EH	0FH
2	1　0	10H	11H	12H	13H	14H	15H	16H	17H
3	1　1	18H	19H	1AH	1BH	1CH	1DH	1EH	1FH

（2）位寻址区。从 20H～2FH 的 16 个字节的 RAM 为位地址区。它具有双重寻址功能，既可以进行位寻址操作，也可以同普通 RAM 单元一样按字节寻址操作。16 个字节共 128 位，每一位都有相应的位地址，位地址范围从 00H～7FH，见表 2-7。例如字节地址为 24H 单元的第 0 位的位地址为 20H，第 4 位的位地址为 24H，第 7 位的位地址为 27H。从这里还可以看出，24H 这个地址既可能代表一个字节地址，亦可能代表一个位地址，其到底是字节地址还是位地址，单片机能根据相应的指令判断。

（3）一般 RAM 区。30H～7FH 这 80 个单元为一般 RAM 区，其地址范围为 30H～7FH。单片机对这一部分没有作特殊的定义，但一般把堆栈设置在此区域中。

（4）特殊功能寄存器区。特殊功能寄存器(Special Function Register，SFR)也称为专用寄存器,专门用于控制、管理片内算术逻辑部件、并行 I/O 接口、串行口、定时器/计数器、中断系统功能模块的工作。用户在编程时可以给其设定值,但这些寄存器不能挪作他用。由于程序计数器(PC)不能访问,故该寄存器不包括在特殊功能寄存器内。51 子系列单片机有 18 个特殊功能寄存器,其中 3 个是双字节,总共占用 21 个字节,这 21 个字节分散地分布在 80H~0FFH 地址空间内,见表 2-8。凡字节地址能被 8 整除的专用寄存器都有位地址,可实现位操作。

表 2-7　内部 RAM 位寻址的位地址

RAM 地址	D7	D6	D5	D4	D3	D2	D1	D0
20H	07H	06H	05H	04H	03H	02H	01H	00H
21H	0FH	0EH	0DH	0CH	0BH	0AH	09H	08H
22H	17H	16H	15H	14H	13H	12H	11H	10H
23H	1FH	1EH	1DH	1CH	1BH	1AH	19H	18H
24H	27H	26H	25H	24H	23H	22H	21H	20H
25H	2FH	2EH	2DH	2CH	2BH	2AH	29H	28H
26H	37H	36H	35H	34H	33H	32H	31H	30H
27H	3FH	3EH	3DH	3CH	3BH	3AH	39H	38H
28H	47H	46H	45H	44H	43H	42H	41H	40H
29H	4FH	4EH	4DH	4CH	4BH	4AH	49H	48H
2AH	57H	56H	55H	54H	53H	52H	51H	50H
2BH	5FH	5EH	5DH	5CH	5BH	5AH	59H	58H
2CH	67H	66H	65H	64H	63H	62H	61H	60H
2DH	6FH	6EH	6DH	6CH	6BH	6AH	69H	68H
2EH	77H	76H	75H	74H	73H	72H	71H	70H
2FH	7FH	7EH	7DH	7CH	7BH	7AH	79H	78H

表 2-8　特殊功能寄存器表

特殊功能寄存器名称	符号	地址	位地址与位名称							
			D7	D6	D5	D4	D3	D2	D1	D0
P0 口	P0	80H	87	86	85	84	83	82	81	80
堆栈指针	SP	81H								
数据指针低字节	DPL	82H								
数据指针高字节	DPH	83H								
电源控制	PCON	87H	SMOD				GF1	GF0	PD	IDL
定时器/计数器控制	TCON	88H	TF1	TR1	TF0	TR0	IE1	IT1	IE0	IT0
			8F	8E	8D	8C	8B	8A	89	88
定时器/计数器方式	TMOD	89H	GATE	C/T	M1	M0	GATE	C/T	M1	M0
定时器/计数器 0 低字节	TL0	8AH								
定时器/计数器 0 高字节	TL1	8BH								
定时器/计数器 1 低字节	TH0	8CH								
定时器/计数器 1 高字节	TH1	8DH								

续表

特殊功能寄存器名称	符号	地址	位地址与位名称							
			D7	D6	D5	D4	D3	D2	D1	D0
P1 口	P1	90H	97	96	95	94	93	92	91	90
串行口控制	SCON	98H	SM0	SM1	SM0	REN	TB8	RB8	TI	RI
			9F	9E	9D	9C	9B	9A	99	98
串行口数据	SBUF	99H								
P2 口	P2	A0H	A7	A6	A5	A4	A3	A2	A1	A0
中断允许控制	IE	A8H	EA	/	/	ES	ET1	EX1	ET0	EX0
			AF	AE	AD	AC	AB	AA	A9	A9
P3 口	P3	B0H	B7	B6	B5	B4	B3	B2	B1	B0
中断优先级控制	IP	B8H	/	/		PS	PT1	PX1	PT0	PX0
			BF	BE	BD	BC	BB	BA	B9	B8
程序状态寄存器	PSW	D0H	C	AC	F0	RS1	RS0	OV	/	P
			D7	D6	D5	D4	D3	D2	D1	D0
累加器	A	E0H	E7	E6	E5	E4	E3	E2	E1	E0
寄存器 B	B	F0H	F7	F6	F5	F4	F3	F2	F1	F0

注：打"/"的位没有定义，如果用户访问这些位，将得到不确定的值。

2. 数据存储器的扩展

　　数据存储器用 RAM 芯片扩展，其引脚呈三总线结构，其扩展方式与程序存储器的扩展原理基本相同，只是数据存储器的控制信号一般有输出允许信号$\overline{OE}$和写控制信号$\overline{WE}$，分别与单片机的片外数据存储器的读控制信号$\overline{RD}$和写控制信号$\overline{WR}$连接，其他信号的连接与程序存储器完全相同，如图 2-21 所示。

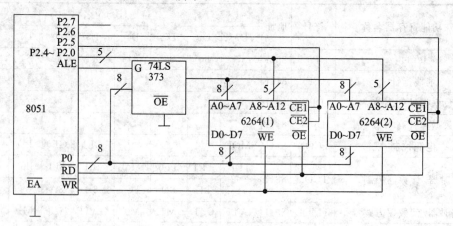

图 2-21　多片数据存储器的扩展

　　必须说明的是，第一，64 KB 的程序存储器和 64 KB 的片外数据存储器地址空间都为0000H～FFFFH，地址空间是重叠的，它们如何区分呢？MCS-51 单片机是通过不同的信号来对片外数据存储器和程序存储器进行读写的，片外数据存储器的读、写通过 $\overline{RD}$ 和

$\overline{\text{WR}}$ 信号来控制。而程序存储器的读通过 $\overline{\text{PSEN}}$ 信号控制，同时两者通过不同的指令来实现访问，片外数据存储器用 MOVX 指令访问，程序存储器用 MOVC 指令访问。第二，片内数据存储器和片外数据存储器的低 256 字节的地址空间是重叠的，它们如何区分呢？它们也是通过不同的指令访问的，片内数据存储器用 MOV 指令访问，片外数据存储器用 MOVX 指令访问，因此在访问时不会产生混乱。

能力训练二　MCS-51单片机芯片认识

1. 训练目的

（1）认识单片机芯片，掌握芯片引脚和功能。

（2）认识单片机实验箱，了解其使用方法。

（3）掌握单片机的复位方法。

2. 实验设备

单片机实验箱一套，PC 机一台。

3. 训练内容

（1）对应芯片实物，认识 40 个引脚的名称及分布。

（2）观察单片机、存储器、I/O 接口等芯片的型号及功能。

4. 撰写总结

（1）单片机由哪些功能模块组成？

（2）实验板上由哪些功能模块？各个功能模块的作用是什么？

（3）怎样才能使单片机可靠地复位？

知识测试二

一、填空题

1. 8051 中凡字节地址能被_____整除的特殊功能寄存器均能位寻址。

2. 8051 有 4 组工作寄存器，它们的地址范围是_____。

3. 一个机器周期等于_____个状态周期，振荡脉冲 2 分频后产生的时钟信号的周期定义为_____。

4. 内部 RAM 中，位地址为 30H 的位，该位所在字节的字节地址为_____。

5. 片外数据存储器用_____指令访问。

二、选择题

1. 假如 PSW＝18H 时，则当前工作寄存器是（　　）。

A. 0 组　　　　　　B. 1 组　　　　　　C. 2 组　　　　　　D. 3 组

2. 8051 单片机的内部特殊功能寄存器地址范围是（　　）。

A. 0～0FFFFH　　B. 0～07FFFH　　C. 80H～0FFH　　D. 80H～3FFH

3. 8051 单片机的（　　）工作方式能够降低单片机功耗。

A. 复位方式　　　　　　　　　　　　B. 程序执行方式

C. 节电方式　　　　　　　　　　　　D. EPROM 的编程和校验方式

4. 8051 单片机的程序存储器最多能扩展为（　　）。

A. 64 KB　　　　　B. 32 KB　　　　　C. 16 KB　　　　　D. 8 KB

5. 在 8051 系统中，若晶体振荡器的频率为 6 MHz，一个机器周期等于（　　）μs。

A. 1　　　　　　　B. 2　　　　　　　C. 3　　　　　　　D. 0.5

6. 以下不属于控制器部件为（　　）。

A. 程序计数器　　　B. 指令寄存器　　　C. 指令译码器　　　D. 存储器

7. 以下不属于单片机的部件是（　　）。

A. 微处理器(CPU)　　　　　　　　　B. 存储器

C. 接口适配器(I/O 接口电路)　　　　D. 打印机

8. 下列不是单片机总线是（　　）。

A. 地址总线　　　B. 控制总线　　　C. 数据总线　　　D. 输出总线

9. P1 口的每一位能驱动（　　）。

A. 2 个 TTL 低电平负载　　　　　　B. 4 个 TTL 低电平负载

C. 8 个 TTL 低电平负载　　　　　　D. 10 个 TTL 低电平负载

10. 外部中断 0 的中断入口地址为（　　）。

A. 0003H　　　　　B. 000BH　　　　　C. 0013H　　　　　D. 001BH

11. 8051 单片机中，唯一一个用户可使用的 16 位寄存器是（　　）。

A. PSW　　　　　B. DPTR　　　　　C. ACC　　　　　D. PC

12. 8051 单片机中，唯一一个用户不能直接使用的寄存器是（　　）。

A. PSW　　　　　B. DPTR　　　　　C. PC　　　　　D. B

三、判断题(正确的打"√"，错误的打"×")

1. 8051 系统可以没有复位电路。　　　　　　　　　　　　　　　（　　）

2. 8051 的程序存储器只是用来存放程序的。　　　　　　　　　　（　　）

3. 当 8051 上电复位时，堆栈指针 SP＝00H。　　　　　　　　　　（　　）

4. 8051 的串行接口是全双工的。　　　　　　　　　　　　　　　（　　）

5. PC 存放的是当前执行的指令。　　　　　　　　　　　　　　　（　　）

四、简答题

1. 8051 单片机的控制总线信号有哪些？各有何作用？

2. 8051 单片机复位后，各寄存器的初始状态如何？复位方法有几种？

3. PC 是什么寄存器？是否属于特殊功能寄存器？它有什么作用？

4. 如果 8051 单片机的晶体振荡器频率分别为 6 MHz、11.0592 MHz、12 MHz 时，机器周期分别为多少？

5. 8051 系列单片机的地址总线和数据总线各有多少位？对外可寻址的地址空间有多大？

6. 在 MCS-51 单片机系统中，外接程序存储器和数据存储器共 16 位地址线和 8 位数据线，为何不会发生冲突？

第 3 章　指令系统及汇编程序设计

本章主要讲解 MCS - 51 单片机的寻址方式、指令系统及汇编语言程序设计。重点在于寻址方式、各种指令的应用、程序设计的规范、程序设计的思路及典型程序的理解和掌握。难点在于控制转移、为操作指令的理解及各种指令的灵活应用，以及程序设计的基本方法。

3.1　指令系统的概述

1. 指令与指令系统

指令是指计算机能够识别和执行的操作命令。

指令系统是一台计算机所具有的全部指令的集合，指令系统很大程度上决定了计算机处理问题的能力和使用的快捷。每一种 CPU 都有其独立的指令系统，MCS - 51 系列单片机指令系统共有 111 条指令。42 种指令助记符，按指令在程序存储器所占的字节来分，其中单字节指令 49 条，双字节指令 45 条，三字节指令 17 条，如果按执行时间分单机器周期指令 64 条，双机器周期指令 45 条，只有乘、除两条指令的执行时间为 4 个机器周期。

MCS - 51 指令系统的功能十分强大，它把体现单片机的各种功能的寄存器组织在统一的地址空间中，MCS - 51 指令系统在其存储空间、时间的利用率及工作效率方面都是较高的。

2. 机器语言与汇编语言

机器语言是直接用二进制代码指令表达的计算机语言，指令是用 0 和 1 组成的一串代码。机器语言指令是计算机唯一能够识别和执行的指令。

机器语言不便被人识别、记忆、理解和使用。为了克服这些因素，给每条机器语言指令赋予一个助记符号，这就形成了汇编语言。

3.2　汇编语言指令格式

指令的表示方法称为指令格式。每条指令通常由操作码和操作数两部分组成。操作码表示该指令的操作功能，即做什么操作。操作数是指指令操作所需要的数或数放的地址，操作数往往用相应的寻址方式指明。不同的指令，其操作数不一样。完整的指令格式如下：

［标号］：操作码助记符［目的操作数］，［源操作数］；［注释］

例如：

　　next：ADD A，#20H；20H＋(A)→A

·标号：表示指令的符号地址，它主要给转移指令提供目的地址。有关标号有如下规定：

(1) 标号后面需跟冒号"："。

(2) 标号由 1～8 个 ASCII 码字符组成，但第一个必须是字母。

(3) 同一标号在一个程序中只能定义一次，不能重复定义。

(4) 不能使用汇编语言已经定义的符号作为标号，如指令助记符、伪指令以及寄存器的符号名称等。

· 操作码：操作码助记符表示指令的操作功能，它是汇编指令中唯一不可缺少的一部分。

· 操作数：用于存放指令的操作数或者操作地址。在 MCS-51 指令系统中按指令中操作数的多少分为有无操作数，单操作数，双操作数和三操作数四种情况。

(1) 无操作数表示指令中不需要操作数，或者操作数采用隐含的方式表示。例如：NOP 指令。

(2) 单操作数表示指令中只有一个操作数或者操作地址。例如：CLR A 指令。

(3) 双操作数表示指令中有两个操作数，这种指令系统中最多。例如：MOV A，10H 指令。

(4) 三操作数表示指令中有三个操作数，这种指令在系统中只有一条，即 CJNE 比较转移类指令。

· 注释：表示对该指令的解释，提高程序的可读性，注释前面需加分号"；"。在汇编过程中，汇编程序遇到"；"就会停止"翻译"。因此，注释不会产生机器代码。

3.3　MCS-51 单片机的寻址方式

所谓寻址方式，就是如何寻找操作数或操作数存放的地址。计算机在设计时已经决定了它具有哪些寻址方式，寻址方式越多，计算机的灵活性就越强，指令系统也就越复杂。寻址方式所要解决的主要问题是如何在整个存储器和寄存器的寻址空间内，更灵活方便、快速的找到指定的地址单元。MCS-51 系统有七种寻址方式，即直接寻址方式、寄存器寻址方式、寄存器间接寻址方式、立即数选址、基址加变址的间接寻址方式、相对寻址方式和位寻址方式，指令具体是哪种寻址方式由源操作数决定。下面分别对这几种方式进行介绍。

3.3.1　直接寻址方式

直接寻址是指指令中直接给出操作数的地址。在 8051 单片机中，直接地址只能用来表示内部数据存储器、位地址空间以及特殊功能寄存器，具体情况如下：

(1) 内部数据存储器 RAM 低 128 单元(即：00H～7FH)。在指令中是以直接单元地址形式给出。直接的操作数单元地址用"direct"表示。

例如：某一直接寻址方式指令

MOV　A，30H；将片内数据存储器 30H 单元的内容送给累加器 A

MOV　10H，20H；将片内 RAM 中 20H 单元的内容送到片内 RAM 中的 10H 单元中

(2) 位寻址区。20H～2FH 地址单元。

（3）在指令中特殊功能寄存器除以单元地址形式给出外，还可以以寄存器符号形式给出。

我们知道单片机 P0～P3 口是特殊功能寄存器，以 P1 口为例，P1 是特殊功能寄存器 P1 口的符号地址，该指令翻译成机器码时，P1 就转换成直接地址 90H。

例如：

MOV A，P1；将 P1 口中的内容送到累加器 A 中

该指令等同于：

MOV A，90H。

3.3.2　寄存器寻址方式

寄存器寻址是指操作数在寄存器中。使用时在指令中直接提供寄存器的名称。

例如：MOV A，Rn；将 Rn 寄存器单元的内容送到累加器 A 中，n＝0～7

寄存器寻址的寻址范围如下：

（1）4 个工作寄存器组共有 32 个通用寄存器。但在指令中只能使用当前寄存器组 R0～R7 8 个工作寄存器寻址（工作寄存器组的选择由程序状态字 PSW 中的 RS1 和 RS0 来确定的），因此在使用前常需要通过对 PSW 中的 RS1、RS0 位的状态设置，从而实现对当前工作寄存器组的选择。

（2）部分特殊功能寄存器。例如，累加器 A、通用寄存器 B 以及数据指针寄存器 DPTR 等。

3.3.3　寄存器间接寻址

所谓寄存器间接寻址，是指指令中寄存器的内容作为操作数存放的地址，在寄存器间寻址过程中先找到操作数的地址，然后再根据操作数地址找到操作数，即操作数是通过寄存器间接得到的。

为了区分寄存器寻址和寄存器间接寻址，在寄存器间接寻址中，应在寄存器的名称前面加前缀标志"@"。

寄存器间接寻址所用到的寄存器如下所示：

在 MCS－51 中，寄存器间接寻址用到的寄存器有通用寄存器 R0、R1 和数据指针寄存器 DPTR 以及 SP，它们能访问的数据有片内数据存储器和片外数据存储器。它们访问片内 RAM 时，用 MOV 指令，访问片外 RAM 时，用 MOVX 指令。下面分别对间接寻址用的寄存器进行说明。

（1）如果用工作寄存器的 R0、R1 作为间接寻址寄存器，用于寻址内部或外部数据存储器的 256 个单元。其通用形式为@Ri(i＝0 或 1)。例如：

MOV　R1，♯40H；将值 40H 送到 R1 中

MOV　A，@R1；把内部 RAM 地址单元 40H 内的值放到累加器 A 中

MOVX　A，@R1；把外部 RAM 地址单元 40H 内的值放到累加器 A 中

（2）如果用 DPTR 作为间址寄存器，DPTR 是一个 16 位的寄存器，所以它的寻址空间是 64K，在寄存器间接寻址过程中 DPTR 只能用来访问片外数据存储器。其通用形式为@DPTR。例如：

MOV　DPTR，♯2000H；将值 2000H（16 位）送到 DPTR 中

MOVX　A，@DPTR；将外部 RAM 中 2000H 单元内的值放到累加器 A 中

（3）在执行 PUSH（压栈）和 POP（出栈）指令时，采用堆栈指针 SP 作为间接寻址寄存器。例如：

PUSH　40H；把内部 RAM 地址 40H 内的值放到堆栈区中

堆栈区是由 SP 寄存器指定的，假设如果执行上面这条命令前，SP 为 50H，命令执行后会把内部 RAM 地址 40H 内的值放到 RAM 的 51H 内。

3.3.4　立即数寻址方式

立即数寻址就是在指令中直接给出操作数，该操作数为常数，即常数又称为立即数，为了区别直接寻址指令中的直接地址，需在操作数前加"♯"标志作前缀。例如：

MOV　A，♯50H；将值 50H 送到累加器 A 中

在这种寻址方式中，指令多是双字节的。立即数就是存放在程序存储器中的常数，换句话说就是操作数（立即数）是包含在指令字节中的。例如：

MOV　A，♯3AH；该条指令的功能是将立即数 3AH 送入累加器 A。

MOV　DPTR，♯1234H；DPTR 是一个 16 位的寄存器，它由 DPH 及 DPL 两个 8 位的寄存器组成。这条指令的功能是将立即数的高 8 位（即 12H）送入 DPH 寄存器，把立即数的低 8 位（即 34H）送入 DPL 寄存器。

如果一个字符要进行立即数寻址，则必须在该字符前加"0"才表示具体的值，如果不加"0"则表示字符。例如：

MOV　A，♯0FEH；将 FEH 的值送入累加器 A

3.3.5　基址寄存器加变址寄存器的变址寻址

这种寻址方式的操作数地址是由变地址加上基地址得到，指令中常用数据指针寄存器 DPTR 或程序计数器 PC 作为基址寄存器，用累加器 A 作为变址寄存器。该寻址方式常用于访问程序存储器 ROM，访问程序存储器中的表格型数据，表的首地址作为基址，访问的单元相对于表首的位移量作为变址，即两者相加得到访问单元的绝对地址。例如：

MOVC　A，@A+DPTR

该指令的功能是将 DPTR 和 A 的内容相加，再把所得到的程序存储器地址单元的内容送至 A 中。假若指令执行前 A=10H，DPTR=1234H，则这条指令变址寻址形成的操作数地址就是 10H+1234H=1244H。如果 1244H 单元中的内容是 2EH，则执行这条指令后，累加器 A 中的内容变为 2EH。

变址寻址的指令只有三条，分别如下：

JMP　@A+DPTR

MOVC　A，@A+DPTR

MOVC　A，@A+PC

第一条指令是一条无条件间接转移指令，这条指令是将数据指针寄存器 DPTR 的内容加上累加器 A 的内容作为转移的绝对地址。

后面两条指令通常用于查表操作，功能完全一样，但使用起来却有一定的差别，后面

介绍指令时再对其详细说明。

3.3.6　位寻址

所谓位寻址，就是对内部 RAM 或可位寻址的特殊功能寄存器 SFR 内的某个位直接置 1、清零、取反、传送、判断跳转以及逻辑运算等操作。在指令中位地址一般是以直接位地址给出，位地址符号为"bit"。

在 MCS - 51 单片机中，位寻址范围：

（1）在单片机的内部数据存储器 RAM 的低 128 单元中有一个区域叫位寻址区。它的单元地址是 20H～2FH。共有 16 个单元，一个单元有 8 位，所以位寻址区共有 128 位。这 128 位都单独有一个位地址，其位地址的名字就是 00H～7FH。

注意：前面我们学习了单元地址（即 00H～7FH），那么在程序中如何来区分它是一个单元地址还是一个位地址呢？其主要是看它们的指令形式。

（2）对特殊功能寄存器位寻址来说，并不是所有的特殊功能寄存器都可以位寻址的。

3.3.7　相对寻址

把指令中给定的地址偏移量(rel)加上当前程序计数器 PC 值再加上该转移指令的字节数得到转移指令的目的地址。转移目的地址的计算方法如下：

目的地址＝当前指令所在地址(PC)＋转移指令字节数＋rel

偏移量 rel 是 8 位带符号二进制补码数。它的取值范围是－128～＋127。当为负值时向前转移，如果为正值时则向后转移。

例如：绝对转移指令

AJMP　LOOP

在执行该条命令时，转移指令的目的地址＝当前指令所在地址(PC 值)＋2＋rel，设 PC 值为 1000H，其中 2 表示本条跳转指令的字节数，在程序汇编中，由汇编程序自动计算和填入偏移量。但在手工汇编中，偏移量的值需程序员手工计算。LOOP 为转移的目的地址标号。

3.4　MCS - 51 系列单片机指令系统

MCS - 51 系列单片机指令系统功能强大、执行速度快。从功能上可分为五大类：数据传送类指令(29 条)、算术运算类指令(24 条)、逻辑运算类指令(25 条)、控制转移类指令(17 条)及位操作类指令(17 条)。在分类介绍指令之前，先对指令中常用到的标识符进行简单的介绍。

direct　　　直接寻址地址(即 8 位内部数据存储器单元地址或 SFR 地址)。

#data　　　指令中的 8 位立即数。

#data16　　指令中的 16 位立即数。

Ri　　　　　寄存器区中的可作为间接寻址的 2 个寄存器，i＝0，1。

Rn　　　　　寄存器区的 8 个工作寄存器，n＝0～7。

rel　　　　　相对转移指令中的地址偏移量，是一个带符号的 8 位补码数，范围为－128～＋127。

DPTR　　　　　16 位数据指针寄存器。

bit　　　　　　可按位寻址的直接地址。

addr11　　　　11 位直接地址。

addr16　　　　16 位直接地址。

@　　　　　　作为间接寻址的前缀，如@Ri。

/　　　　　　　表示对位操作取反。

→　　　　　　将箭尾的内容送入到箭头这边去，如 A→(20H)即将累加器 A 中的内容送到 20H 单元中去。

(X)　　　　　表示 X 单元中的内容。

((X))　　　　表示 X 单元中或寄存器中的内容作为地址间接寻址单元的内容。

3.4.1　数据传送类指令

传送指令是指令系统中最基本、使用最多的一类指令，按传送区不同分为：片内数据传送指令、片外数据传送指令、程序存储器传送指令、堆栈指令以及交换指令。

1. 片内数据传送指令 MOV

指令格式如下：

MOV 目的操作数，源操作数

其中，源操作数可以是 A、Rn、direct、@Ri、#data，目的操作数可以为 A、Rn、direct、@Ri、DPTR，总共 16 条。按目的操作数的寻址方式划分有以下 5 种方式。

1）以累加器 A 为目的操作数的指令（4 条）

这组指令的功能是把源操作数指定的内容送入累加器 A 中。源操作数有寄存器寻址、寄存器直接寻址、寄存器间接寻址和立即数寻址 4 种寻址方式。

```
MOV  A, Rn         ; (Rn)→A, n=0～7, 寄存器寻址
MOV  A, direct      ; (direct)→A, 直接寻址
MOV  A, @Ri         ; ((Ri))→A, i=0～1, 寄存器间接寻址
MOV  A, #data       ; #data→A 立即寻址
```

具体实例如下：

```
MOV  A, R0          ; (R0)→A, n=0～7
MOV  A, 30H         ; (30H)→A,
MOV  A, @R0         ; ((R0))→A, i=0～1,
MOV  A, #10H        ; 10H→A
```

2）以寄存器 Rn 为目的的操作数的指令（3 条）

这组指令的功能是把源操作数的内容送入当前工作寄存器区的 R0～R7 中的某一寄存器。源操作数有寄存器寻址、直接寻址和立即数寻址 3 种寻址方式。

```
MOV  Rn, A          ; (A)→Rn, n=0～7, 寄存器寻址
MOV  Rn, direct      ; (direct)→Rn, 直接寻址
MOV  Rn, #data       ; #data→Rn, 立即数寻址
```

3）以直接地址 direct 为目的操作数的指令（5 条）

这组指令的功能是把源操作数指定的内容送到由直接地址 direct 所指定的片内 RAM

中。源操作数有寄存器寻址、直接寻址、寄存器间接寻址和立即数寻址 4 种寻址方式。

    MOV   direct，A   ；(A)→direct，寄存器寻址
    MOV   direct，Rn   ；(Rn)→direct，寄存器寻址
    MOV   direct，@Ri   ；((Ri))→direct，i＝0～1，寄存器间接寻址
    MOV   direct，#data   ；#data→direct，立即数寻址
    MOV   direct，direct1 ；(direct1)→direct，直接寻址

4）以间接地址@Ri 为目的操作数的指令（3 条）

这组指令的功能是把源操作数指定的内容送到以 Ri(i＝0～1)中的内容为地址的片内 RAM 中。源操作数有寄存器寻址、直接寻址和立即数寻址 3 种寻址方式。

    MOV   @Ri，A   ；(A)→((Ri))，寄存器寻址
    MOV   @Ri，direct   ；(direct)→((Ri))，直接寻址
    MOV   @Ri，#data   ；#data→((Ri))，立即数寻址

5）16 位数据传送指令（1 条）

    MOV   DPTR，#data16   ；#data16→DPTR

这条指令的功能是把 16 位常数送入 DPTR 中。16 位的数据指针 DPTR 由 DPH 和 DPL 组成，这条指令的执行结果是把高位立即数送入 DPH 中，低位立即数送入 DPL 中。

片内数据存储器传送指令中不允许有如下指令：

    MOV   Rn，Rn
    MOV   @Ri，Ri

即不允许在一条指令中同时出现工作寄存器，无论是寄存器寻址中还是寄存器间接寻址中。

2. 外部数据传送指令 MOVX

外部数据传送是指片外数据 RAM 和累加器 A 之间的相互数据传送。访问时，只能通过@DPTR 与@Ri 以间接寻址的方式来完成数据的传送，MOVX 有 4 条指令：

    MOVX   @DPTR，A   ；(A)→((DPTR))，写外部 RAM/IO
    MOVX   A，@DPTR   ；((DPTR))→(A)，读外部 RAM/IO)
    MOVX   @Ri，A   ；(A)→((Ri))，写外部 RAM/IO
    MOVX   A，@Ri   ；((Ri))→(A)，读外部 RAM/IO)

前两条指令以 DPTR 为片外数据存储器 16 位地址指针，寻址范围达 64 KB。其功能是在 DPTR 所指定的片外数据存储器与累加器 A 之间传送数据。

后两条指令是用 R0 或 R1 作为低 8 位地址指针，由 P0 口送出，寻址范围是 256B。此时，P2 口仍可用作通用 I/O 口。这两条指令完成以 R0 或 R1 为地址指针的片外数据存储器与累加器 A 之间的数据传送。

3. 程序存储器数据传送指令（查表指令）MOVC

由于对程序存储器只能读而不能写，因此其数据传送是单向的，即从程序存储器读取数据，且只能向累加器 A 传送。其功能是将存放在程序存储器 ROM 中的表格数据进行查找传送，所以又称查表指令。这类指令共有 2 条，以下两条指令都为基址加变址间接寻址方式。

MOVC　A，@A+DPTR

MOVC　A，@A+PC

第一条指令以 DPTR 作为基址寄存器进行查表，DPTR 是一个 16 位数据指针寄存器，在进行查表时 DPTR 里面放的是表的首地址，而累加器 A 用来存放表格中被查找元素对应于表首的位移量。这种查表方式的查表范围可达整个程序存储器的 64KB 空间。

第二条指令是以 PC 作为基址寄存器，虽然也提供 16 位基址，表的首地址用 PC 值加上一个地址偏移量得到，而这个地址偏移量为 PC 相对于表首的位移量。由于 PC 值是固定的值，用户无法改变，所以在实际操作中只能将地址偏移量加到累加器 A 中。由于 A 的内容为 8 位无符号数，所以这种查表指令只能查找所在地址以后 256B 范围内的常数或代码。

4. 堆栈操作指令(2 条)

在 80C51 内部 RAM 中设有一个先进后出的堆栈，在特殊功能寄存器中有一个堆栈指针 SP，用它指出栈顶位置，在指令系统中有两条堆栈操作指令。

1) 入栈指令

PUSH direct　　　　　　；(SP)+1→SP，(direct)→(SP)

执行该指令时，先将 SP 指令加 1，然后再将 direct 中的内容送到 SP 指示的内部 RAM 单元中。例如：

当(SP)=50H，(DPTR)=2015H，执行如下指令：

PUSH　DPL　　　　　；(SP)+1=51H→SP，(DPL)→51H

PUSH　DPH　　　　　；(SP)+1=52H→SP，(DPH)→52H

结果为(51H)=15H，(52H)=20H，SP=52H。

2) 出栈指令

POP　direct　　　　　；((SP))→(direct)，(SP)-1→SP

执行该指令时，先将堆栈指针 SP 所指示的栈顶内容直接送入 direct 单元中，再将 SP 减 1。例如：

当(SP)=21H，(21H)=30H，(20H)=40H 时，执行如下指令：

POP　DPH　　　　　；((SP))→DPH=30H，(SP)-1→(SP)=20H

POP　DPL　　　　　；((SP))→DPL=40H，(SP)-1→(SP)=19H

结果为(SP)=19H，(DPTR)=3040H。

5. 交换指令

数据交换指令有别于普通数据传送指令，该指令数据做双向传送，执行该指令后，会将前后两个操作数原来的内容进行数据交换操作。共 5 条指令。

1) 字节交换 XCH

XCH　A，Rn　　　　；(A)←→(Rn)，n=0~7

XCH　A，direct　　　；(A)←→(direct)

XCH　A，@Ri　　　　；(A)←→(Ri)，i=0、1

这组指令的功能是将累加器 A 的内容和源操作数的内容互相交换。而且该指令的目的操作数必为累加器 A。例如：

当(A)＝37H，(R0)＝85H，(17H)＝31H 执行如下指令：

XCH　A，R0　　　　；(A)←→(R0)

XCH　A，17H　　　　；(A)←→(17H)

结果为(A)＝31H，(R0)＝37H，(17H)＝85H。

2) 半字节交换 XCHD

XCHD　A，@Ri

这条指令的功能是将累加器 A 的低 4 位和 Ri 的低 4 位进行交换，各自的高 4 位保持不变。例如：

当(A)＝41H，(R0)＝52H，(52H)＝63H 执行如下指令：

XCHD　A，@R0

结果为(A)＝43H，(52H)＝61H。

3) 自交换 SWAP

SWAP　A

这条指令的功能是将累加器 A 的低 4 位和高 4 位进行交换。例如：

当(A)＝35H，执行如下指令：

SWAP　A

结果为(A)＝53H。

3.4.2　算术运算类指令

算术运算指令的主要功能是完成算术加、减、乘、除等运算。算术运算结果将会影响 PSW 中的进位标志位(Cy)、辅助进位标志位(Ac)、溢出标志位(OV)和奇偶标志位 P，但是加 1 和减 1 指令只影响 P 标志位，对其他标志位没有影响。

1. 加法指令

1) 不带进位的加法指令 ADD

ADD　A，Rn　　　　；(A)＋(Rn)→A，n＝0～7

ADD　A，direct　　；(A)＋(direct) →A，

ADD　A，@Ri　　　；(A)＋((Ri)) →A，i＝0，1

ADD　A，♯data　　；(A)＋♯data→A

注意：ADD 类指令相加结果放入 A 中，相加后源操作数不变。而累加器 A 中的运算结果对 PSW 中各标志位的影响如下：

① 若第 7 位有进位，则进位标志位 Cy 置 1，反之清零。

② 若第 7 位有进位而第 6 位没有进位或者第 6 位有进位，第七位没有进位，则溢出标志位 OV 置 1，反之清零。

③ 若第 3 位有进位，辅助标志位 Ac 置 1，反之 Ac 清零。

④ A 的结果影响奇偶标志位 P。当 A 中 1 的个数为基数 P 标志位置 1，反之 1 的个数为偶数 P 标志位清零。

【例 3 - 1】　假如(A)＝49H，(30H)＝ECH，执行如下指令：

ADD　A，30H

运算过程如下：

$$
\begin{array}{r}
0100\quad 1001\\
+)\ 1110\quad 1100\\
\hline
1\leftarrow 0011\quad 0101
\end{array}
$$

结果为(A)＝35H，Cy＝1，Ac＝1，OV＝0，P＝0(A 中 1 的个数为偶数)。

在上面的运算中 OV＝0，因为第 6 位和第 7 位都有进位。

【例 3-2】　若(A)＝ACH，(R1)＝65H，(65H)＝D3H，执行如下指令：

ADD A, @R1

运算过程如下：

$$
\begin{array}{r}
1010\quad 1100\\
+)\ 1101\quad 0011\\
\hline
1\leftarrow 0111\quad 1111
\end{array}
$$

结果为(A)＝7FH，Cy＝1，Ac＝0，OV＝1，P＝1(A 中 1 的个数为奇数)

在上面的运算中 OV＝1，因为第 6 位无进位而第 7 位有进位。

2) 带进位的加法指令 ADDC

ADDC　A, Rn　　　；(A)＋(Rn)＋(C)→A，n＝0～7

ADDC　A, direct　　；(A)＋(direct)＋(C)→A

ADDC　A, @Ri　　；(A)＋(Ri)＋(C)→A，i＝0, 1

ADDC　A, #data　　；(A)＋#data＋(C)→A

ADDC 类与 ADD 类指令的区别是，相加时 ADDC 指令考虑低位进位，即连同进位标志 Cy 内容一起加，主要用于多字节相加，而 ADD 是用于两字节相加。

ADDC 类与 ADD 类指令中累加器 A 中的运算结果对各标志位的影响是相同的。

【例 3-3】　若(A)＝BDH，(R1)＝75H，Cy＝1 执行如下指令：

ADDC A, R1

运算过程如下：

$$
\begin{array}{r}
1011\quad 1101\\
0111\quad 0101\\
+)\qquad\qquad 1\\
\hline
1\leftarrow 0011\quad 0011
\end{array}
$$

结果为(A)＝33H，Cy＝1，Ac＝1，OV＝0，P＝0(A 中 1 的个数为偶数)。

3) 加 1 指令 INC

INC　　A　　　；(A)＋1→A

INC　　Rn　　；(Rn)＋1→Rn

INC　　direct　；(direct)＋1→(direct)

INC　　@Ri　　；((Ri))＋1→((Ri))

INC　　DPTR　；(DPTR)＋1→DPTR

该指令的功能是将操作数的内容加 1。

【例 3-4】　若(R1)＝55H，(55H)＝30H，则执行如下指令：

INC　　R1

INC　　@R1

执行第一条指令的结果为(R1)＝56H。

执行第二条指令的结果为((R1))＝31H。

4) 十进制调整指令

该指令功能是完成对 BCD 码十进制数加法运算结果进行调整，指令格式如下：

DA　A

我们知道计算机只能识别二进制代码，当两个压缩 BCD 码作加运算时，两个 BCD 码只能按二进制相加，相加后的结果需经过本指令进行十进制调整才能得到正确的压缩 BCD 码和数。

十进制加法运算中，只能借助二进制加法指令，但是二进制加法指令并不能适用于所有十进制数的加法运算，有时运算结果会出现错误。例如：

① 2＋4＝6　　　　② 5＋7＝12　　　　③ 9＋7＝16

　0010　　　　　　　0101　　　　　　　1001

＋) 0100　　　　　＋) 0111　　　　　＋) 0111

　0110　　　　　　　1100　　　　　　1←0000

由以上 3 种 BCD 码运算结果可以得出：

① 运算结果是正确的。

② 运算结果错误，因为 BCD 码十进制数中只有 0～9 这 10 组四位二进制数没有 1100 这个编码。

③ 运算结果错误，正确结果为 16，而运算结果 10。

从上述情况可以看出，当 BCD 码十进制数作加法运算时，应该对其结果进行有条件调整。

2. 减法指令

1) 带借位的减法指令(SUBB)

SUBB　A, Rn　　；(A)−(Rn)−Cy→A, n＝0～7

SUBB　A, direct　；(A)−(direct)−Cy→A,

SUBB　A, @Ri　；(A)−((Ri))−Cy→A

SUBB　A, ♯data　；(A)−♯data−Cy→A

该类指令功能是将 A 中的被减数减去源操作数的内容，再减去借位标志 Cy 的值，最后将运算结果送到累加器 A 中。

8051 系列指令中无不带借位的减法指令，所以在单字节或低位字节减法及运用其他类指令前要先将 Cy 清零。SUBB 指令在执行时要影响 Cy、OV、AC 以及 P 标志位。

【例 3−5】　若 (A)＝54H, (R1)＝2EH, Cy＝1，执行如下指令：

SUBB　A, R1

运算过程如下：

　　0101　0100

　　0010　1110

−)　　　　　1

　　0010　0101

运算结果为：(A)＝25H, Cy＝0, OV＝0, P＝1

2）减 1 指令（DEC）

DEC　A　　　　　　;（A）-1→A

DEC　Rn　　　　　 ;（Rn）-1→Rn，n＝0～7

DEC　direct　　　　;（direct）-1→direct

DEC　@Ri　　　　　;（（Ri））-1→（Ri），i＝0，1

该类指令功能是完成指定变量减 1。该指令只影响 P 标志位，对其他标志位没有影响。

3. 乘法指令（MUL）

MUL　AB　　　　　;A×B→BA，

该指令功能完成累加器 A 和寄存器 B 中 8 位无符号数做乘法，运算后的结果是 16 位的高 8 位放入 B 中，低 8 位放入 A 中。

该指令执行时影响 Cy 和 OV 的值，Cy 总是清零。当积大于 255 时（即 B 中值不为 0），OV＝1，反之 OV＝0。

4. 除法指令（DIV）

DIV　AB　　　　　;A/B→A 和 B 中，（商）→A，（余数）→B

该指令功能完成将累加器 A 中的 8 位无符号数（即被除数）除以寄存器 B 中的 8 位无符号数（即除数），除得结果，商放入累加器 A 中，余数放入寄存器 B 中。

执行该指令后将影响 Cy 和 OV 的值。一般情况下 Cy 和 OV 都清零，只有当寄存器 B 中的值为 0 时（即除数为 0），运算结果不确定，则 OV 置 1。

3.4.3　逻辑运算类指令

逻辑运算类指令共有 24 条，这类指令主要完成：与、或、异或以及移位、取反、清除等功能。下面分别加以介绍。

1. 逻辑与指令（ANL）

ANL　A，Rn　　　　　 ;（A）&（Rn）→A，n＝0～7

ANL　A，direct　　　　;（A）&（direct）→A

ANL　A，@Ri　　　　　;（A）&（（Ri））→A，i＝0，1

ANL　A，#data　　　　;（A）& #data→A

ANL　direct，A　　　　;（direct）&（A）→direct

ANL　direct，#data　　;（direct）& #data→direct

逻辑与指令的功能是将源操作数内容和目的操作数内容按位相与，结果存入目的操作数指定单元，源操作数不变，执行后影响奇偶标志位 P。

【例 3 - 6】　若（A）＝72H，（30H）＝45H，执行如下指令：

ANL A，30H。

运算过程如下：

$$
\begin{array}{r}
0111\ \ 0010 \\
\&)\ 0100\ \ 0101 \\
\hline
0100\ \ 0000
\end{array}
$$

运算结果为：（A）＝40H。

2. 逻辑或指令(ORL)

ORL　A，Rn　　　　　　　；(A)｜(Rn)→A，n=0~7

ORL　A，direct　　　　　；(A)｜(direct)→A

ORL　A，@Ri　　　　　　；(A)｜((Ri))→A，i=0，1

ORL　A，#data　　　　　；(A)｜#data→A

ORL　direct，A　　　　　；(direct)｜(A)→(direct)

ORL　direct，#data　　　；(direct)｜#data→(direct)

逻辑或指令的功能是将源操作数内容与目的操作数内容按位逻辑或，结果存入目的操作数指定单元中，源操作数不变，执行后影响奇偶标志位 P。

【例 3-7】　若(A)=3CH，(R2)=43H，执行如下指令：

ORL　A　R2

运算过程如下：

$$
\begin{array}{r}
0011\quad 1100 \\
|)\ 0100\quad 0011 \\
\hline
0111\quad 1111
\end{array}
$$

运算结果为：(A)=7FH。

3. 逻辑异或指令(RL)

XRL　A，Rn　　　　　　；(A)^(Rn)→A，n=0~7

XRL　A，direct　　　　　；(A)^(direct)→A

XRL　A，@Ri　　　　　　；(A)^((Ri))→A，i=0，1

XRL　A，#data　　　　　；(A)^#data→A

XRL　direct，A　　　　　；(direct)^(A)→(direct)

XRL　direct，#data　　　；(direct)^# data→(direct)

异或指令的功能是将两个操作数的指定内容按位异或，结果存于目的操作数指定单元中。异或原则是相同为 0，相异为 1，执行后影响奇偶标志位 P。

【例 3-8】　若(A)=48H，(40H)=3CH，执行如下指令：

XRL　40H，A

运算过程如下：

$$
\begin{array}{r}
0100\quad 1000 \\
^)\ 0011\quad 1100 \\
\hline
0111\quad 0100
\end{array}
$$

运算结果为：(A)=74H。

4. 循环移位指令

循环移位指令的前两条只将累加器 A 中内容循环移位，后两条指令将 A 中的内容和进位标志位(Cy)一起移位，该类指令共 4 条。

1) 循环左移

RL　A　　　　　　　　；A 中内容循环左移，执行本指令一次左移一位

2）循环右移

RR　A　　　　　　　　；A 中内容循环右移，执行本指令一次右移一位

3）带进位循环左移

RLC　A　　　　　　　；A 与 CY 内容一起循环左移一位，执行本指令一次左移一位

4）带进位循环右移

RRC　A　　　　　　　；A 与 CY 内容一起循环右移一位，执行本指令一次右移一位

5. 取反、清零指令

CPL　A　　　　　　　；累加器 A 内容按位取反

CLR　A　　　　　　　；0→A，累加器 A 清零

3.4.4　控制转移类指令

控制转移类指令的功能是根据要求修改程序计数器 PC 的内容，以改变程序的运行流程，实现转移。8051 指令系统中有 17 条控制程序转移类指令。它们是无条件转移和条件转移、绝对转移和相对转移、长转移和短转移、调用和返回指令等。

1. 无条件转移类指令

所谓无条件转移指令，是指当执行该指令后，程序将无条件地转移到指令指定的地方，无条件转移指令包括长转移指令、绝对转移指令、相对转移指令以及间接转移指令。

1）长转移指令（LJMP）

LJMP　addr16　　　　；addr16→PC

该指令功能是将转移的目的地 addr16 直接送到程序指针 PC 中，程序将无条件转移到 16 位目的地址指明的位置上去。由于目的地址是 16 位的，因此可以转移到 64K 程序存储器地址空间的任意位置。故称为长转移指令。

2）绝对转移指令（AJMP）

AJMP　addr11　　　　；addr11→PC

AJMP 后带的低 11 位直接地址，执行该指令时先将 PC 加 2（本指令为 2 个字节，即 PC 指向 AJMP 下条指令的首地址），然后将指令中的 11 位地址 addr11 送到程序指针 PC 的低 11 位，而 PC 的高 5 位保持不变，这样将形成新的 16 位 PC 值，即转移的目的地址。

执行 AJMP 指令时，转移的目标地址必须与 AJMP 指令的下一条指令首地址高 5 位地址码 A15～A11 相同，否则将引起混乱，由于是 11 位地址，所以本指令在 2 KB 范围内的无条件转移指令。

3）相对转移指令（SJMP）

SJMP　rel　　　　　　；PC+2+rel→PC

rel 是偏移量，它是 8 位有符号补码数，范围为−128～+127，即向后跳转 128B，向前可跳转 127B。执行时，先将程序指针 PC 的值加 2（该指令长度为两个字节），然后再将程序指针 PC 的值与指令中的位置偏移量 rel 相加得到转移的目的地址。

4）间接转移指令

JMP　@A+DPTR　；A+DPTR→PC，

该指令是 51 单片机中唯一——条间接转移指令，转移的目的地址为累加器 A 与 DPTR

内容相加后形成，数据指针 DPTR 作为基址，累加器 A 的内容作为相对偏移量，当 DPTR 为一定值时，只要改变累加器 A 的值可实现多分支转移，并且该指令可在 64K 范围内可进行无条件转移。

2. 条件转移类指令

条件转移类指令功能是根据条件判断是否转移，条件满足则转移，条件不满足则顺序执行。在 MCS-51 系统中，条件转移指令有三种：判断累加器 A 是否为 0 转移、比较转移指令、减 1 不为 0 转移。

1）判断累加器是否为 0 转移

```
JZ    rel              ; A＝0 转移，PC＋2＋rel→PC，A≠0 顺序执行
JNZ   rel              ; A≠0 转移，PC＋2＋rel→PC，A＝0 顺序执行
```

【例 3-9】 把片内 RAM 20H 单元开始的数据传送到片外 30H 开始的位置，直到出现零为止。并用 R5 记录检测到零时出现的数据个数。

片内、片外数据传送以累加器 A 过渡。每传送一个数据，要做一次循环，R5 加 1 计数，直到检测到 0 为止。

程序如下：

```
        MOV    R0，#20H
        MOV    R1，#30H
        MOV    R5，#0
LOOP:MOV    A，R0
        MOVX   @R1，A
        INC    R5
        JNZ    NEXT；            A≠0 转移
        SJMP   $
NEXT:INC    R0
        INC    R1
        AJMP   LOOP
```

2）比较指令

该指令功能是两个操作手数做比较，根据比较情况进行转移。

```
CJNE  A，direct，rel   ; (A)＝(direct)，顺序执行
                        ; (A)＞(direct)，PC＋3＋rel→PC，0→CY，转移
                        ; (A)＜(direct)，PC＋3＋rel→PC，1→CY，转移
CJNE  A，#data，rel    ; (A)＝data，顺序执行
                        ; (A)＞data，PC＋3＋rel→PC，0→CY，转移
                        ; (A)＜data，PC＋3＋rel→PC，1→CY，转移
CJNE  Rn，#data，rel   ; (Rn)＝data，顺序执行
                        ; (Rn)＞data，PC＋3＋rel→PC，0→CY，转移
                        ; (Rn)＜data，PC＋3＋rel→PC，1→CY，转移
CJNE  @Ri，#data，rel  ; ((Ri))＝data，顺序执行
                        ; ((Ri))＞data，PC＋3＋rel→PC，0→CY，转移
                        ; ((Ri))＜data，PC＋3＋rel→PC，1→CY，转移
```

【**例3-10**】 比较 20H 和 21H 单元的大小，如果(20H)＞(21H)，则将 1 送入 22H，如果(20H)＝(21H)，则将 0 送入 22H，如果(20H)＜(21H)，则将 2 送入 22H。

先判断两个单元的值是否相等，如果不相等再判断有无进位或者借位。

```
        MOV     A，20H
        CJNE    A，21H，next
        MOV     22H，#0
        AJMP    exit
next：JC        small           ；C＝1，转移，即小于
        MOV     22H，#2          ；否则大于
        AJMP    exit
small：MOV      22H，#1          ；小于
exit：AJMP      $
```

3) 减 1 不为 0 转移指令

该指令有两层含义即先将 Rn 的内容减 1 放入 Rn 中，然后再判断 Rn 是否为 0。如果 Rn＝0，则顺序执行；如果 Rn≠0，则顺序执行。

```
DJNZ Rn，rel        ；(Rn)－1→(Rn)
                    ；(Rn)≠0，PC＋2＋rel→PC，转移
                    ；(Rn)＝0 顺序执行
DJNZ direct，rel    ；(direct)－1→(direct)
                    ；(direct)≠0，PC＋3＋rel→PC，转移
                    ；(direct)＝0，顺序执行
```

3. 子程序调用及返回指令

1) 子程序调用指令

子程序调用指令包括：长调用指令和绝对调用指令。

① 长调用指令：

```
LCALL addr16        ；PC＋3→PC
                    ；SP＋1→SP，PC.0～PC.7→(SP)
                    ；SP＋1→SP，PC.15～PC.8→(SP)
                    ；addr16→PC
```

该指令执行时，先将 PC 的值加 3(指令字节数为 3)压入堆栈保护，入栈时先低字节然后再高字节。最后转向 16 位地址所指的位置。由于是 16 位地址，因此可以调用 64K 范围内 ROM 中的任何一个子程序。

② 绝对调用：

```
ACALL addr11        ；PC＋2→PC
                    ；SP＋1→SP，PC.0～PC.7→(SP)
                    ；SP＋1→SP，PC.15～PC.8→(SP)
                    ；addr11→ PC.10～PC.0
```

该指令与 LCALL 指令类似，只是该指令为后面带的 11 位地址，只能在 2 KB 的范围内转移，子程序的入口地址为 PC 的高 5 位与指令中的 11 位地址连接获得 16 位的入口地

址。为了避免程序转移混乱，所调用子程序地址须与 ACALL 指令下一条指令首地址中的高 5 位相同。

2）返回指令

返回指令包括：子程序返回指令和中断返回指令

① 子程序返回指令：

RET　　　　　　　　；(SP)→PC.15～PC.8，SP−1→SP

　　　　　　　　　　；(SP)→PC.7～PC.0，SP−1→SP

该指令放在子程序最后表示子程序的结束，执行时将调用子程序指令压入堆栈的地址出栈，出栈时先将 PC 的高 8 位取出，然后再是低 8 位。由于压栈时 PC 所指位置为调用指令的下一条，因此程序执行返回指令后，将回到调用指令的下一条开始执行。

② 中断返回指令：

RETI　　　　　　　　；(SP)→PC.15～PC.8，SP−1→SP

　　　　　　　　　　；(SP)→PC.7～PC.0，SP−1→SP

该指令与 RET 指令类似，该指令用于中断程序返回，执行该指令同时清除优先级状态触发器。执行该指令后将返回到主程序中断的断点位置，继续执行断点后面的内容。

4. 空操作指令

NOP　　　　　　　　；PC+1→PC

空操作指令不做任何操作，仅仅是将程序计数器 PC 加 1，使程序继续执行下去。该指令为单字节单周期指令，执行一条空操作指令需用 1 个机器周期，因此，空操作指令常用于延时或时间上的等待。

3.4.5　位操作指令

前面介绍的指令操作数全都是字节，包括字节的传送、加法、减法、逻辑运算、移位等。如由单片机为核心组成的可编程控制器的中间继电器和输出继电器，用字节处理就显得有些麻烦，并且浪费了存储器资源。对此单片机都具有较强的位处理功能，可以对片内位地址区及某些特殊功能寄存器的位进行位操作。

1. 位数据传送指令

MOV　C, bit　　；bit→C

MOV　bit, C　　；C→bit

这两条指令主要用于对直接寻址位与进位标志 C 进行数据传送。

【例 3-11】 将 P1.0 位的内容传送到片内 RAM 中位寻址区的 30H 位。

程序如下：

MOV　C, P1.0

MOV　30H, C

2. 位修改指令

1）位清零指令

CLR　C　　；(Cy)←0 即将 Cy 清零

CLR bit　　；(bit)←0 即将 bit 位清零

2）位置 1 指令

SETB　C　；(Cy)←1 即将 Cy 置 1

SETB　bit　；(bit)←1 即将 bit 置 1

3）位取反指令

CPL　C　；将 Cy 取反

CPL　bit　；bit 位取反

3. 位逻辑指令

MCS－51 单片机的位处理器只有与、或两种逻辑指令，目的操作数为 Cy，源操作数为 bit 位地址单元。

1）与指令

ANL　C，bit　；(Cy)←(Cy)&(bit)

ANL　C，/bit　；(Cy)←(Cy)&(/bit)

第 1 条位与指令是将以 bit 为地址的位单元与 Cy 进行与操作，结果存放在 Cy 中。第 2 条位与指令是将以 bit 为地址的位单元取反后与 Cy 进行与操作，结果同样存放在 Cy 中。

2）或指令

ORL　C，bit　；(Cy)←(Cy)|(bit)

ORL　C，/bit　；(Cy)←(Cy)|(bit)

第 1 条指令的功能是，直接寻址位与进位标志位 C 进行逻辑或运算，结果送回到进位标志位中。如果直接寻址位的位值为 1，则进位标志位置 1，否则进位标志位仍保持原来的状态。

第 2 条指令的功能是，先对直接寻址位求反，然后与进位标志位 C 进行逻辑或运算，结果送回到进位标志位中。该指令不影响直接寻址位求反前原来的状态。

【例 3－12】　将逻辑单元中的某些位（如 D1、D3、D6）置 1，清零，取反，其余位不变。

① 置 1（即将置 1 的位“或”1，不变的位“或”0）。

ORL P1，#01001010B

② 清零（即将清零的位“与”0，不变的位“与”1）。

ANL P1，#10110101B

③ 取反（将取反的位“异或”1，不变的位“异或”0）。

XRL P1，#01001010B

4. 条件转移指令

条件转移指令包括以进位标志位 C 为转移条件的指令和以 bit 位为转移条件的指令，该指令共 5 条。

1）以进位标志位 C 为转移条件

JC　rel　；如果进位标志位 Cy＝1，则转移

JNC　rel　；如果进位标志位 Cy＝0，则转移

2）以 bit 位为转移条件

JB　bit，rel　；如果直接寻址位为 1，则转移

JNB　bit，rel　；如果直接寻址位为 0，则转移

JBC　bit，rel　；如果直接寻址位为 1，则转移，并将寻址位清零

【例 3 - 13】　判断 P1 口第 0 位的状态，如果 P1.0＝1，将 F0 置 1，同时将累加器 A 取反，如果 P1.0＝0，将 F0 清零，同样将累加器 A 取反。

根据题目所知：P1.0 属于 bit 位，因此应该选择以 bit 位为转移条件的指令可以选择 JB 或者 JNB 指令。程序如下：

```
JB      P1.0, next
CLR     F0
AJMP    versa
Next：   SETB F0
Versa：  CPL A
```

3.5　MCS - 51 单片机指令表

前面按功能已经对 8051 系统中的 111 条指令进行了详细的说明，由于指令较多，读者在编写程序时不宜死记硬背，应在实际编写程序中多加练习，不断巩固。为了帮助读者更快速的查找这些指令。我们将所有指令按功能分类编到表 3 - 1 中，该表包含了助记符、指令简要功能说明、字节数、执行时间、机器代码以及标志影响。读者应该熟练掌握查阅表 3 - 1，正确理解指令的功能以及特性并正确地使用指令。

表 3 - 1　指令速查表

类别	序号	指令格式	功能简述	标志影响 P	OV	AC	CY	字节数	周期
数据传送类指令	1	Mov A, Rn	寄存器送累加器	√	×	×	×	1	1
	2	Mov A, direct	直接寻址单元送累加器	√	×	×	×	2	
	3	Mov A, @Ri	内部 RAM 单元送累加器	√	×	×	×	1	1
	4	Mov A, ♯data	立即数送累加器	√	×	×	×	2	1
	5	Mov Rn, A	累回器送寄存器	×	×	×	×	1	1
	6	Mov Rn, direct	累加器送寄存器	×	×	×	×	2	2
	7	Mov Rn, ♯data	立即数送寄存器	×	×	×	×	2	1
	8	Mov direct, A	累加器送直接寻址单元	×	×	×	×	2	1
	9	Mov direct, Rn	寄存器送直接寻址单元	×	×	×	×	2	2
	10	Mov directl, direct2	直接寻址单元送直接寻址单元	×	×	×	×	3	2
	11	Mov direct, @Ri	内部 RAM 单元送直接寻址单元	×	×	×	×	2	2
	12	Mov direct, ♯data	立即数送直接寻址单元	×	×	×	×	3	2
	13	Mov @Ri, A	累回器送内部 RAM 单元	×	×	×	×	1	1
	14	Mov @Ri, direct	直接寻址单元送内部 RAM 单元	×	×	×	×	2	2
	15	Mov @Ri, ♯data	立即数送内部 RAM 单元	×	×	×	×	2	1
	16	Mov DPTR, ♯data16	16 位立即数送数据指针	×	×	×	×	3	2
	17	Mov A, @A＋DPTR	查表数据送累加器（DPTR 为基础）	√	×	×	×	1	2
	18	Mov A, @A＋PC	查表数据送累加器（PC 为基础）	√	×	×	×	1	2
	19	Mov A, @Ri	外部 RAM 单元送累加器（8 位地址）	√	×	×	×	1	2
	20	Mov A, @DPTR	外部 RAM 单元送累加器（16 位地址）	√	×	×	×	1	2

类别	序号	指令格式	功能简述	标志影响				字节数	周期
				P	OV	AC	CY		
数据传送类指令	21	Mov @Ri	累加器送外部 RAM 单元(8 位地址)	×	×	×	×	1	2
	22	Mov @DPTR, A	累加器送外部 RAM 单元(16 位地址)	×	×	×	×	1	2
	23	PUSH direct	直接寻址单元压入栈顶	×	×	×	×	2	2
	24	POP direct	栈顶弹出指令直接寻址单元	×	×	×	×	2	2
	25	XCH A, Rn	累加器与寄存器交换	√	×	×	×	1	1
	26	HCH A, direct	累加器与直接寻址单元交换	√	×	×	×	2	1
	27	XCH A, @Ri	累加器与内部 RAM 单元交换	√	×	×	×	1	1
	28	Mov A, @Ri	累回器与内部 RAM 单元低 4 位交换	√	×	×	×	1	1
	29	SWAP A	累加器高 4 位与低 4 位交换	×	×	×	×	1	1
算术运算类指令	1	ADD A, Rn	累回器加寄存器	√	√	√	√	1	1
	2	ADD A, @Ri	累加器加内部 RAM 单元	√	√	√	√	1	1
	3	ADD A, direct	累加器加直接寻址单元	√	√	√	√	2	1
	4	ADD A, #data	累加器加立即数	√	√	√	√	2	1
	5	ADD A, Rn	累加器加寄存器和进位标志	√	√	√	√	1	1
	6	ADDC A, @Ri	累加器加内部 RAM 单元和进位标志	√	√	√	√	1	1
	7	ADD A, #data	累加器加立即数和进位标志	√	√	√	√	2	1
	8	ADD A, direct	累加器加直接寻址单元和进位标志	√	√	√	√	2	1
	9	INC A	累加器加 1	√	×	×	×	1	1
	10	INC Rn	寄存器加 1	×	×	×	×	1	1
	11	INC direct	直接寻址单元加 1	×	×	×	×	2	1
	12	INC @Ri	内部 RAM 单元加 1	×	×	×	×	1	1
	13	INC DPTR	数据指针加 1	×	×	×	×	1	2
	14	DA A	十进制调整	√	×	√	√	1	1
	15	SUBB A, Rn	累加器减寄存器和进位标志	√	√	√	√	1	1
	16	SUBB A, @Ri	累加器减内部 RAM 单元和进位标志	√	√	√	√	1	1
	17	SUBB A, #data	累加器减立即数和进位标志	√	√	√	√	2	1
	18	SUBB A, direct	累加器减直接寻址单元和进位标志	√	√	√	√	2	1
	19	DEC A	累加器减 1	√	×	×	×	1	1
	20	DEC Rn	寄存器减 1	×	×	×	×	1	1
	21	DEC @Ri	内部 RAM 单元减 1	×	×	×	×	1	1
	22	DEC direct	直接寻址单元减 1	×	×	×	×	2	1
	23	MUL AB	累加器乘寄存器 B	√	√	×	√	1	4
	24	DIV AB	累加器除以寄存器 B	√	√	×	√	1	4
逻辑运算类指令	1	ANL A, Rn	累加器与寄存器	√	×	×	×	1	1
	2	ANL A, @Ri	累加器与内部 RAM 单元	√	×	×	×	1	1
	3	ANL A, #data	累加器与立即数	√	×	×	×	2	1
	4	ANL A, direct	累加器与直接寻址单元	√	×	×	×	2	1
	5	ANL direct, A	直接寻址单元与累加器	X	X	X	X	2	1
	6	ANL direct, #data	直接寻址单元与立即数	X	X	X	X	3	1

续表二

类别	序号	指令格式	功能简述	标志影响 P	标志影响 OV	标志影响 AC	标志影响 CY	字节数	周期
逻辑运算类指令	7	ORL A, Rn	累加器或寄存器	√	×	×	×	1	1
	8	ORL A, @**Ri**	累加器或内部 RAM 单元	√	×	×	×	1	1
	9	ORL A, ♯data	累加或立即数	√	×	×	×	2	1
	10	ORL A, direct	累加器或直接寻址单元	√	×	×	×	2	1
	11	ORL direct, A	直接寻址单元或累加器	×	×	×	×	2	1
	12	ORL direct, ♯data	直接寻址单元或累加数	×	×	×	×	3	2
	13	XRL A, Rn	累加器异或寄存器	√	×	×	×	1	1
	14	XRL A, @**Ri**	累加器异或内部 RAM 单元	√	×	×	×	1	1
	15	XRL A, ♯data	累加器异立即数	√	×	×	×	2	1
	16	XRL A, direct	累加器异或直接寻址单元	√	×	×	×	2	1
	17	XRL direct, A	直接寻址单元异或累加器	×	×	×	×	2	1
	18	XRL direct, ♯data	直接寻址单元异或立即数	×	×	×	×	3	2
	19	RL A	累加器左循环移动	×	×	×	×	1	1
	20	RLC A	累加器连讲位标志左循环移位	√	×	×	√	1	1
	21	RR A	累加器右循环移位	×	×	×	×	1	1
	22	RRC A	累加器连进位标志右循环移位	√	×	×	√	1	1
	23	CPL A	累加器取反	×	×	×	×	1	1
	24	CLR A	累加器清零	√	×	×	×	1	1
控制转移类指令	1	ACALL addr11	2 KB 范围内绝对调用	×	×	×	×	2	2
	2	AJMP addr11	2 KB 范围内绝对转移	×	×	×	×	2	2
	3	LUALL addr16	64 KB 范围内长调用	×	×	×	×	3	2
	4	LJMP addr16	64 KB 范围内长转移	×	×	×	×	3	2
	5	SJMP rel	相对短转移	×	×	×	×	2	2
	6	JMP @A+DPTR	相对长转移	×	×	×	×	1	2
	7	RET	子程序返回	×	×	×	×	1	2
	8	RETI	中断返回	×	×	×	×	1	2
	9	JZ rel	累加器为零转移	×	×	×	×	2	2
	10	JNZ rel	累加器非零转移	×	×	×	×	2	2
	11	CJNE A, @data rel	累加器与立即数不等转移	×	×	×	×	3	2
	12	CJNE A, direct, rel	累加器与直接寻址单元不等转移	×	×	×	×	3	2
	13	CJNE Rn, @data, rel	寄存器与立即数不等转移	×	×	×	×	3	2
	14	CJNE @**Ri**, ♯data, rel	RAM 单元与立即数不等转移	×	×	×	×	3	2
	15	DJNZ Rn, rel	寄存器减 1 不为零转移	×	×	×	×	2	2
	16	DJNZ direct, rel	直接寻址单元减 1 不为零转移	×	×	×	×	3	2
	17	NOP	空操作	×	×	×	×	1	1
布尔操作类指令	1	MOV C, bit	直接寻址位送 C	×	×	×	√	2	1
	2	MOV bit, C	C 送直接址位	×	×	×	√	2	1
	3	CLR C	C 清零	×	×	×	√	1	1
	4	CLR bit	直接寻址位清零	×	×	×	√	2	1
	5	CPL C	C 取反	×	×	×	√	1	1

类别	序号	指令格式	功能简述	标志影响				字节数	周期
				P	OV	AC	CY		
布尔操作类指令	6	CPL bit	直接寻址位取反	×	×	×	×	2	1
	7	SETB C	C 置位	×	×	×	√	1	1
	8	SETB bit	直接寻址位置位	×	×	×	√	2	1
	9	ANL C, bit	C 逻辑与直接寻址位	×	×	×	√	2	2
	10	ANL C, /bit	C 逻辑与直接寻址位的反	×	×	×	√	2	2
	11	ORL C, bit	C 逻辑或直接寻址位	×	×	×	√	2	2

3.6　伪　指　令

伪指令是对汇编起某种控制作用的特殊命令，其格式与通常的操作指令一样，并可加在汇编程序的任何地方，但它们并不产生机器指令。许多伪指令要求带参数，这在定义伪指令时由"表达式"指出，任何数值与表达式均可以作为参数。

伪指令通常在汇编程序中控制汇编程序的输入/输出、定义数据、条件汇编和分配存储空间等。不同汇编程序允许的伪指令并不相同，但一些基本的伪指令在大部份汇编程序中都能使用，当使用其他的汇编程序版本时，只要注意一下它们之间的区别就可以了。

下面介绍 MCS - 51 汇编语言程序中常用的伪指令。

1. ORG 汇编起始地址命令

在汇编语言程序开始用 ORG 伪指令为在它之后的程序设置起始地址。在一个源程序中，可以多次使用 ORG 指令来规定不同的程序段的起始地址。但是 ORG 指令后的地址必须由小到大进行排列，不能重叠、交叉。有一些代码，其位置有特殊要求，典型的是五个中断入口，它们必须被放在 0003H、000BH、0013H、001BH 和 0023H 的位置，否则就会出错，如果我们编程时要用 ORG 指令进行特殊的处理。例如：

ORG　1000H

······

ORG　2000H

······

ORG　3000H

上述排列顺序是正确的，如果将第一条与第二条交换，将会出现交叉，这将产生错误。

2. END 汇编终止命令

该指令放在程序的最后，标志着整个程序的结束，汇编程序遇到 END 语句即停止运行。若没有 END 语句，汇编将报错。一个程序中只能有一条 END 语句，END 后面的指令，在汇编时将不做处理。

3. EQU 符号赋值命令

EQU 用来给程序中出现的一些符号赋值。对这些符号名的要求与其他符号相同，即长度不限，大小写字母可互换并且必须以字母开头。

格式：符号名 EQU 表达式

如果经定义的符号名被重定义，则汇编将报出错，并且这个符号名按新定义的处理，最好不要在程序中出现重名。例如：

EXIT　EQU　2000H

POS　EQU　2500H

汇编后标号 EXIT＝2000H，POS＝2500H，当在后面的程序中凡是遇到 EXIT 和 POS 时分别用 2000H 和 2500H 代替。

4. DB 定义数据字节命令

DB 伪指令用于从指定的地址开始，在程序存储器的连续单元中定义字节数据。其格式为：

标号：DB　表达式

只要表达式不是字符串，每一表达式值都被赋给一个字节。若多个表达式出现在一个DB 伪指令中，它们必须以逗号分开。表达式中有字符串时，以单引号''作为分隔符，字符数据在存储器中以 ASCII 的形式存放。例如：

ORG　1000H

TB：　DB　23H，45H

DB　'3'，'D'，'ca'，30

汇编后，各数据在存储单元中的存放情况如下：

(1000H)＝23H

(1001H)＝45H

(1002H)＝33H（'3'的 ASCII 码）

(1003H)＝44H（字符'D'的 ASCII 码）

(1004H)＝63H（字符'c'的 ASCII 码）

(1005H)＝61H（字符'a'的 ASCII 码）

(1006H)＝1EH（十进制数 30）

5. DW 定义数据字命令

这条指令与 DB 指令类似，DW 指令用于从指定的地址开始，在程序存储器的连续单元中定义 16 位数据字。其格式为：

标号：DW　表达式

表达式所定义的一个字在存储器中单两个字节。汇编时，机器自动按高字节在前，低字节在后存放。例如：

ORG　2000H

EXIT：　DW　2345H，2EH，30

汇编后，各数据在存储单元中的存放情况如下：

(2000H)＝23H　；第一个字

(2001H)＝45H

(2002H)＝00H　；第二个字

(2003H)＝2EH

(2004H)＝00H　；第三个字

(2005H)＝1EH

6. DS 定义存储区命令

DS 用于在存储器中保留一定数量的字节单元。指令的格式如下：

标号：　DS　表达式

比如：　ORG　3000H

POS：　DS　20

该指令表示从 3000H 地址开始，保留 20 个连续的地址单元。

7. BIT 位定义命令

该指令用于给字符名称赋予位地址，赋值后可用符号代替后面的位地址。

格式：符号名 BIT 位地址

例如：test　BIT　P1.0

执行该指令后，位地址 P1.0 可以通过 test 来使用。

3.7　汇编语言程序设计

在单片机的应用程序设计中，一般采用结构化程序设计方法，对于功能较复杂的程序结构一般采用以下 5 种基本程序结构：顺序结构、分支结构、循环结构、子程序和中断服务程序。下面分别对前面四种基本程序结构举例说明，中断服务程序将在后续章节进行介绍。

1. 顺序结构

顺序结构程序是最简单的程序结构，在程序中无分支、无循环也不调用任何子程序，程序执行时，按照程序流向一条一条地往下执行。

【例 3-14】 已知两个压缩 BCD 码分别放在片内 RAM 的 21H、20H 和 23H、22H 等 4 个单元中，试编程求和，结果存入 R3、R2、R1 中。

如果 21H 和 23H 存放的是两个压缩 BCD 码的高位，则 20H 和 22H 存放的是低位

程序如下：

```
        ORG    0000H
        LJMP    MAIN
        ORG   0100H
MAIN：MOV  A,20H
        ADD  A,22H
        DA  A
        MOV  R1,A
        MOV  A,21H
```

```
        ADDC    A，23H
        DA      A
        MOV     R2，A
        CLR     A
        MOV     ACC.0，C
        MOV     R4，A
        SJMP    $
        END
```

2. 分支结构

分支程序的特点是在该程序中包含转移指令(即无条件转移指令和条件转移指令)，因此分支程序也可以分为无条件分支程序和有条件分支程序，有条件分支程序按结构类型可分为单分支选择结构和多分支选择结构。

【例 3 - 15】 根据 R1 的内容，转向各个处理程序 OPEX(X＝0～127)。

(R1)＝0，转 OPE0

(R1)＝1，转 OPE1

……

(R1)＝127，转 OPE127

程序如下：

```
EXIT：MOV    DPTR，♯TAB        ;将表的首地址放入 DPTR 中
      MOV    A，R1            ;将 R1 的值放入累加器 A 中
      MOV    B，♯3           ;将 3 放入 B 中，由于 LJMP 占 3 个字节
      MUL    AB              ;分支转移参数 ∗ 3
      MOV    R2，A            ;将乘积的低 8 位放入 R2 中
      MOV    A，B             ;将乘积的高 8 位放入 A 中
      ADD    A，♯DPH         
      MOV    DPH，A
      MOV    A，R2
      JMP    @A＋DPTR         ;多分支转移选择
             ……
TAB：LJMP    OPE0
     LJMP    OPE1
             ……
     LJMP    OPE127
```

3. 循环结构

【例 3 - 16】 统计片内 RAM 中 20H 单元开始的 100 个数据中 0 的个数，将统计结果放于 R2 中。

用 R1 计循环次数即 100 次，用 DJNZ 指令对 R1 减 1 转移进行循环控制，用 R0 做指针访问片内 RAM 单元，单元初值为 20H，每循环一次地址单元加 1。

程序如下：

```
        MOV    R0，♯20H
```

```
        MOV   R1, #100
        MOV   R2, #0
LOOP：MOV   A, @R0
        CJNE   A, #0, next
        INC   R2
next：INC   R0
        DJNZ   R1, LOOP
```

4. 延时子程序

在编写程序时，有时程序中需要用软件编写延时程序，下面介绍软件编写延时程序的方法。

延时程序中会用到 DJNZ 指令，一条 DJNZ 指令执行的最长时间为：一个机器周期的时间×2（即 DJNZ 指令占 2 个字节）×256（最大循环次数）。假如使用 12 MHz 晶振，则一个机器周期的时间为 1 μs。根据前面的分析可知，执行一条 DJNZ 指令的最长时间为 512 μs。以设计一个双重循环的延时程序为例进行说明。

```
Delay：MOV R7, #L2        ;执行本指令需要 1 μs
LOOP：MOV R6, #L1         ;执行本指令需要 1 μs
        ……………………          ;X
LOOP1：DJNZ R6, LOOP1     ;该指令执行一次为 2 μs，总时间为 2×L1 μs
        DJNZ R7, LOOP     ;执行本指令需要 2 μs，本次循环 L2 次
        RET               ;执行本指令需要 2 μs
```

L1，L2 和 X 的计算公式如下：

$(2×L1+2+1+x)×L2=$（延时时间）÷（一个机器周期的时间）=总周期数。

【例 3 - 17】 如果系统时钟 12M，设计 40 ms 延时程序。

总周期数$=40000$ μs$÷1$ μs$=40000=200×200$

假如 L2$=200$，则，$(2×L1+2+1+x)=200$

$L1 =(200-3-X)÷2$

$=(200-3-1)÷2=98$

从上面的公式看出取 X$=1$，增加一条 NOP 指令

程序如下：

```
Delay：MOV   R7, #200
LOOP：MOV   R6, #98
        NOP
LOOP1： DJNZ   R6, LOOP1
        DJNZ   R7, LOOP
        RET
```

5. 调用子程序举例

【例 3 - 18】 要求实现 LED 灯以 50 ms 与 10 ms 交替流水。每次流水 5 次。

硬件电路图及流程图如图 3-1 和图 3-2 所示。

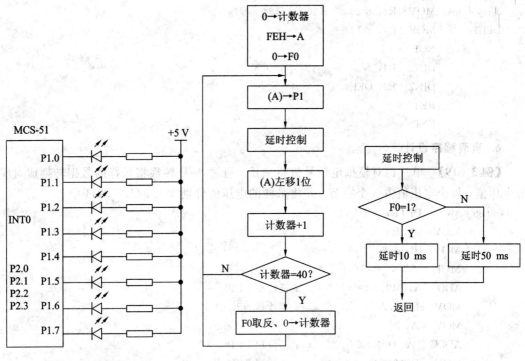

图 3-1　硬件电路图　　　　　　　　　　　图 3-2　流程图

程序如下：

```
            MOV   R0，#0              ;主程序
            MOV   A，#0FEH
            CLR   F0
LOOP：      MOV   P1，A
            LCALL  delay
            RL    A
            INC   R0
            CJNE  R0，#40H，LOOP      ;8 个 LED 轮流点亮表示一次即 8×5＝40
            CPL   F0                  ;已经移动 5 次，则 F0 取反
            MOV   R0，#0
            AJMP  LOOP
delay：     JB    F0，next            ;控制延时子程序
            LCALL  delay50 ms
            AJMP  exit
Next：      LCALL  delay10 ms
Exit：      RET
delay10 ms：MOV   R1，#100            ;10 ms 延时子程序
DEL：       MOV   R2，#48
            NOP
            DJNZ  R2，$
            DJNZ  R1，DEL
            RET
```

```
delay50 ms：MOV   R3，#200    ;50 ms 延时子程序
DEL1：     MOV   R4，#123
           NOP
           DJNZ  R4，$
           DJNZ  R3，DEL1
           RET
           END
```

6. 查表程序设计

【例 3-19】 单片机对模拟电信号进行测量。通过 A/D 转换将采样的数据转换成对应的电压值，每个电压值占 3 个字节，并将采样的电压值分别放入 34H～32H 中。

```
voltage：MOV   DPTR，#TAB2
         MOV   A，R3
         MOV   B，#3
         MUL   AB
         ADD   A，DPL              ;低位积＋DPL →A
         MOV   DPL，A              ;存放到 DPL 中
         MOV   A，B
         ADDC  A，DPH              ;高位积＋DPL →A
         MOV   DPH，A              ;存放到 DPH 中
         CLR   A                  ;以上已算出地址在 DPTR 中，所以 A 应为零
         MOVC  A，@A＋DPTR         ;取出电压伏位
         MOV   34H，A
         CLR   A
         INC   DPTR
         MOVC  A，@A＋DPTR         ;取出电压百毫伏位
         MOV   33H，A
         CLR   A
         INC   DPTR
         MOVC  A，@A＋DPTR         ;取出电压十毫伏位
         MOV   32H，A
         RET
TAB2：DB 0，0，0，0，0，2
```

能力训练三 简单的 LED 灯控制

1. 训练目的

（1）进一步熟悉 Keil 软件、Proteus 仿真软件的使用方法。
（2）进一步熟悉汇编指令及编程方法。
（3）熟悉 I/O 端口的读写控制方法。

2. 实验设备

PC 一台，单片机实验箱一套，Keil μVision2 软件，Proteus 仿真软件。

3. 训练内容一

(1) 在 Keil μVision 2 开发软件中建立工程并录入如下源程序 led_0.asm，调试通过。

源程序 led_0.asm：

```
              ORG   0000H
              AJMP   MAIN
              ORG   0100H
MAIN：        MOV   SP,＃60H
              MOV   R2,＃08H
              MOV   A,＃01H
              CLR   C
START：       RLC   A
              MOV   P1,A
              ACALL   DELAY_1S
              DJNZ   R2,START
              CLR   A
              CLR   C
              MOV   A,＃0FFH
              MOV   R2,＃08H
              AJMP   START
DELAY_1S：    MOV   R7,＃04H
D3：          MOV   R6,＃250
D2：          MOV   R5,＃250
D1：          DJNZ   R5,D1
              DJNZ   R6,D2
              DJNZ   R7,D3
              RET
              END
```

(2) 利用所学知识，分析源程序的功能。

(3) 在 Proteus 仿真软件中建立工程，并完成如图 3-3 所示的原理图设计。

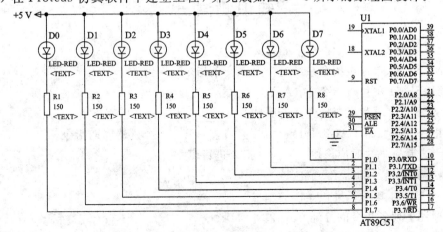

图 3-3 LED 显示实验

（4）由上述源程序生成可执行代码，加载该代码至图 3-3 所示的单片机系统中，进行 Keil 软件与 Proteus 软件连接调试，对比调试结果与理论分析结果是否一致，若不一致，找出原因。

4. 训练内容二

（1）如图 3-4 所示，在实验箱上连接电路。

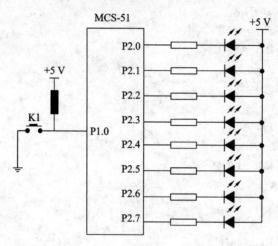

图 3-4　简单的 LED 控制

（2）自己编写程序，使 8 个 LED 灯从上到下逐个点亮。

（3）修改上述程序，让 8 个 LED 灯的亮灭受 K1 键状态控制，K1 键未按下时，LED 灯从上到下逐个点亮，K1 键按下时，LED 灯按相反的顺序逐个点亮。

5. 实验总结

（1）汇编语言源程序的格式应注意哪些方面？

（2）Keil 软件的使用注意事项。

（3）Keil 软件与 Proteus 仿真软件联合使用方法。

（4）与 LED 连接的电阻的作用是什么？将图 3-3 中 150 Ω 的电阻换成 10 KΩ 后结果如何？

知识测试三

一、填空题

1. MCS-51 单片机指令系统有_____条指令。

2. MCS-51 单片机指令中，AJMP $ 的含义_____。

3. MCS-51 单片机寻址方式有哪些_____。

4. 指令 JNB F0, BACK 是_____字节，_____个机器周期指令。

5. 十进制做加法时应该用_____指令进行调整。

6. 在调用子程序时，PC 值应该_____。

7. MCS-51 单片机堆栈操作的基本原则_____。

8. 标注下列各指令的寻址方式

① MOVC　A，@A+PC　　　　　；寻址方式为：_____。

② MOV A, 20H ；寻址方式为：_____。

③ MOV A, @R1 ；寻址方式为：_____。

④ MOV 25H, ♯10H ；寻址方式为：_____。

⑤ MOV A, R7 ；寻址方式为：_____。

⑥ MOV 30H, 20H ；寻址方式为：_____。

⑦ AJMP NEXT ；寻址方式为：_____。

⑧ MOV C, F0 ；寻址方式为：_____。

⑨ XCH A, @R0 ；寻址方式为：_____。

9. 如(A)＝2DH, (R1)＝54H, (54H)＝45H 执行下列指令后，(A)＝( )。

    ANL A, ♯2DH

    ORL A, R1

    XRL A, @R1

    CPL A

10. 若(DPTR)＝2345H, (SP)＝42H, (40H)＝45H, (41H)＝7FH, (42H)＝3EH, 则执行如下指令后 X, (DPH)＝( ), (DPL)＝( ), SP＝( )。

    POP DPH

    POP DPL

    POP SP

11. 执行以下程序段后，A＝( ), (20H)＝( )。

    MOV 20H, ♯0AH

    MOV A, ♯0D6H

    MOV R1, ♯20H

    MOV R2, ♯5EH

    ANL A, R2

    ORL A, @R1

    SWAP A

    CPL A

    XRL A, ♯0FEH

    ORL 20H, A

二、选择题

1. 要在程序中定义缓冲区 BUF，保留 10 个字节存储空间的语句是( )。

A. BUF DS 10   B. BUF DW 10

C. BUF DB 10   D. BUF EQU 10

2. 下列指令有错误的一组是( )。

A. INC DPTR   B. MOV C, 7FH

C. CLR R0   D. MOVX A, @DPTR

三、程序分析题

1. 分析该段程序的功能。

    ORG 0000H

    LJMP MAIN

    ORG 1000H

```
MAIN：MOV   A，60H
      CJNE  A，50H，LPP
      SETB  7FH
      AJMP  LPP1
LPP：  JC    LPP2
      MOV   20H，A
      MOV   21H，50H
      AJMP  LPP1
LPP2：MOV   20H，50H
      MOV   21H，A
LPP1：AJMP  $
      END
```

2. 补充程序实现将(R1R2)和(R3R4)两个双字节无符号数相加，结果送 R5R6。

```
JAD：MOV   A，R2
     ADD   A，R4
     MOV   R6，A
     MOV   A，R1

     _____

     MOV   R5，A
     RET
```

3. 将如下程序补充完整，使其能将 R0 中所存放的 8 位二进制数转换为 BCD 码，并存于片内 RAM 的 30H、31H、32H 单元。

```
MOV  A，R0
MOV  B，#100
DIV  AB
MOV  32H，A

_____

_____

_____

MOV  31H，A
MOV  30H，B
SJMP $
```

四、程序设计题

1. 编写程序，将内部 RAM 30H～3FH 的内容传送到外部 RAM 的 8000H～800FH 中。

2. 试编写程序，将内部 RAM 的 20H、21H 单元的两个无符号数相乘，结果存放在 R2、R3 中，R2 中存放高 8 位，R3 中存放低 8 位。

第4章 MCS - 51单片机的中断系统

中断系统是单片机中非常重要的组成部分，它是为了使单片机能够对外部或内部随机发生的事件进行实时处理而设置的。中断功能的存在，在很大程度上提高了单片机实时处理能力，它也是单片机最重要的功能之一，是我们学习单片机必须掌握的重要内容。我们不但要了解单片机中断系统的资源配置情况，还要掌握通过相关的特殊功能寄存器打开和关闭中断源、设定中断优先级以及掌握中断服务程序的编写方法。

4.1 中断的基本概念

CPU 正在执行程序时，由于某种外界的原因，必须尽快终止当前的程序执行，而转去执行相应的处理程序，待处理结束后，再回来继续执行被终止的程序，这个过程叫中断。

CUP 处理事件的过程，称为 CPU 的中断响应过程。如图 4 - 1 所示为单片机对外围设备中断请求所产生的中断响应和处理过程。

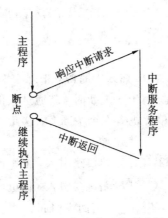

图 4 - 1 中断响应及处理过程

在单片机中设置中断系统，可以提高 CPU 的工作效率，CPU 不必花大量的时间等待和查询外设工作，具有实时处理功能，对实时控制系统中的各种参数和状态做出快速的响应和及时的处理。中断系统还具有故障处理能力，在掉电中断服务程序中将需要保存的数据和信息及时转移到具有备用电源的存储器中保护起来，待电源正常时再恢复。由于终端工作方式的优点较多，因此，在单片机的片内硬件中都带有中断系统。

4.2 MCS - 51 中断系统结构

AT89C51 单片机的中断系统包括 5 个中断源、6 个中断矢量、两个优先级、可两级中断服务程序嵌套。每个中断源均可由软件编程为高优先级或者低优先级中断、允许或禁止向 CPU 请求中断。中断系统结构示意图如图 4-2 所示。

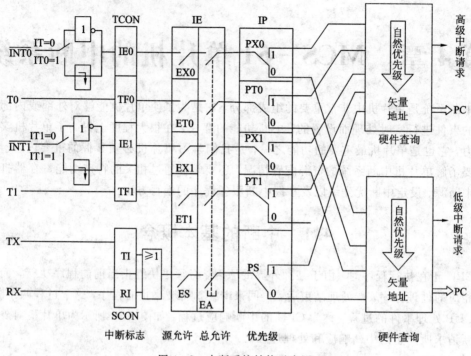

图 4-2　中断系统结构示意图

4.2.1　中断源

产生各种中断请求的事件的原因称为中断源，根据中断源产生的原因，中断可分为软件中断和硬件中断。当中断源请求 CPU 中断时，就通过软件或硬件的形式向 CPU 发出中断请求。根据图 4-2 所示，51 单片机有 5 个中断源，这几个中断源的符号、名称及产生的条件如下：

$\overline{INT0}$：外部中断 0，由 P3.2($\overline{INT0}$)端口线引入，低电平或下跳沿引起。

$\overline{INT1}$：外部中断 1，由 P3.3($\overline{INT1}$)端口线引入，低电平或下跳沿引起。

T0：定时器/计数器 0 中断，由 T0 计满回零引起。

T1：定时器/计数器 1 中断，由 T1 计满回零引起。

TI/RI：串行 I/O 中断，串行端口完成一帧字符发送/接收后引起。

4.2.2　中断请求标志寄存器

由图 4-2 可知，5 个中断源的中断请求标志分别由特殊功能寄存器 TCON 和 SCON 的相应位锁存。

1. 定时器/计数器的控制寄存器(TCON)

此寄存器用于保存外部中断请求标志位 IE0 和 IE1 以及定时器/计数器的计数 T0 和 T1 溢出中断请求标志位 TF0 和 TF1，还包括两个外部中断源的触发方式选择位 IT0 和 IT1 以及计数运行控制位 TR0 和 TR1，且 TCON 寄存器的字节地址为 88H。格式如表

4-1所示。

表 4-1　特殊功能寄存器 TCON 的格式

	D7	D6	D5	D4	D3	D2	D1	D0	
TCON	TF1	TR1	TF0	TR0	IE1	IT1	IE0	IT0	88H
位地址	8FH	—	8DH	—	8BH	8AH	89H	88H	

IE0：外部中断 0 请求标志位。

IE1：外部中断 1 请求标志位。

TF0：片内定时器/计数器 T0 的溢出标志位。T0 计数器启动后，T0 开始加 1 计数，当最高位产生溢出时，由硬件将 TF0 置 1，向 CPU 发出中断请求，CPU 响应 TF0 中断时，硬件自动将 TF0 清零，TF0 也可由软件 0。

TF1：片内定时器/计数器 T1 的溢出标志位，功能和 TF0 类似。

IT0：外部中断请求 0 为跳沿触发方式还是电平触发方式。当 IT0＝0 时，为电平触发方式，当 IT0＝1，为跳沿触发方式，IT0 为 0 或 1 可由软件设置。

IT1：外部中断请求 1 为跳沿触发方式还是电平触发方式，意义与 IT0 类似。

TR0、TR1：这两位将在第 5 章定时器/计数器进行详细介绍。

2. 串行口控制寄存器(SCON)

此寄存器的低 2 位锁存串行口的发送中断和接收中断的中断请求标志位 TI 和 RI，且 SCON 寄存器的字节地址为 98H。格式如表 4-2 所示。

表 4-2　特殊功能寄存器 SCON 的格式

	D7	D6	D5	D4	D3	D2	D1	D0	
SCON	——	——	——	——	——	——	TI	RI	98H
位地址	——	——	——	——	——	——	99H	98H	

TI：发送中断请求标志位。CPU 将一个字节的数据写入串行口的发送缓冲器 SUBF 中，当启动一帧串行数据发送后，串口每发送完一帧串行数据后，硬件自动将 TI 置"1"，CPU 响应串行口发送中断时，并不清除 TI 中断请求标志，在中断服务程序中 TI 标志必须用软件清"0"。

RI：接收中断的请求标志。串口接收完一个数据帧后，硬件自动将 RI 标志置"1"，CPU 响应串行后接收中断时，并不清除 RI 中断请求标志，在中断服务程序中 RI 标志必须用软件清"0"。

4.3　中　断　控　制

中断控制包括中断允许寄存器 IE 和中断优先级控制 IP，下面分别对这两个特殊功能寄存器进行介绍。

4.3.1　中断允许寄存器

在 MCS-51 单片机的中断系统中，中断的允许或禁止是在中断允许寄存器 IE 中设置的。IE 是一个可位寻址的 8 位特殊功能寄存器，即可以对其每一位单独进行操作，当然也可以进行整体字节操作，其字节地址为 A8H。单片机复位时，IE 全部被清零。格式如表 4-3所示。

表 4-3　中断允许寄存器 IE

	D7	D6	D5	D4	D3	D2	D1	D0	
IE	EA	—	ET2	ES	ET1	EX1	ET0	EX0	(A8H)
位地址	AFH	9EH	ADH	ACH	ABH	AAH	A9H	A8H	

IE 各位具体说明如下：

EA：全局中断允许控制位。当 EA＝0 时，则所有中断请求均被禁止；当 EA＝1 时，允许中断，在此条件下，由各个中断源的中断控制位确定相应的中断允许或禁止。因此，中断寄存器 IE 对中断的允许或禁止为两级控制。即中断源先受 EA 位的控制，当 EA 允许中断后，还要受各中断源自己的中断允许位控制。

EX0：外部中断 0 的中断允许位。如果 EX0＝1，则允许外部中断 0 中断，否则禁止外部中断 0 中断。

ET0：定时器/计数器 0 的中断允许位。如果 ET0＝1，则允许 T0 中断，否则禁止 T0 中断。

EX1：外部中断 1 的中断允许位。如果 EX1＝1，则允许外部中断 1 中断，否则禁止外部中断 1 中断。

ET1：定时器/计数器 1 的中断允许位。如果 ET1＝1，则允许 T1 中断，否则禁止 T1 中断。

ES：串行口中断允许位，如果 ES＝1 允许串行口中断，否则 ES＝0 禁止串行口中断。

【例 4-1】　如果我们要设置允许外部中断 1、定时器/计数器 0 中断允许，其他中断不允许，则 IE 寄存器各位取值如表 4-4 所示。

表 4-4　IE 寄存器的各位取值

	D7	D6	D5	D4	D3	D2	D1	D0
IE	EA	—	ET2	ES	ET1	EX1	ET0	EX0
位地址	AFH	9EH	ADH	ACH	ABH	AAH	A9H	A8H
取 值	1	0	0	0	0	1	1	0

即 IE＝0x86H，用字节操作指令编写为：MOV IE，♯86H 或者 MOV A8H，♯86H。我们也可以用位操作指令来实现：EA＝1，EX1＝1，ET0＝1，用位操作指令编写如下：

```
SETB   EA        ;CPU 开中断
SETB   EX1       ;外部中断 1 允许中断
SETB   ET0       ;T0 允许中断
```

4.3.2　中断优先级寄存器

当多个中断源同时申请中断时，为了使 CPU 能够按照用户的规定先处理最紧急的事件，然后再处理其他事件，就需要中断系统设置优先级机制。为了处理方便，每个中断源可由软件设置为高优先级中断或低优先级中断。

中断源的优先级需在中断优先级寄存器 IP 中设置。IP 也是一个可位寻址的 8 位特殊功能寄存器，既可以对其每一位单独进行操作，当然也可以进行整体字节操作，其字节地址为

B8H。单片机复位时，IP 全部被清零，即所有中断源为同级中断。IP 格式如表 4 - 5 所示。

表 4 - 5　中断优先级寄存器 IP

	D7	D6	D5	D4	D3	D2	D1	D0	
IP	—	—	PT2	PS	PT1	PX1	PT0	PX0	(B8H)
位地址	—	—	—	BCH	BBH	BAH	B9H	B8H	

PX0、PT0、PX1、PT1、PS 分别为外部中断 0、定时器/计数器 0 中断、外部中断 1、定时器/计数器 1 中断以及串行口中断的优先级控制位。当某位置 1 时，则相应的中断就是高级中断，否则就是低级中断。若有多个中断源同时发出中断请求时，CPU 会优先响应优先级较高的中断源。如果优先级相同，则将按照它们的自然优先级顺序响应默认优先级较高的中断源。

五个中断源默认的自然优先级从高到低的顺序如表 4 - 6 所示。

表 4 - 6　同级中断源的优先级顺序

中　断　源	优先级顺序
外部中断 0 定时器/计数器 0 中断 外部中断 1 定时器/计数器 1 中断 串行口中断	最　高 ↓ 最　低

　　MCS - 51 单片机中断请求源的两个中断优先级可以实现两级中断嵌套。所谓两级中断嵌套，是指当 CPU 响应某一中断源请求而进入该中断服务程序中处理时，若更高级别的中断源发出中断申请，则 CPU 暂停执行当前的中断服务程序，转去响应优先级更高的中断，等到更高级别的中断处理完毕后，再返回低级中断服务程序，继续原先的处理，这个过程称为中断嵌套。在 51 单

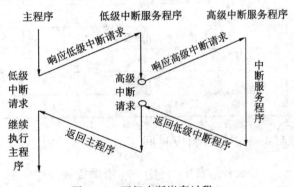

图 4 - 3　两级中断嵌套过程

片机的中断系统中，高优先级中断能够打断低优先级中断以形成中断嵌套，反之，低级中断则不能打断高级中断，同级中断也不能相互打断。两级中断嵌套如图 4 - 3 所示。

4.4　中　断　响　应

4.4.1　中断响应条件

一个中断源的中断请求被响应是有条件的，CPU 响应中断的条件如下：

(1) 有中断源发出中断请求。

(2) 中断总允许位 EA=1，即 CPU 开中断。

(3) 申请中断的中断源的中断允许位为 1，即中断被允许。

（4）无同级或更高级中断正在被服务。

（5）当前的指令周期已经结束。

若现执行的指令是 RETI 或是对 IE、IP 的写操作指令，该指令以及紧接着的另外一条指令已经执行完毕。

4.4.2　中断响应过程

MCS－51 单片机响应中断后，由硬件自动执行如下的功能操作。

第一，根据中断请求源的优先级高低，对相应的优先级状态触发器置"1"，即关闭同级和低级中断。

第二，调用入口地址，保护断点（即将程序计数器 PC 的内容压入堆栈保护）相当于用 LCALL 指令完成。

第三，清除内部硬件可清除的中断请求标志位（TF0、TF1、IE0、IE1）。

注意：串口中断响应后，其中断标志不能由硬件自动清零，必须软件对 TI 或 RI 清零。

第四，将响应的中断服务程序入口地址送入 PC 中，从而进入中断服务程序执行，直到执行到中断返回指令（RETI）后返回断点位置，结束中断。各中断服务程序入口地址如表 4－7 所示。

表 4－7　中断服务程序入口地址表

中　断　源	入　口　地　址
外部中断 0	0003H
定时器/计数器 0	000BH
外部中断 1	0013H
定时器/计数器 1	001BH
串行口中断	0023H

4.4.3　中断响应时间

在设计外部中断程序时，有时需要考虑中断响应时间。所谓中断响应时间，就是中断的响应过程的时间，即从发出中断请求到进入中断处理所需的时间。

MCS－51 单片机外部中断响应时间约在 3～8 个机器周期之间。最短响应时间为 3 个机器周期，其中中断请求标志位查询占 1 个机器周期，如果这个机器周期恰好处于指令的最后一个机器周期。则不需要等待即可以立即响应。响应中断执行一条 LCALL 调用硬件子程序命令，需要两个机器周期，因此共需要 3 个机器周期。

最长响应时间为 8 个机器周期。当 CPU 进行中断标志查询时，正好开始执行 RETI 或者访问 IE 或 IP 指令时（执行该指令需要 2 个机器周期），则必须把当前指令执行完再继续执行一条指令后（这条指令按照最长指令计算，只有 4 个机器周期），才能响应中断。响应中断时执行一条 LCALL 调用硬件子程序命令，需要两个机器周期，所以共需要 8 个机器周期。

如果已经在处理统计或者更高级中断，外部中断请求的响应时间无法计算，该响应时间由正在执行中断服务程序的处理时间决定。

4.4.4 撤销中断请求

CPU 响应某中断请求后，在中断返回前，应该撤销该中断请求，否则会引起另一次中断。不同中断源中断请求的撤销方法不一样。

1. 撤销定时器中断请求

CPU 在响应中断后，硬件会自动清除中断请求标志 TF0、TF1。

2. 撤销外部中断请求

外部中断请求撤销包括跳沿方式外部中断请求撤销和电平方式外部中断请求撤销，下面我们分别对这两种撤销方式进行介绍。

（1）跳沿方式外部中断请求的撤销。这类撤销包括中断标志位清零和外中断信号的撤销，其中，中断标志位清零是在中断响应后由硬件自动完成的。跳沿方式的外部中断请求是自动撤销的。

（2）电平方式外部中断请求的撤销。对于这种方式来说，中断请求标志的撤销是自动的，但中断请求信号的低电平可能继续存在，在以后的机器周期采样时，又会把已清零的 IE0 或 IE1 标志位重新置 1。因此必须解决电平方式外部中断请求的撤销，除了要将标志位清零外，还需在中断请求信号输入端从低电平强制改为高电平。电平方式的外部中断请求撤销电路如图 4-4 所示。

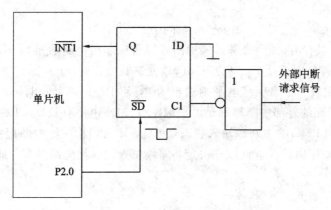

图 4-4 电平方式的外部中断请求撤销电路

由图可知，电路中增加了 D 触发器来锁存外来的中断请求低电平，将 D 触发器的输出端 Q 与外部中断 1 相接，$\overline{SD}$ 端与 P2.0 接，D 触发器不影响中断请求，中断响应后，为了撤销中断请求，可利用 D 触发器的置 1 端（$\overline{SD}$ 端）。只要 P2.0 输出一个负脉冲，D 触发器的 Q 端将输出 1，由此撤销中断请求。P2.0 输出一个负脉冲的指令如下：

SETB P2.0 ；将 P2.0 置 1
CLR P2.0 ；将 P2.0 清 0
SETB P2.0 ；将 P2.0 置 1

3. 串行口中断的撤销

在 CPU 响应中断后，硬件不能清除中断请求标志 TI 和 RI，需由软件来清除相应的标志。在中断服务程序中对串行口中断标志位进行清除的指令如下：

```
CLR   TI        ;清 TI 标志位
CLR   RI        ;清 RI 标志位
```

4.5　外部中断源的扩展

8051 单片机仅有两个外部中断请求输入端,在实际应用中,若外部中断源数多于两个,则需要扩充外部中断源,一般可采用中断和查询相结合的方法来解决外部多中断源的问题。

利用两根外部中断输入引脚,每一中断输入脚可以通过"或"的关系连接多个外部中断源,同时,利用并行输入端口线作为多个中断源的识别线,如图 4-5 所示。

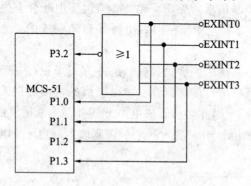

图 4-5　外部中断扩展原理图

由图 4-5 可以看出,4 个外部扩展中断源通过或非门电路后再与 MCS-51 单片机的 P3.2 相连,同时再分别接至 P1 口的不同脚以便进行查询。4 个外部扩展中断源 EXINT0-EXINT3 中有一个或几个出现高电平则输出为 0,使 P3.2 脚为低电平,从而发出中断请求,因此,这些扩充的外部中断源都是电平触发方式(高电平有效)。CPU 执行中断服务程序时,先依次查询 P1 口的中断源输入状态,然后,转入到相应的中断服务程序,4 个扩展中断源的优先级顺序由软件查询顺序决定,即最先查询的优先级最高,最后查询的优先级最低。

中断服务程序如下:

```
            ORG   0003H       ;外部中断入口地址
            AJMP  INT0         ;转向中断服务程序入口
            ……
INT0:  PUSH  PSW           ;保护现场
            PUSH  ACC
            JB  P1.0,EXT0      ;中断源查询并转相应中断服务程序
            JB  P1.1,EXT1
            JB  P1.2, EXT2
            JB  P1.3, EXT3
EXIT:  POP  ACC            ;恢复现场
            POP  PSW
            RETI
EXT0:  ……                  ;EXINT0 中断服务程序
```

```
        AJMP    EXIT
EXT1：……                  ；EXINT1 中断服务程序
    AJMP    EXIT
EXT2：……                  ；EXINT2 中断服务程序
        AJMP    EXIT
EXT3：……                  ；EXINT3 中断服务程序
        AJMP    EXIT
```

同样，外部中断 1 也可以作相应的扩展处理。

4.6　MCS-51 中断系统的应用

在中断服务程序编程时，首先要对中断系统进行初始化，也就是对 TCON、SCON、IE、IP 等几个特殊功能寄存器的有关控制位进行赋值。只要这些寄存器的相应位按照要求进行了状态预置，CPU 就会按照用户的意图对中断源进行管理和控制。具体来说，就是要完成如下工作：

（1）打开全局中断。

（2）允许（或禁止）某一中断源的中断请求。

（3）确定各中断源的优先级。

（4）若是外部中断，则应规定是电平触发还是边沿触发。

除了中断初始化程序外，还有中断服务程序。中断服务程序是一种为中断源的特定任务而编写的独立程序，以中断返回指令 RETI 结束。中断服务程序结束后返回到原来被中断的地方（即断点），继续执行原来的程序。中断服务程序和子程序一样，在调用和返回时，也有一个保护断点和现场的问题。在中断响应过程中，断点的保护主要由硬件电路自动实现。它将断点压入堆栈，再将中断服务程序的入口地址送入程序计数器 PC 中，使程序转向中断服务程序。中断处理时现场保护由中断服务程序来完成。在 MCS-51 系列单片机中，现场一般包括累加器 A、工作寄存器 R0～R7 以及程序状态字 PSW 等。保护现场和恢复现场一般采用 PUSH 和 POP 指令来实现，PUSH 和 POP 指令一般是成对出现的，以保证寄存器的内容不会改变。同时还要注意堆栈操作的"先进后出，后进先出"的原则。此外，在编写中断服务程序时，还应注意以下三点：

（1）各中断源入口地址之间只相隔 8 个字节，将完整的中断服务程序直接放在此处的话，往往容量不够，常见的解决方法是在中断入口地址单元处，存放一条无条件转移指令，如："LJMP addr"，使程序跳转到用户自己安排的中断服务程序起始地点。

（2）现场保护一定要位于现场中断处理程序的前面。中断处理结束后，在返回主程序前，则需要把保存在现场内容从堆栈中弹出，以恢复那些寄存器和存储器单元中的原有内容，即现场恢复。现场恢复一定要位于中断处理的后面。至于要保护哪些内容，应该由用户根据中断处理程序的具体情况来决定。

（3）在现场保护前和现场恢复前往往需要关中断，这是为了防止此时有高一级的中断进入，避免现场被破坏；在现场保护和现场恢复后再开中断，为下一次的中断做好准备，同时也是为了允许有更高级的中断进入。

（4）有的时候，对于一个重要的中断，必须执行完毕，不允许被其他的中断打断。对此可在执行该中断程序前，彻底关闭其他中断请求，待中断处理完毕后，再开总中断开关位。

一个典型的中断服务子程序如下：

```
INT_x：CLREA        ；CPU 关中断
       PUSH   PSW   ；现场保护
       PUSH   Acc
       SETB   EA    ；总中断允许
       ……中断服务子程序……
       CLR    EA    ；CPU 关中断
       POP    Acc   ；现场恢复
       POP    PSW   ；
       SETB   EA    ；总中断允许
       RETI         ；中断返回，恢复断点
```

【例 4 - 2】　用中断服务程序实现每按一次按键，发光二极管改变一次亮灭状态。

根据题目要求需要用到一个外部中断源（即$\overline{INT0}$或$\overline{INT1}$）接按键开关，P2.0 输出改变 LED 状态。硬件电路连接图如图 4 - 6 所示。

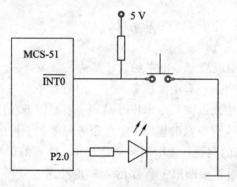

图 4 - 6　例 4 - 2 硬件连接

```
       ORG    0000H
       AJMP   MAIN
       ORG    0013H
       AJMP   int_0
       ORG    0100H
MIAN： MOV    SP，#60H
       SETB   EA
       SETB   EX1
       SETB   IT1
WAIT： SJMP   WAIT
int_0： JB     P3.2，BACK
       CPL    P2.0
BACK： RETI
```

【例 4 - 3】　要求利用 K1、K2、K3 与 K4 模拟四个外部中断源，电路参考如图 4 - 6 所示。当按键按下后，与门输出负脉冲通过 INT0 向 CPU 发中断请求。用这 4 个按键控制

LED 作四种不同的流水显示。

　　系统在刚启动时，流水灯处于关闭状态，当按下 K1 键时，流水灯呈一个灯左移显示。当按下 K2 键时，流水灯呈一个灯右移显示。当按下 K3 键时，流水灯呈两个灯左移显示。当按下 K4 键时，流水灯呈两个灯右移显示。

　　硬件电路连接图如图 4-7 所示。

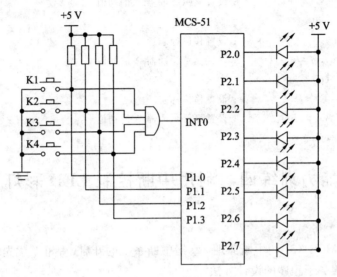

图 4-7　例 4-3 硬件连接图

```
        ORG     0000H
        AJMP    main
        ORG     0003H
        AJMP    int_0
        ORG     0050H
main：  MOV     SP, #60H      ；设置堆栈
        SETB    EX0           ；允许 INT0 中断
        SETB    EA            ；开中断
        MOV     A, #0FFH      ；清显示缓冲，关显示
loop：
        JB  F0, right         ；判断 F0 状态确定是左移还是右移
        RL   A
        AJMP    show
right： RR   A
show：  MOV     P2, A         ；输出显示
        LCALL   delay
        AJMP    loop
int_0： LCALL   delay_10 ms
        JNB     P1.0, k1
        JNB     P1.1, k2
        JNB     P1.2, k3
        JNB     P1.3, k4      ；中断识别
```

```
exit：   RETI
k1：     CLR    F0              ;设置移位标志
         MOV    A，#0FEH        ;设置显示缓冲器 A 的初值
         AJMP   exit
k2：     SETB   F0              ;设置移位标志
         MOV    A，#7FH         ;设置显示缓冲器 A 的初值
         AJMP   exit
k3：     CLR    F0              ;设置移位标志
         MOV    A，#0FCH        ;设置显示缓冲器 A 的初值
         AJMP   exit
k4：     SETB   F0              ;设置移位标志
         MOV    A，#3FH         ;设置显示缓冲器 A 的初值
         AJMP   exit
```

能力训练四　利用中断控制 LED 彩灯

1. 训练目的

进一步熟悉 MCS-51 的中断原理，掌握中断系统的开启、禁止、优先级设置等初始化方法，掌握中断服务子程序的设计方法。

2. 实验设备

PC 一台（已安装 Keil μVision2 软件及 Proteus 仿真软件），单片机实验箱一套。

3. 训练内容一

（1）按照图 4-8 所示连接好实验电路。特别注意本次实验与按键连接的引脚是 P3.2。

（2）编写程序，让 8 个 LED 灯的亮灭受 K1 键状态控制，K1 键未按下时，LED 灯从上到下逐个点亮，K1 键按下时，LED 灯按相反的顺序逐个点亮。

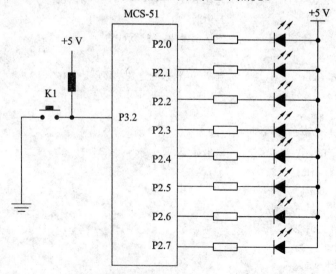

图 4-8　LED 彩灯控制电路

4. 训练内容二

(1) 阅读源程序 int_led. asm，回答后面的问题。

源程序 int_led. asm：

```
            ORG   0000H
            AJMP   MAIN
            ORG   0003H
            LJMP   INT_0
            ORG   0013H
            LJMP   INT_1
            ORG   0030H
MAIN:    MOV   IE，#10000101B
            MOV   IP，#00000001B
            MOV   SP，#60H
            MOV   A，#0FEH
MLOOP: MOV   P2，A
            MOV   P1，A
            ACALL   DELAY
            RL   A
            SJMP   MLOOP
INT_0:  PUSH   ACC
            PUSH   PSW
            MOV   R0，#20
            CLR   A
TLOOP:  MOV   P1，A
            LCALL   DELAY
            CPL   A
            DJNZ   R0，TLOOP
            POP   PSW
            POP   ACC
            RETI
INT_1:   PUSH   ACC
            PUSH   PSW
            MOV   R1，#20
            CLR   A
TLOOP2: MOV   P2，A
            LCALL   DELAY
            CPL   A
            DJNZ   R1，TLOOP2
            POP   PSW
            POP   ACC
            RETI
DELAY:  MOV   R7，#255
```

```
D1：      MOV    R6，#255
          DJNZ   R6，$
          DJNZ   R7，D1
          RET
          END
```

① 单片机的哪些中断被使能？哪些中断被禁止？

② 单片机的哪些中断被设置为高优先级？

③ 什么情况下单片机会执行语句"LJMP INT_0"？

④ 分析源程序 int_led. asm 的功能。

（2）在 Proteus 仿真软件中完成图 4-9 所示的电路设计。

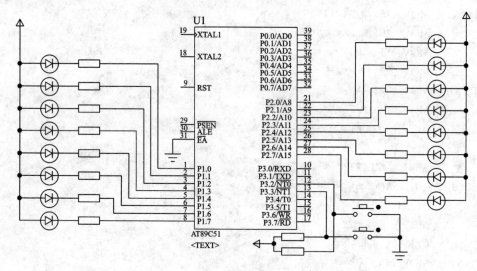

图 4-9　中断优先级实验电路

（3）由源程序 int_led. asm 生成 int_led. hex 加载到图 4-9 的单片机中，启动 Proteus 仿真，比较仿真结果与理论分析是否一致，若不一致，找出原因。

（4）验证低优先级中断可被高优先级中断打断，而高优先级中断不能被低优先级的中断打断。

5. 实验总结

（1）单片机中断系统的工作原理。

（2）单片机中断使能方法，中断优先级设置方法。

知 识 测 试 四

一、选择题

1. 在中断服务程序中至少有一条（　　）。

A. 传送指令　　　　B. 转移指令　　　　C. 加法指令　　　　D. 中断返回指令

2. 计算机在使用中断方式与外界交换信息时，保护现场的工作应该是（　　）。

A. 由 CPU 自动完成　　　　　　　　　B. 在中断响应中完成

C. 应由中断服务程序完成　　　　　　　　D. 在主程序中完成

3. 以下论述正确的是(　　　)。

A. CPU 响应中断期间仍执行源程序。

B. 在中断响应中,保护断点、保护现场应由用户编程完成。

C. 在中断过程中,若又有中断源请求中断,CPU 立即响应。

D. 在中断响应中,保护断点是由中断响应自动完成的。

4. 中断子程序的返回指令是(　　　)。

A. RET　　　　　　　　B. END　　　　　　　　C. RETI　　　　　　　　D. RETF

5. MCS-51 的中断允许寄存器内容为 83H,CPU 将响应的中断请求是(　　　)。

A. T1,INT1　　　　B. T0,T1　　　　C. T1,串行接口　　　D. T0,INT0

6. 要想测量 INT0 引脚上的一个正脉冲宽度,那么特殊功能寄存器 TMOD 的内容应为(　　　)。

A. 09H　　　　　　　　B. 87H　　　　　　　　C. 00H　　　　　　　　D. 80H

二、填空题

1. 一个中断向量对应一个_____。

2. 中断处理过程可以嵌套,_____可以嵌套_____的中断服务程序。

3. CPU 响应中断时最先完成的两个步骤是_____和_____。

4. 内部中断是由_____引起的,如运算溢出。外部中断是由_____引起的,如输入输出设备产生的中断。

5. 单片机中断系统中,用于控制中断开放的专用寄存器是_____,用于控制中断优先级的专用寄存器是_____。

6. 单片机的 5 个中断源中,默认优先级最高的是_____。

三、判断题(正确的打"√",错误的打"×")

1. 一个更高优先级的中断请求可以中断另一个中断处理程序的执行。　　　(　　　)

2. 为了保证争端服务程序执行完毕后,能正确回到被中断的断点继续执行程序,必须进行现场保护操作。　　　(　　　)

3. 外部中断 0 的入口地址是 0013H。　　　(　　　)

4. MCS-51 单片机系统中可实现 3 级中断嵌套。　　　(　　　)

5. MCS-51 单片机的中断优先级是固定不变的。　　　(　　　)

6. 51 单片机的中断标志位都在中断响应后由硬件自动清零。　　　(　　　)

四、简答题

1. 叙述 RET 和 RETI 指令有什么不同。

2. 中断响应应该满足哪些条件?

3. 在 MCS-51 单片机的中断源中,哪些中断请求信号在中断响应时可以自动清除?哪些不能自动清除?不能自动清除应该如何处理?

4. MCS-51 的中断处理程序能否放在 64K 程序存储器的任意区域?如何实现?

第 5 章　MCS - 51 单片机的定时器/计数器

定时器/计数器是单片机中重要模块之一，在检测、控制和智能仪器等设备中经常用它来定时。此外，它还可以用于对外部事件进行计数。用户可根据自己的需要，通过软件编程来选择让定时器/计数器工作于定时模式或计数模式。MCS-51 系列单片机中 51 子系列产品的内部设有两个 16 位的可编程定时器/计数器：T0 和 T1；52 子系列产品则有 3 个，比 51 子系列多一个定时器/计数器 T2。

5.1　MCS - 51 定时器/计数器的结构及原理

5.1.1　定时器/计数器的结构

MCS-51 系列单片机的定时器/计数器的结构框如图 5-1 所示。定时器/计数器 T0 由特殊功能寄存器 TH0 和 TL0 构成，定时器/计数器 T1 由特殊功能寄存器 TH1 和 TL1 构成。

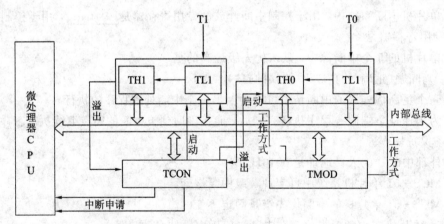

图 5-1　MCS-51 单片机的定时器/计数器结构框图

TCON 是定时器/计数器的控制寄存器，主要控制 T0、T1 的启动和停止以及设置溢出标志位；TMOD 是定时器/计数器工作方式寄存器，根据它确定 T0、T1 的工作方式和功能。

5.1.2　定时器/计数器的工作原理

T0、T1 无论是工作在定时模式还是计数模式，其实质都是对脉冲信号进行计数，仅是脉冲信号的来源不一样，如图 5-2 所示。定时模式下是对系统的时钟脉冲信号经 12 分频后的得到的信号(称为机器周期)进行计数；计数模式下是对加在 T0 和 T1 两个引脚上，如图 5-1 所示的外部脉冲进行计数。如果检测到一个脉冲信号，计数器便加 1，当计数器加到全 1 状态时，如果再来一个脉冲，计数器便变回 0，同时，会产生一个溢出信号使 TCON 中的 TF0 或 TF1 置 1，并且向微处理器 CPU 发出中断请求信号。

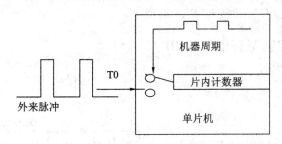

图 5-2　定时模式/计数模式

当 T0、T1 工作在定时模式下时，加 1 计数器是对内部机器周期 T_{cy} 进行计数（1 个机器周期等于 12 个振荡周期，即计数频率为晶振频率的 1/12）。计数值 N 乘以机器周期 T 就是定时时间 t 。

当 T0、T1 工作在计数模式下时，外部事件计数脉冲由 T0 或 T1 引脚输入到计数器。在每个机器周期的 S5P2 期间对 T0、T1 引脚上的电平进行采样。当某个机器周期采样到一高电平输入，而下一个机器周期又采样到一低电平时，计数器则加 1，更新的计数值在下一个机器周期的 S3P1 期间装入计数器。由于检测到一个从 1 到 0 的下降沿需要 2 个机器周期，即 24 个振荡周期，因此外部输入的计数脉冲的最高频率为系统振荡频率的 1/24。例如，选用 6MHz 频率的晶振，允许输入的脉冲频率最高为 6/24MHz＝250KHz。如果选用 12MHz 的晶振，则可输入最高频率为 12/24MHz＝500KHz 的外部脉冲（即外部脉冲的周期要大于 1/500 ms＝2 μs）。

5.1.3　控制寄存器 TCON

由控制寄存器 TCON 来启动和停止 T0、T1 以及设置溢出标志位。TCON 的字节地址为 88H，可以进行位寻址，位地址为 88H~8FH。这里仅介绍与定时器/计数器相关的高 4 位，低 4 位与外部中断相关，前面已介绍。其格式如图 5-3 所示。

	D7	D6	D5	D4	D3	D2	D1	D0
TCON(88H)	TF1	TR1	TF0	TR0	IE1	IT1	IE0	IT0
位地址	8FH	8EH	8DH	8CH	8BH	8AH	89H	88H
	定时器/计数器				外部中断			

图 5-3　TCON 格式

其中，TF1、TR1 控制 T1；TF0、TR0 控制 T0。

TF1：T1 溢出中断请求标志位。当计数溢出时，该位由硬件自动置 1，向 CPU 发送中断申请信号。CPU 响应中断后，该位由硬件自动清零。当采用查询方式时，CPU 可以随时查询 TF1 的状态，查询到 TF1 为 1 时，应及时利用软件对该位进行清零处理。两种方式会产生同样的效果。

TR1：T1 运行控制位。TR1＝1 时，启动 T1；TR1＝0 时，T1 停止工作。需要软件对 TR1 位进行清零或置 1。

TF0：T0 溢出中断请求标志位。功能与 TF1 类似。

TR0：T0 运行控制位。功能与 TR1 类似。

5.1.4　工作方式控制寄存器 TMOD

TMOD 的字节地址为 89H，不能进行位寻址。TMOD 控制 T0、T1 的工作方式和工作模式，其格式如图 5-4 所示。

图 5-4　TMOD 的格式

其中，高 4 位控制 T1，低四位控制 T0。具体功能如下所示：

GATE：门控位。当 GATE＝0，且 TCON 中的 TR1 或 TR0 为 1，此时可以启动 T1 或 T0。当 GATE＝1，TCON 中的 TR1 或 TR0 为 1，同时需要外部中断引脚$\overline{\text{INT0}}$或$\overline{\text{INT1}}$也为高电平时，才可以启动 T1 或 T0。

C/$\overline{\text{T}}$：定时器/计数器模式的选择位。当 C/$\overline{\text{T}}$＝0 时，为定时器模式，此时是对系统的时钟脉冲信号经 12 分频后的得到的信号进行计数；当 C/$\overline{\text{T}}$＝1 时，为计数器模式，此时是对加在 T0 和 T1 两个引脚上的外部脉冲进行计数。

M1、M0：工作方式选择位，有四种编码组合，对应定时器/计数器的四种工作方式，如表 5-1 所示。

表 5-1　定时器/计数器工作方式的设置

M1M0	工作方式	说　明
00	方式 0	为 13 位定时器/计数器
01	方式 1	为 16 位定时器/计数器
10	方式 2	为 8 位自动重装定时器/计数器
11	方式 3	仅适用于 T0，此时 T0 分成两个独立的 8 位定时器/计数器；T1 则停止计数

5.2　定时器/计数器的工作方式

MCS-51 单片机内部集成的定时器/计数器具有四种工作方式，根据对 TMOD 的 M1M0 位的设置来实现。其中 T0 具有四种工作方式：方式 0、方式 1、方式 2、方式 3；T1 具有三种方式：方式 0、方式 1、方式 2。前三种方式中，T0 和 T1 除了所用的寄存器、标志位、控制位不一样，其他的操作都是一样的，下面介绍的三种方式都以 T0 为例。

5.2.1　方式 0

当 TMOD 中的 M1M0 设置为 00 时，定时器/计数器工作在方式 0 下，此时其结构如

图 5 - 5 所示。

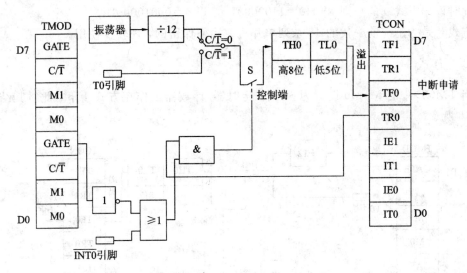

图 5 - 5   定时器/计数器方式 0 的逻辑结构图

方式 0 实现了 13 位的定时器/计数器,由 8 位的 TH0 和 TL0 的低 5 位组成。当 TL0 的低 5 位计数溢出时,TH0 的高 8 位开始计数,直至溢出,把 TCON 的 TF0 位置 1,向 CPU 发送中断申请信号。

在图 5 - 5 中,$C/\overline{T}$ 的值决定了定时器/计数器是工作在定时模式还是计数模式,根据计数值初值 X,送入 TH0 的 8 位、TL0 的低 5 位中。

当 $C/\overline{T}=0$ 时,工作在定时模式下,以系统的时钟信号 12 分频为基准信号;若 N 为计数值,T_{cy} 为机器周期,t 为定时时间,则

$$N=\frac{t}{T_{cy}}$$

当 $C/\overline{T}=1$ 时,工作在计数模式,以 T0 引脚上的外部脉冲为基准信号。若 N 为计数值,X 为计数初值,则

$$X=2^{13}-N$$

电子开关 S 的闭合说明此时定时器/计数器开始启动,由 TMOD 的 GATE 位、TR0 位和外部中断信号 $\overline{INT0}$ 决定开关 S 是否闭合。

GATE=0 时,图中的或门输出总是 1(不管外部中断 $\overline{INT0}$ 引脚是什么信号),此时与门的输出取决于 TR0 的状态。当 TR0=0 时,与门输出 0,控制端 S 没有闭合,T0 没有启动;当 TR0=1 时,与门输出 1,控制端 S 闭合,启动 T0,开始对脉冲进行计数。

GATE=1 时,图中的或门输出取决于外部中断 $\overline{INT0}$ 引脚的信号,当 $\overline{INT0}=0$,或门输出 0,此时与门的输出总是 0,T0 没有启动;当 $\overline{INT0}=1$,或门输出 1,此时与门的输出取决于 TR0 的输出,TR0=0,T0 没有启动,TR0=1,T0 启动。

【例 5 - 1】   若系统晶振频率为 $f_{osc}=12$ MHz,要求定时器 0 工作在方式 0 下实现 2 ms 的定时,试问送入 TH0 和 TL0 的值分别为多少?

解:由于系统晶振频率是 12 MHz,那么可以得出机器周期 $T_{cy}=1$ μs,此时定时器 0 工作在方式 0 下最大能够实现 8192 μs 的定时,题意中要求实现 2 ms 的定时,那么:

$X=2^{13}-2000=6192=1100000110000B$

此时根据方式 0 的规则，TH0＝11000001B，TL0＝00010000B。

方式 0 是为了与前一代的 48 系列单片机兼容而保留的，现较少使用。

5.2.2　方式 1

当 TMOD 中的 M1M0 设置为 01 时，定时器/计数器工作在方式 1 下，此时其结构如图 5-6 所示。

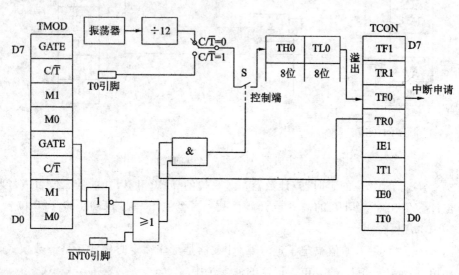

图 5-6　定时器/计数器方式 1 的逻辑结构图

方式 1 实现了 16 位的定时器/计数器，由 8 位的 TH0 和 8 位的 TL0 共同组成。当 TL0 的低 8 位计数溢出时，TH0 的高 8 位开始计数，直至溢出，并把 TCON 的 TF0 置 1，向 CPU 发送中断申请信号。从图中可以看出，其逻辑结构、操作及运行控制几乎与方式 0 完全一样，差别仅在于计数器的位数不同。

在方式 1 下，计数值与计数初值之间存在的关系（最大的计数值为 2^{16}，即 65 536）：

$$X=2^{16}-N$$

然后将计数初值送给 8 位 TH0 和 8 位 TL0。

【例 5-2】　若系统晶振频率为 $f_{osc}=3$ MHz，要求定时器 0 工作在方式 1 下实现 2 ms 的定时，试问送入 TH0 和 TL0 的值分别为多少？

解：由于系统晶振频率为 3 MHz，得到机器周期 T_{cy} 为 4 μs，此时可以知道定时器工作在方式 1 下能够实现的最大定时为 16 384 μs。题意中要求实现 2 ms 的定时，那么：

$X=2^{16}-2000/T_{cy}=65\ 036=1111\ 1110\ 0000\ 1100B$

此时根据方式 1 的规则，TH0＝1111 1110B，TL0＝0000 1100B。

5.2.3　方式 2

当 TMOD 中的 M1M0 设置为 10 时，定时器/计数器工作在方式 2 下，此时其结构如 5-7 所示。

方式 2 实现了 8 位自动重装定时器/计数器，由 8 位的 TH0 和 8 位的 TL0 实现。方式

0 和方式 1 最突出的特点是当计数溢出后，其计数器全为 0。也就是说，当要求循环定时或计数时，则需要对计数器反复的装入初值，会影响定时/计数的精度。方式 2 就解决了这个问题。

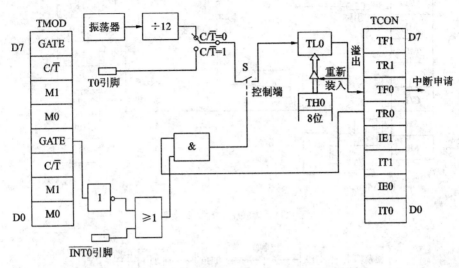

图 5-7　定时器/计数器方式 2 的逻辑结构

在方式 2 中，TH0 和 TL0 都装入 8 位的计数初值。当 TL0 计数溢出后，TCON 的 TF0 置 1，向 CPU 发出中断申请，与此同时，将 TH0 中的计数初值自动的装入 TL0 中，使 TL0 重新开始计数，直至 TR0 为 0。

由于方式 2 采用的是 8 位的定时/计数方式，因而最大的计数值为 2^8，即 256。如计数值为 N，则计数值与计数初值之间的关系为

$$X = 2^8 - N$$

这种方式相比于方式 0、方式 1 节省了重装初值指令的执行时间，更加精确的实现定时时间。适合用作较精确的定时和脉冲信号发生器，常用作串行口波特率发生器。

5.2.4　方式 3

方式 3 只适用于定时器/计数器 T0，定时器/计数器 T1 不能工作在方式 3 下。当 TMOD 中的 M1M0 设置为 11 时，如果 T1 工作于方式 3 下，相当于其 TCON 的 TR1＝0，停止计数。T0 工作于方式 3，其结构如图 5-8 所示。

在方式 3 下，T0 分成两个独立的 8 位计数器，分别为 TL0 和 TH0。从图 5-8 可以看出，TL0 是定时器/计数器，TH0 只能作为定时器。TL0 作为定时器/计数器时，使用了 T0 所有的控制位：C/$\overline{T}$、TF0、TR0、$\overline{INT0}$、GATE。TH0 作为定时器使用时，借用了 T1 的 TF1 位和 TR1 位。也就是说，TH0 是否启动受 T1 的 TR1 控制；TH0 如果溢出会使 TR1 置位。计数值与计数初值之间的关系与 T0 工作在方式 2 下是一样的。

可以看出，当 T0 工作在方式 3 时，T0 的 TH0 占用了 TR1 和 TF1，所以此时 T1 的控制位 TR1 和 TF1 不能使用，但 T1 的控制位 C/$\overline{T}$、M1、M0 仍然有效。当 T0 工作于方式 3 时，T1 可以工作在方式 0、方式 1、方式 2 下，作为串行口的波特率发生器。方式设定后，T1 自动工作，如要使其停止工作，仅需将其的工作方式设置为方式 3。

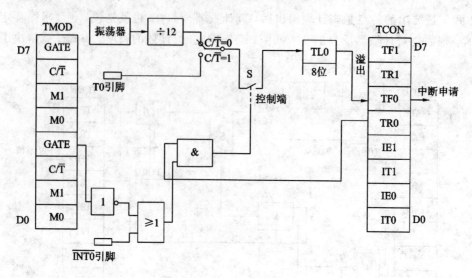

(a) TL0作为8位的定时器/计数器

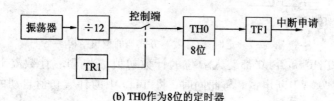

(b) TH0作为8位的定时器

图 5-8　定时器/计数器 T0 方式 3 的逻辑结构图

5.3　定时器/计数器 T2

在 52 子系列产品中，除了片内 ROM 和 RAM 的容量增加外，还多了一个定时器/计数器 T2，相应地增加了一个中断源 T2(中断入口地址 002BH)。

定时器/计数器 T2 具有 T0 和 T1 的基本功能的同时，还增加了 16 位自动重装方式、捕获方式、加减计数方式。52 子系列单片机中，并行 I/O 口 P1.0 和 P1.1 增加了第二功能，P1.0 可以作为 T2 的外部脉冲输入和定时脉冲输出；P1.1 可以作为 T2 捕获/重装方式的触发和检测控制端。

5.3.1　T2 的相关控制寄存器

1. 控制寄存器 T2CON

T2CON 寄存器的字节地址为 0C8H，既能进行字节寻址也能进行位的寻址，用于对定时器/计数器 T2 的各种功能进行控制，格式如图 5-9 所示。

	D7	D6	D5	D4	D3	D2	D1	D0
T2CON(0C8H)	TF2	EXF2	RCLK	TCLK	EXEN2	TR2	C/$\overline{T2}$	CP/$\overline{RL2}$

图 5-9　T2CON 的格式

TF2：定时器/计数器 T2 溢出中断标志位。T2 溢出时 TF2＝1，并向 CPU 申请中断，只能由软件对其进行清零。当 T2 作为波特率发生器使用时，即 RCLK＝1 或 TCLK＝1，T2 溢出时不对 TF2 置位。

EXF2：定时器/计数器 T2 外部中断标志位。当 EXEN2＝1 且 T2EX 引脚（即 P1.0）出现负跳变使得 T2 处于捕获或自动重装方式时，EXF2＝1 并向 CPU 申请中断。不过 EXF2 也只能通过软件来清除。

RCLK：串行口接收时钟标志位，只能通过软件来置位或清零。当 RCLK＝1 时，串行口接收时钟（方式 1 和方式 3）采用 T2 的溢出脉冲；当 RCLK＝0 时，接收时钟采用 T1 的溢出脉冲。

TCLK：串行口发送时钟标志位，只能通过软件来置位或清零。当 TCLK＝1 时，串行口的发送时钟（方式 1 和方式 3）采用 T2 的溢出脉冲来作为串行接收的波特率产生器；当 TCLK＝0 时，发送时钟采用 T1 溢出脉冲来作为串行接收的波特率产生器。

EXEN2：T2 的外部允许标志位，只能通过软件来置位或清零。当 EXEN2＝1 时，T2EX 引脚的负跳变触发 T2 捕获或自动重装动作；当 EXEN2＝0 时，T2EX 引脚的电平变化对 T2 无影响。

TR2：T2 运行控制位。当 TR2＝1 时，启动 T2；当 TR2＝0，停止 T2。

C/$\overline{T2}$：T2 的定时方式或计数方式选择位。当 C/$\overline{T2}$＝1 时，选择 T2 为计数器方式（下降沿触发）；当 C/$\overline{T2}$＝0 时，选择 T2 为定时器方式。

CP/$\overline{RL2}$：T2 的捕获或重装选择位。当 CP/$\overline{RL2}$＝1 时，选择 T2 工作于捕获方式；当 CP/$\overline{RL2}$＝0 时，选择 T2 工作于重装方式。

2. 工作方式寄存器 T2MOD

T2MOD 寄存器的字节地址为 0C9H，其中的 D0 和 D1 位是 T2 工作方式的设置，其格式如图 5-10 所示。

	D7	D6	D5	D4	D3	D2	D1	D0
T2MOD(0C9H)	-	-	-	-	-	-	T2OE	DCEN

图 5-10　T2MOD 的格式

T2OE：T2 输出允许位。当 T2OD＝1 时，允许定时时钟从 P1.0 口输出；当 T2OD＝0 时，禁止定时时钟从 P1.0 口输出。单片机复位时 T2OE＝0。

DCEN：计数方向控制允许位。当 DCEN＝1 时，由引脚 P1.1 的状态决定计数方向（P1.1＝1 时，减计数；P1.1＝0 时，加计数）；当 DCEN＝0 时，引脚 P1.1 的状态对计数方向无影响（采用默认的加计数）。单片机复位时 DCEN＝0。

5.3.2　T2 的工作方式

定时器/计数器 T2 有三种工作方式：捕获方式、自动重装方式、波特率发生器方式。

1. 捕获方式

当 T2CON 的 CP/$\overline{RL2}$＝1 时，T2 是捕获方式，其结构如图 5-11 所示。

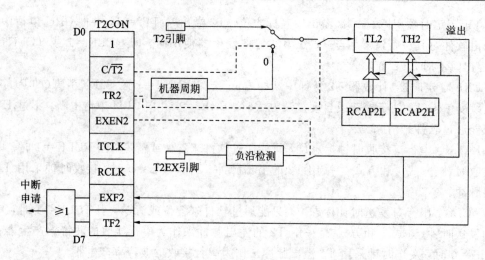

图 5-11　定时器/计数器 T2 的捕获方式

具体工作原理分析如下：

（1）当 EXEN=1 时，T2 完成普通定时器/计数器的功能，同时还增加了捕获的功能。当 T2EX 引脚（P1.1）外部输入信号发生了有效的负跳变时，会把 TL2 和 TH2 中的内容分别捕获到 RCAP2L 和 RCAP2H 中，并且使得 T2CON 中的 EXF2 置位，向 CPU 申请中断。

（2）当 EXEN=0 时，T2 就是一个普通的 16 位定时器/计数器。由 $C/\overline{T2}$ 的值决定 T2 是作为定时器还是计数器。当 $C/\overline{T2}=1$ 时，T2 作为计数器使用，对 T2 的外部输入引脚 P1.0 上的输入脉冲进行计数；当 $C/\overline{T2}=0$ 时，T2 作为定时器使用，对内部振荡脉冲进行 12 分频信号进行计数。

2. 自动重装方式

当 T2CON 的 $CP/\overline{RL2}=0$ 时，T2 是自动重装方式，其结构如图 5-12 所示。

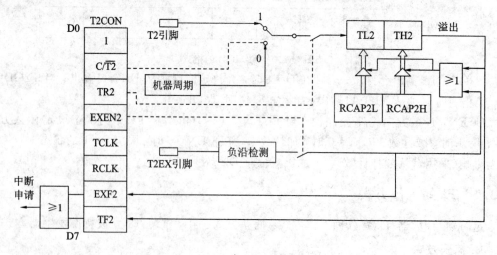

(a) 当DCEN=0

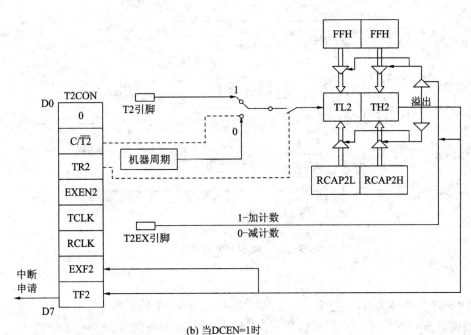

(b) 当DCEN=1时

图 5 - 12　自动重装方式

其工作原理分析如下：

(1) 当 DCEN＝0 时，T2 处于加计数和触发重装的状态。

EXEN2＝0 时，加计数使得 T2 溢出，溢出事件使 RCAP2L 和 RCAP2H 的数分别重装到 TL2 和 TH2 中，并且使 EXF2 置位，向 CPU 发出中断申请。

EXEN2＝1 时，由 T2EX 引脚(P1.0)上的负跳变信号触发 RCAP2L 和 RCAP2H 的数分别重装到 TL2 和 TH2 中，并且使 EXF2 置位，向 CPU 发出中断申请。

(2) 当 DCEN＝1 时，T2 处于加计数或减计数重装的状态。

T2EX(P1.1)＝0 时，T2 减计数，当 TL2 和 TH2 中的值与 RCAP2L 和 RCAP2H 中的值对应相等时，计数器溢出，将两个 FFH 分别加载到 TL2 和 TH2 中，并且使 EXF2 置位，向 CPU 发出中断申请。

T2EX(P1.1)＝1 时，T2 加计数，溢出事件使得 RCAP2L 和 RCAP2H 的数分别重装到 TL2 和 TH2 中，并且使 EXF2 置位，向 CPU 发出中断申请。

3. 波特率发生器方式

当 RCLK＝1 和 TCLK＝1 时，T2 可以用作串行口方式 1 和方式 3 的波特率发生器，波特率＝T2 溢出率/16，其结构如图 5 - 13 所示。

工作原理分析如下：

T2 的波特率发生器方式类似于自动重装方式，其 16 位数值由 RCAP2L 和 RCAP2H 装入。由于 T2 的溢出率是由 T2 的工作方式所确定。当 $C/\overline{T2}$＝0 时，其定时器方式使用的最多。此时，T2 的输入计数脉冲为振荡频率的二分频，溢出时，溢出事件控制 RCAP2L 和 RCAP2H 中的值重新装入 TL0 和 TH0 中，并开始重新计数，T2 的溢出率是不会发生变化的，因而串行口方式 1 和方式 3 的波特率也不会发生变化，即

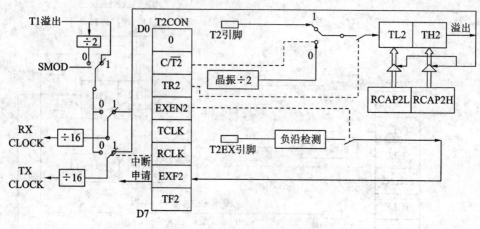

图 5-13　T2 波特率发生器方式

$$波特率 = \frac{振荡频率}{32 \times [65536 - 初值]}$$

T2 的溢出不能将 TF2 置位，因此，当 T2 工作于波特率发生器方式时不一定禁止中断，如果当 EXEN2＝1 时，T2EX(P1.0)引脚的电平出现负跳变仅能作为一个外部中断信号。

当 T2 作为波特率发生器被启动时，不允许对 TL2 和 TH2 进行读写，对 RCAP2L 和 RCAP2H 可以读但不可以写，如果要实现对 RCAP2L 和 RCAP2H 的写操作，只有在 T2 停止计数后，才可以实现。

5.4　定时器/计数器应用举例

MCS-51 系列单片机的两个定时器/计数器都是可编程的，在利用这两个定时器/计数器作为定时使用或者计数使用前，都需要对其进行初始化编程。

不管是运用于定时还是计数，其都需要完成的初始化过程如下：

(1) 分析定时器/计数器的工作方式，将方式控制字写入 TMOD 寄存器。

(2) 根据计数初值与计数值之间的关系，计算 T0 或 T1 中的计数初值，并将其写入 TH0、TL0 或 TH1、TL1。

(3) 根据需要开放 CPU 和定时器/计数器的中断，即对 IE 和 IP 寄存器编程。

(4) 启动定时器/计数器工作：若要求用软件启动，编程时对 TCON 中的 TR0 或 TR1 置位即可启动；若由外部中断引脚电平启动，则对 TCON 中的 TR0 或 TR1 置位后，还需给外部中断引脚加启动电平。

1. 方波信号的产生

1) 当定时时间比较小时(小于方式 1 能够实现的最大定时时间)

当时钟频率为 12 MHz 时，此时的机器周期为 1 μs。在定时器/计数器的四种工作方式中，方式 1 的定时时间最大，为 65.536 ms。

【例 5-3】　利用定时器/计数器 T0 工作在方式 1 下，实现 5 ms 的定时，并且能够在 P1.0 引脚上输出周期为 10 ms 的方波信号，分别采用中断方式和查询方式来实现，设系统的时钟频率为 12MHz，如图 5 - 14 所示。

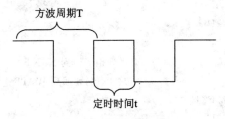

方波周期T

定时时间t

图 5 - 14　方波信号

解：从题意可知，时钟频率为 12 MHz，可以得出机器周期为 1 μs，要实现 5 ms 的定时，那么需要对机器周期计数 5000 次。输出周期为 10 ms 的方波信号，可用 T0 方式 1 定时 5 ms，使 P1.0 每隔 5 ms 取反一次，即可得到周期为 10 ms 的方波。

根据初始化的步骤得：

（1）根据题意，利用定时器/计数器 T0 实现，工作在方式 1 下，所以对工作方式寄存器 TMOD 设置为：01H；其中控制 T0 的四位 GATE=0，C/$\overline{\text{T}}$=0，M1MO=01。

（2）根据 T0 工作在方式 1 下，计数初值与计数值之间关系，即

$$X=2^{16}-N=65\ 536-5000=60\ 536$$

此时 TH0=1110 1100H，TL0=0111 1000H。

（3）如果是中断方式，则需要开放 CPU 总中断、开放 T0 中断。如果是查询方式，则不需要开放任何中断，这一步就省了。

（4）中断方式实现的程序如下：

```
        ORG    0000H        ;定位程序从 0000H 开始存放
        LJMP   MAIN         ;跳转到主程序
        ORG    000BH        ;定位 T0 的中断程序入口地址
        LJMP   T0S          ;跳转到中断服务程序
        ORG    0030H        ;主程序存放的入口地址
MAIN：  MOV    TMOD，#01H    ;写工作方式控制字
        MOV    TH0，#0ECH    ;根据要求，装入计数初值
        MOV    TL0，#78H
        SETB   ET0          ;开启 T0 中断
        SETB   EA           ;开启 CPU 中断
        SETB   TR0          ;启动 T0，开始计数
        SJMP   $            ;等待中断
T0S：   MOV    TH0，#0ECH    ;重装初值
        MOV    TL0，#78H
        CPL    P1.0         ;对 P1.0 引脚上的信号进行取反，产生方波信号
        RETI                ;中断返回
        END
```

（5）查询方式实现的程序如下：

```
        ORG    0000H
        LJMP   MAIN
        ORG    0030H
```

```
MAIN：MOV    TMOD，＃01H
      MOV    TH0，＃0ECH
      MOV    TL0，＃78H
      SETB   TR0
WAIT：JBC    TF0，NEXT        ；TF0＝1时，转到 NEXT
      SJMP   WAIT            ；TF0＝0，继续回到 WAIT 进行查询
NEXT：MOV    TH0，＃0ECH
      MOV    TL0，＃78H
      CPL    P1.0
      SJMP   WAIT
      END
```

2）定时时间比较大时（大于方式 1 能够实现的最大定时时间）

当需要定时时间比较大时，四种工作方式独立完成不了。有两种方法来实现，其一是通过两个定时器的级联，使其中的一个定时器产生周期信号（具体周期为多少，就要看具体的需求），然后将这个信号作为另一个计数器的计数脉冲，对其进行计数，实现定时。其二是通过一个定时器实现，用软件对其进行计数，实现定时。

【例 5－4】 利用定时器/计数器 T0 实现定时，从 P1.0 引脚输出周期为 2s 的方波信号，设系统的时钟频率为 12 MHz。

解：从题意可知，时钟频率为 12 MHz，可以得到机器周期为 1 μs。而需要得到周期为 2 s 的方波信号，则定时 1 s 后取反一次就可以得到了。定时 1 s，就要对机器周期进行计数 10^6 次，而仅仅利用 T0 的方式一完成不了，需要配合软件计数来实现。这里设 T0 实现的定时为 10 ms，软件对其进行计数 100 次。

（1）据题意，利用定时器/计数器 T0 实现，工作在方式 1 下，所以对工作方式寄存器 TMOD 设置为：01H；其中控制 T0 的四位 GATE＝0，C/$\overline{T}$＝0，M1M0＝01。

（2）根据 T0 工作在方式 1 下，计数初值与计数值之间关系，得

$$X＝2^{16}－N＝65536－10000＝55536＝D8F0H$$

那么此时，TH0＝0D8H，TL0＝0F0H。

（3）如果是中断方式，则需要开放 CPU 总中断、开放 T0 中断。如果是查询方式，则不需要开放任何中断，这一步就省了。（这里采用中断方式）

（4）实现的程序如下：

```
      ORG    0000H            ；定位程序从 0000H 开始存放
      LJMP   MAIN             ；跳转到主程序
      ORG    000BH            ；定位 T0 的中断程序入口地址
      LJMP   T0S              ；跳转到中断服务程序
      ORG    0030H            ；主程序存放的入口地址
MAIN：MOV    TMOD，＃01H      ；写入工作方式控制字
      MOV    TH0，＃0D8H      ；写入计数初值
      MOV    TL0，＃0F0H
      MOV    R2，＃100        ；对定时时间计数 100 次
      SETB   ET0              ；开放 T0 中断和总中断
      SETB   EA
```

```
         SETB    TR0
LOOP：DJNZ   R2, TOS
         MOV     R2, ♯100
         CPL     P1.0
TOS：  MOV     TH0, ♯0D8H
         MOV     TL0, ♯0F0H
         SETB    TR0
         RETI
         END
```

2. LED 灯延时闪烁

【例 5 - 5】　试利用定时器/计数器 T1 来完成精确定时 1 s 来控制 LED 灯以秒为单位惊醒延时闪烁。并且已知时钟频率为 12 MHz。

解：根据所已知的时钟频率为 12 MHz，得到机器周期为 1 μs。要完成 1 s 的定时，那么在定时工作模式下，三种工作方式的最大定时时间分别为：方式 0 下，最大定时时间为 8.192 ms；方式 1 下，65.536 ms；方式 2 下，0.256 ms。可见，最接近定时时间 1s 的就是方式 1 了。

选择方式 1，设置定时时间为 10 ms，对定时时间进行软件计数 100 次，使 LED 灯亮；再对 10 ms 的定时时间进行计数 100 次，使 LED 灯灭。循环工作，就达到了 1s 延时闪烁的效果了。程序如下所示（选择硬件定时 10 ms，设置一计数单元，存放计数值 100，循环定时 100 次）：

```
         ORG   0000H
         LJMP    MAIN
         ORG   001BH
         LJMP    TIMER
MAIN：  MOV   R0, ♯100        ；存放计数值 100
         MOV   TMOD, ♯10H
         MOV   TL1, ♯0F0H
         MOV   TH1, ♯0D8H
         SETB   ET1
         SETB   EA
         SETB   TR1
         CLR    P1.0
         SJMP    $
TIMER：MOV   TL1, ♯0F0H
         MOV   TH1, ♯0D8H
         DJNZ   R0, NEXT
         MOV   R0, ♯100
         CPL    P1.0
NEXT：RETI
         END
```

3. 脉冲信号宽度测量

脉冲信号宽度的测量主要是利用门控信号 GATE 位。当 GATE=0 时，计数器是否启动仅由 TR0 来决定；当 GATE＝1 时，计数器是否启动取决于外部中断引脚和 TR0 的高低电平来决定。所以，在这种方式下，可以用来测量外部中断引脚上的正脉冲的宽度。

【例 5－6】 试编程实现对外部中断 1 引脚出现的正脉冲信号的测量，并且将测量之后的结果以机器周期的形式存放在 40H 和 41H 中，如图 5－15 所示。

解：要实现对其正脉冲信号的测量，这里选择计数器 T1，并将其设置为工作在方式 1 下（这种方式下计数最大），GATE＝1，计数器初值设为 0，TR1＝1 启动 T1。当外部引脚 1 上出现高电平，此时计数器开始对机器周期进行计数，当外部引脚 1 上出现低电平，计数器停止计数。

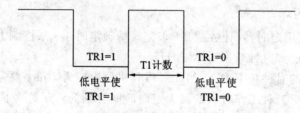

图 5－15　脉冲信号测量

具体编写程序如下：

```
        ORG    0000H
        LJMP   MAIN
        ORG    0100H
MAIN：  MOV    TMOD, #90H      ;设置工作方式控制字
        MOV    TH0, #00H       ;计数初值设为 0
        MOV    TL0, #00H
        MOV    R0, #40H        ;最后的结果存放在 40H 和 41H 中
LOOP0： JB     P3.3, LOOP0     ;高电平等待
        SETB   TR1             ;当 P3.3＝0 时，使 TR1＝1
LOOP1： JNB    P3.3, LOOP1     ;等待 P3.3＝1
LOOP2： JB     P3.3, LOOP2     ;P3.3＝1，启动 T1，开始计数，直到 P3.3＝0
        CLR    TR1             ;当 P3.3＝0，T1 停止计数
        MOV    @R0, TL1        ;结果存放
        INC    R0
        MOV    @R0, TH1
        SJMP   $
        END
```

能力训练五　定时器/计数器的应用

1. 训练目的

（1）熟悉单片机定时器工作原理，掌握定时器的初始化过程，学会定时器初值的求解方法。

（2）熟悉定时器/计数器的常见应用。

2. 实验设备

PC 一台(已安装 Keil μVision2 软件、Proteus 软件),单片机实验箱一套。

3. 训练内容一

(1) 按照图 5-16 所示的电路图,在实验箱上连接好电路。

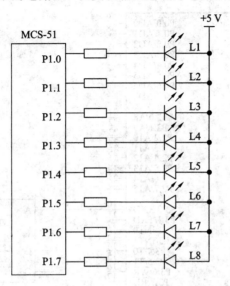

图 5-16　彩灯控制电路

(2) 编写程序,利用单片机内部定时器 1,控制 8 个 LED 按下述方式循环显示:

开机后第 1 秒钟 L1~L4 亮,第 2 秒钟 L5~L8 亮,第 3 秒钟 L1、L3、L5、L7 亮,第 4 秒钟 L2、L4、L6、L8 亮,第 5 秒钟 8 个二极管全亮,第 6 秒钟全灭。

4. 训练内容二

(1) 在 Keil 软件中录入源程序 t_0.asm,编译通过,并生成 t_0.hex 输出文件。

源程序 t_0.asm:

```
        ORG   0000H
        LJMP    MAIN
        ORG     000BH
        CPL   P3.0
        RETI
        ORG    0100H
MAIN: MOV    TMOD, 02H
        MOV    TH0, #06H
        MOV    TL0, #06H
        SETB    EA
        SETB    ET0
        SETB    TR0
        SJMP    $
        END
```

(2) 根据所学指令知识,分析源程序 t_0.asm 每行指令的含义以及单片机执行该程序后的结果。

（3）在 Proteus 软件中完成图 5-17 所示电路设计。

（4）将 t_0.hex 文件加载到单片机中，观察仿真结果。

（5）比较理论分析结果与仿真结果是否一致，如不一致，找出原因。

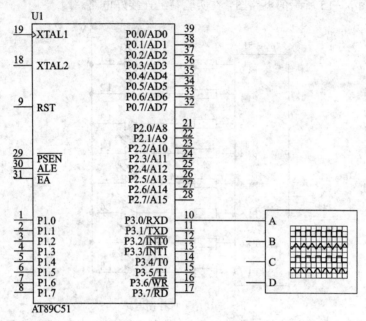

图 5-17　方波信号发生器电路

5. 实验总结

（1）定时计数器的初始化包括哪些步骤？

（2）为什么需要求解计数初值？怎样求解？

知识测试五

一、填空题

1. MCS-51 单片机的定时器/计数器，对____计数，是计数器；对____计数，是定时器。

2. 若将定时器/计数器用于计数方式，则外部事件脉冲必须从____引脚输入，且外部脉冲的最高频率不能超过时钟频率的_____。

3. 假定定时器 T1 工作在方式 2，单片机的时钟频率为 3 MHz，则最大的定时时间为_____。

4. 当定时器 T0 工作在方式_____时，要占定时器 T1 的 TR1 和 TF1 两个控制位。

5. 在 MCS-51 单片机中，定时器 T0 有____种工作方式，而 T1 有_____种工作方式。

二、选择题

1. 定时器/计数器 T0 在 GATE = 1 时运行的条件有（　　）。

A. P3.2 = 1　　　B. 设置好定时初值　　　C. TR0 = 1　　　D. T0 开中

2. 在下列寄存器中，与定时器/计数器控制无关的是（　　）。

A. TCON　　　　B. SCON　　　　C. IE　　　　D. TMOD

3. 与定时工作方式 0 和 1 相比较，定时工作方式 2 不具备的特点是（　　）。

A. 计数溢出后能自动恢复计数初值　　　B. 增加计数器的位数

C. 提高了定时的精度　　　　　　　　　D. 适于循环定时和循环计数

4. 在 MCS-51 单片机中，当 T1 在作为定时器使用时，输入的时钟脉冲是由晶体振荡器的输出经（　　）分频后得到的。

A. 2　　　　　　B. 6　　　　　　C. 12　　　　　　D. 24

三、程序设计

1. 假设 MCS-51 单片机系统的时钟频率为 6 MHz，试编程实现利用定时器/计数器 T0 和 P1.2 引脚输出矩形脉冲，其波形如图 5-18 所示。

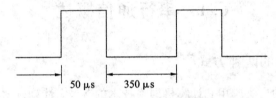

50 μs　　350 μs

图 5-18　题 1 的波形图

2. 并行 I/O 口 P1.0 接一个发光二极管，由定时器 0 控制，用于演示 1 秒钟亮、1 秒钟暗的效果，电路图如图 5-19 所示。

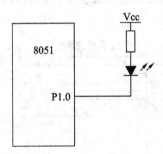

Vcc

8051

P1.0

图 5-19　题 2 的电路图

3. 在 MCS-51 单片机中，已知时钟频率为 12 MHz，请编程使 P1.0 和 P1.1 分别输出周期为 2 ms 和 500 μs 的方波。

4. 在 MCS-51 系统中，一直振荡频率为 12 MHz，用定时器/计数器 T1，编程实现从 P1.0 产生周期为 2s 的方波。

四、简答题

1. 8051 单片机内部有几个定时器/计数器？它们是由哪些特殊功能寄存器组成的？

2. 定时器/计数器的 4 种工作方式各有何特点？如何选择、设定？

3. 定时器/计数器的四种工作方式各自的计数范围是多少？如果要计 10 个单位，不同的方式初值分别为多少？

4. 设振荡频率为 12 MHz，如果用定时器/计数器 T0 产生周期为 100 ms 的方波，可以选择哪几种方式？其初值分别设为多少？

第6章　MCS-51单片机的串行接口

MCS-51单片机片内集成了一个全双工通用异步串行口（Universal Asynchronous Receive/Transmitter，UART）。MCS-51单片机与外部设备进行通信时有两种方式：并行通信和串行通信。当采用串行通信的方式进行通信时，需要通过串行口来实现。

所谓全双工通用异步串行口，就是说该口可以同时进行接收数据和发送数据，是由于其内部的接收缓冲器和发送缓冲器都是完全独立的。

6.1　串行通信概述

6.1.1　计算机通信的两种方式

随着多微机系统的广泛应用和计算机网络技术的普及，计算机的通信功能愈来愈显得重要。计算机通信是将计算机技术与通信技术相结合，实现计算机与外部设备或计算机与计算机之间的信息的交换。计算机的通信有两种方式：并行通信和串行通信。

并行通信是将数据字节的各位用多条数据线同时进行传送，其收发设备连接线路如图6-1所示。

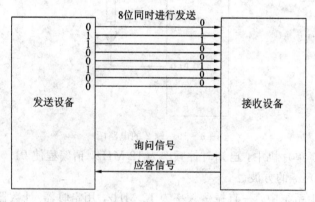

图6-1　并行通信收发设备连接线路示意图

从图6-1中可以看到，在进行并行通信时，需要传送的数据位有多少位，就需要多少根数据线。同时，除了数据位以外还需要两根通信联络控制线：询问线和应答线。在发送数据前，发送设备需要向接收设备发送询问信号：看接收设备是否准备就绪；当数据接收到后，接收设备同样需要向发送设备发送应答信号：接收设备已经接收完成。

并行通信的特点：控制简单、传输速度快。但是由于传输线路比较多，当进行远距离传输时成本较高、线路较复杂、容易出现错误。所以并行通信适用于近距离、传送速度高的场合。

当传输的距离大于 30 m 时，一般情况选择串行通信。串行通信是将数据字节一位一位的形式在一条传输线上逐个的传送。其收发设备连接线路如图 6-2 所示。

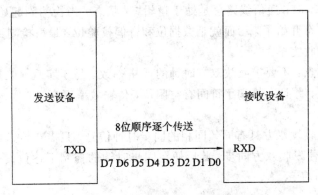

图 6-2　串行通信收发设备连接线路示意图

在进行串行通信中，数据发送设备先将需要发送的数据由并行形式转换为串行形式，然后再一位一位地放在传输线上顺序传送。在接收设备上，又将接收到的串行形式数据转换成并行形式。

串行通信具有控制较复杂、传输速度慢等缺点，但其传输线路少、抗干扰能力强、成本低，适合长距离传送。

6.1.2　串行通信的基本概念

1. 串行通信的方式

对于串行通信，数据信息和控制信息都是通过一条线上进行传送的。根据发送设备和接收设备时钟的配置方式可以把串行通信分为：异步通信和同步通信。

1) 异步通信

异步通信是指发送设备和接收设备在使用的过程中是使用各自的时钟控制发送和接收过程。为使双方能够收发协调，要求发送设备和接收设备的时钟频率尽可能一致。

异步通信是以字符（构成的帧）为单位进行传送，字符与字符之间的间隙（时间间隔）是任意的，但是每个字符中的各位是以固定的时间间隔进行传送的。通过使传送的每一个字符都以起始位"0"开始，以停止位"1"结束从而让发送设备和接收设备能够在收发数据上尽可能的实现同步（误差在允许的　范围内）。异步通信的帧格式如图 6-3 所示。

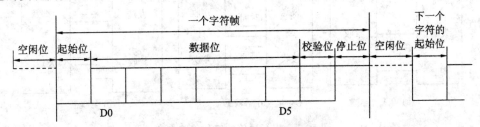

图 6-3　异步通信的帧格式示意图

从图 6-3 可以看出，异步通信的每一帧数据由四个部分组成：起始位（1 位）、数据位（5~8 位）、奇偶校验位（1 位，也可以没有校验位）、停止位（1 位）。图中所示的是由 1 位起始位、6位数据位、1位奇偶校验位、1位停止位，总共9位组成了一个传输的字符。

数据进行传送时需要满足低位在前、高位在后。字符之间允许有不定长度的空闲位。在发送间隙，即空闲时，通信线路总是处于逻辑"1"状态。当检测到起始位为"0"时，便告诉接收设备传送字符开始了，后面就是数据位和奇偶校验位，最后检测到停止位为"1"，表示一个字符已经接收完毕。

异步通信的特点：不要求收放双方时钟的严格一致，易于实现，但是每个字符都要求有起始位和停止位，并且字符和字符间有空闲位，传输效率不高。

2）同步通信

同步通信要求收发双方具有同频同相的同步时钟信号，只需在传送数据的最前面附加特定的同步字符，使发收双方同步，此后便在同步时钟的控制下逐位发送或接收。同步通信的格式如图6-4所示。

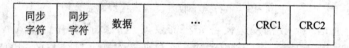

图6-4　同步通信的格式示意图

为了表示数据传输的开始，发送设备先发送一个或两个特殊字符，该字符称为同步字符。当发送设备和接收设备达到同步后，就可以一个字符接一个字符地发送一大块数据，而不再需要用起始位和停止位了，这样可以明显地提高数据的传输速率。

采用同步方式传送数据时，在发送过程中，收发双方还必须用一个时钟进行协调，用于确定串行传输中每一位的位置。接收数据时，接收设备可利用同步字符使内部时钟与发送设备保持同步，然后将同步字符后面的数据逐位移入，并转换成并行格式，供CPU读取，直至收到结束符为止。

2. 串行通信的传输方向

串行通信根据数据传输的方向和时间关系可以分为：单工、半双工和全双工，如图6-5所示。

单工：指数据传输仅能沿一个方向，不能实现反向传输，如图6-5(a)所示。

半双工：指数据传输可以沿两个方向，但是要分时进行，如图6-5(b)所示。

全双工：指数据传输可以同时进行双向传输，如图6-5(c)所示。

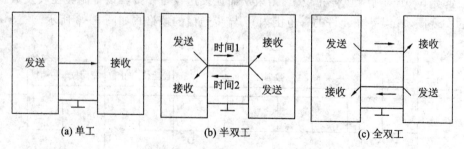

图6-5　串行通信的三种传输方向

3. 串行通信的错误校验

在通信过程中，往往需要对传送的数据是否正确进行校验。常用的校验方法有奇偶校验以及代码和校验。

1) 奇偶校验

在传送的数据中，数据位尾随的 1 位为奇偶校验位。奇校验时，数据中"1"的个数与校验位"1"的个数之和应为奇数；偶校验时，数据中"1"的个数与校验位"1"的个数应为偶数。接收字符时，对"1"的个数进行校验，若发现与约定的不一致，则说明传送数据过程中出现了差错。

2) 代码和校验

代码和校验是发送设备将所发数据块求和(或各字节异或)，将产生一个字节的校验字符附加到数据块末尾。接收方接收数据的同时对数据块(除校验字节外)求和(或各字节异或)，将所得的结果与发送设备的"校验字符"进行比较，相符则无差错，否则即认为传送过程中出现了差错。

4. 波特率

波特率(也称为比特率)是指单位时间内传送的信息量，即每秒钟传送的二进制位数，单位是位/秒，即 bit/s(bps)。波特率越高，传送速度也就越快。字符的传输速率是指每秒钟内所传送的字符帧数，与字符的格式息息相关。常见标准的波特率是：110 bit/s、300 bit/s、600 bit/s、1200 bit/s、2400 bit/s、4800 bit/s、9600 bit/s 等。

例如，在异步通信中，字符中包括 1 位起始位、7 位数据位、1 位奇偶校验位、1 位停止位，要求数据传送的速率是每秒 30 个字符，那么传送的波特率为 300b/s。

5. 串行通信中的协议

通信协议就是单片机之间进行信息传送之前的一些约定，约定的内容大致包括：数据格式、同步方式、波特率、校验方式等。

6.1.3　串行通信中常用的接口标准

采用标准接口，可以方便地把计算机、外围设备和测量仪器等有机地联系起来，并且能够实现其间的通信。常用的串行通信接口标准有：RS - 232C、RS - 485、RS - 422A 等总线接口。

1. RS - 232C 接口

RS - 232C 是美国电子工业协会(Electrical Industrial Association，EIA)于 1993 年提出的串行通信接口标准，主要用于模拟信道传输数字信号的场合。RS - 232C 定义了数据终端设备(DTE)与数据通信设备(DCE)之间的物理接口标准。

RS - 232C 采用负逻辑，将 $-3 \sim -15$ V 规定为逻辑"1"，$+3 \sim +15$ V 规定为逻辑"0"，介于 $-3 \sim +3$ V 之间的电压无意义，低于 -15 V 或高于 $+15$ V 的电压也认为无意义，因此，实际工作时，应保证电平在 $\pm(3 \sim 15)$ V 之间。最高传输率为 19.2 kb/s，传输距离一般不超过 15 m。RS - 232C 采用标准的 DB - 25 连接器，也可采用 DB - 9 连接器，如图 6 - 6 所示。

采用 RS - 232C 接口存在的问题：传输距离短，传输速率低；有电平偏移，通信距离较大时，收发双方的地电位差别较大，在信号地上将有较大的地电流并产生压降；抗干扰能力差，其在电平转换时采用单端输入输出，在传输过程中有干扰和噪声混在正常的信号中。

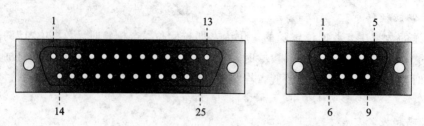

图 6-6　DB-25 和 DB-9 连接器示意图

2. RS-422A 接口

RS-422A 标准全称是"平衡电压数字接口电路的电气特性",它定义了接口电路的特性。由于接收器采用高输入阻抗和发送驱动器比 RS-232C 更强的驱动能力,故允许在相同传输线上连接多个接收节点,最多可接 256 个节点,即一个主设备(Master),其余为从设备(Slave),从设备之间不能通信,所以 RS-422A 支持点对多的双向通信,接口示意图如图 6-7 所示。从图中可以看出,双向输出有 4 根线,实际上还有一根信号地线,共 5 根线。RS-422A 输出驱动器为双端平衡驱动器。如果其中一条线为逻辑"1"状态,另一条线就为逻辑"0"状态,比采用单端不平衡驱动对电压的放大倍数大一倍。差分电路能从地线干扰中获取有效信号,差分接收器可以分辨 200 mV 以上电位差。若传输过程中混入了干扰和噪声,由于差分放大器的作用,可使干扰和噪声相互抵消。因此可以避免或大大减弱地线干扰和电磁干扰的影响。RS-422A 传输速率为 90 kb/s 时,传输距离可达 1200 m。

RS-422A 与 RS-232C 相比,信号传输距离更远、速度更快。

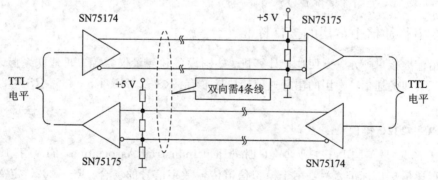

图 6-7　RS-422A 接口示意图

3. RS-485 接口

RS-485 是 RS-422A 的变型:RS-422A 用于全双工,而 RS-485 则用于半双工。其接口示意图如图 6-8 所示。

RS-485 是一种多发送器标准,在通信线路上最多可以使用 32 对差分驱动器或接收器。如果在一个网络中连接的设备超过 32 个,还可以使用中继器。

RS-485 有两线制和四线制两种接线方式,四线制只能实现点对点的通信方式,很少使用,现在多采用的是两线制接线方式。RS-485 的信号传输采用两线间的电压来表示逻辑 1 和逻辑 0,并且采用差分信号负逻辑,+2～+6 V 表示"0"状态,-2～-6 V 表示"1"

状态。由于发送设备需要两根传输线，接收设备也需要两根传输线，传输线采用差动信道，所以它的干扰抑制性极好。又因为它的阻抗低，无接地问题，所以传输距离可达1200 m，传输速率可达 1 Mb/s。

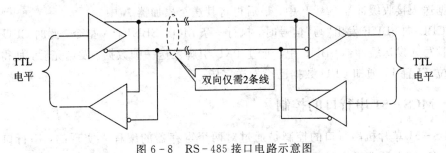

图 6-8 RS-485 接口电路示意图

6.2 串行口结构及控制

MCS-51 单片机内的串行通信接口是一个全双工通用异步串行口(UART)。该串行通信接口还可以作为同步移位寄存器使用，其帧长度可以是 8 位、10 位或 11 位，通过TXD 和 RXD 两个引脚与外界进行通信。

6.2.1 MCS-51 串行口的结构

MCS-51 单片机串行口内部结构如图 6-9 所示。从图中可以看出，结构里包含两个物理上独立的发送缓冲器 SBUF 和接收缓冲器 SBUF，两者共用同一地址 99H，可以同时进行发送数据和接收数据。CPU 通过不同的操作指令来区分两个寄存器，而不会由于同一地址出现混乱。

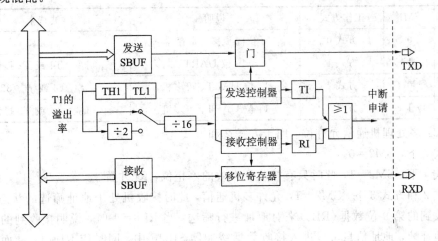

图 6-9 串行口内部结构示意图

发送缓冲器 SBUF 只能写入，不能读出；接收缓冲器 SBUF 只能读出，不能写入。此时，定时器/计数器 T1 作为波特率发生器使用，T1 的溢出率是先进行 2 分频或不分频再进行 16 分频而得到系统的移位时钟。

串行口的启动由 CPU 对 SBUF 进行读或写。当 CPU 向 SBUF 发出"读"信号时，执行一条 MOV A，SBUF 指令，此时接收控制器在接收脉冲的作用下，对 RXD 引脚进行检测，直到检测到起始位后，就连续接收一帧数据并且自动的去掉起始位，将有效的数据位逐位的移进移位寄存器中，控制接收器将 RI 置 1，通知 CPU 数据已经移入到移位寄存器中了，再将数据送入接收缓冲器 SBUF 中，最后再将其送至累加器 A 中。

当 CPU 向 SBUF 发出"写"信号时，执行一条 MOV SBUF，A 指令，此时 CPU 将准备好的数据写入发送缓冲器 SBUF 中，通过 TXD 引脚发送一帧数据。发送完后，使得发送中断标志位 TI 置 1，通知 CPU 数据已经发送完毕。

6.2.2　MCS - 51 串行口的控制

MCS - 51 单片机串行口的控制是通过对两个寄存器的编程来实现的：串行口控制寄存器 SCON 和电源选择寄存器 PCON。

1. 串行口控制寄存器 SCON

SCON 是一个特殊功能控制器，字节地址为 98H，能够进行位寻址（位地址 98H～9FH）。SCON 是用来设定串行口的工作方式、接收/发送控制位以及设置状态标志位，其格式如图 6 - 10 所示。

	D7	D6	D5	D4	D3	D2	D1	D0
SCON(98H)	SM0	SM1	SM2	REN	TB8	RB8	TI	RI

图 6 - 10　SCON 的格式

SM0、SM1：串行口工作方式选择位。根据编码共有四种工作方式可供选择，如表 6 - 1 所示。

表 6 - 1　串行口工作方式的选择位 SM0、SM1

SM0	SM1	工作方式	说明	波特率
0	0	方式 0	8 位同步移位寄存器	$f_{osc}/12$
0	1	方式 1	10 位 UART	可变，T1 或 T2 提供
1	0	方式 2	11 位 UART、可多机	$f_{osc}/64$ 或 $f_{osc}/32$
1	1	方式 3	11 位 UART、可多机	可变，T1 或 T2 提供

SM2：多处理机通信允许位。用于方式 2 和方式 3。

方式 0 下，SM2=0。

方式 1 下，SM2=1，此时只有接收到有效的停止位，RI 才置 1。

方式 2 和方式 3 下，SM2=1，允许多机通信，此时接收机处于地址筛选的状态。可以利用接收到的第 9 位数据（RB8）来对地址进行筛选：当 RB8=1 时，说明接收到的这一帧数据是地址帧，地址信息可以进入接收数据缓冲器 SBUF 中，同时使 RI=1，从而在中断服务程序中对其与地址号进行比较；当 RB8=0 时，说明接收到的这一帧数据不是地址帧，则直接丢弃，RI 仍旧为 0。

SM2=0 时，不允许进行多机通信。不管接收到的第 9 位数据（RB8）是 0 还是 1，都可以将数据送入接收数据缓冲器 SBUF 中，同时使 RI=1，一般这种情况总是将第 9 位数据作为检验位来使用。

REN：允许串行接收位。当 REN=1 时，允许串行接收；当 REN=0 时，禁止串行接收。可用软件置位和清零。

TB8：方式 2 和方式 3 中发送数据的第 9 位。可以用作奇偶校验位也可以作为地址帧/数据帧的标志位。方式 0 和方式 1 不使用此位。

RB8：方式 2 和方式 3 中接收数据的第 9 位。可以用作奇偶校验位也可以作为地址帧/数据帧的标志位。方式 0 下，不用 RB8(SM2=0)；方式 1 下，也不用 RB8(SM2=0，进入 RB8 的是停止位)。

TI：发送中断标志位。在方式 0 中，当串行发送第 8 位数据结束时，或者在其他三种方式下，串行发送停止位时，由硬件使 TI 位置 1，向 CPU 发出中断申请。在中断服务程序中，必须用软件对其清零，取消中断申请。

RI：接收中断标志位。在方式 0 中，当串行接收到第 8 位数据结束时，或者在其他三种方式下，串行接收停止位时，由硬件使 RI 位置 1，向 CPU 发出中断申请。在中断服务程序中，必须用软件对其清零，取消中断申请。

2. 电源控制寄存器 PCON

PCON 主要是为单片机的电源控制而设置的专用寄存器，其字节地址为 87H，不能进行位寻址，其中只有一位 SMOD 与串行口有关，格式如图 6-11 所示。

	D7	D6	D5	D4	D3	D2	D1	D0
PCON(87H)	SMOD	–	–	–	GF1	GF0	PD	IDL

图 6-11　PCON 的格式

SMOD：波特率加倍位。当 SMOD=0 时，波特率不加倍；当 SMOD=1 时，波特率加倍。在方式 1、方式 2、方式 3 下，波特率与 SMOD 有关。复位时，SMOD=0。

GF1、GF0：两个通用工作标志位，用户可以自由使用。

PD：掉电模式设定位。当 PD=0 时，单片机处于正常工作状态；当 PD=1 时，单片机处于掉电模式，可由外部中断或硬件复位模式唤醒，进入掉电模式后，外部晶振停振，CPU、定时器、串行口全部停止工作，只有外部中断工作。在该模式下，只有硬件复位和上电能够唤醒单片机。

IDL：空闲模式设定位。当 IDL=0 时，单片机处于正常工作状态；当 IDL=1 时，单片机进入空闲模式，除 CPU 不工作外，其余仍继续工作，在空闲模式下可以由任何一个中断或硬件复位唤醒。

6.3　串行口工作方式

正如前面已经提到的，MCS-51 单片机串行口的工作方式由 SM0 和 SM1 位决定，可设置成方式 0、方式 1、方式 2、方式 3 共四种工作方式。

6.3.1　方式 0

当 SM0、SM1 设置为 00 时，串行口工作在方式 0 下，这种方式串行口是作为 8 位同步移位寄存器，数据传输的波特率固定为 $f_{osc}/12$。数据由 RXD 引脚输入或输出，同步移位时钟由 TXD 引脚输出。发送/接收的数据都是 8 位，数据传输时遵循的原则：低位在前，高位在后。其传输的字符帧格式如图 6-12 所示。

图 6-12 字符帧格式

1. 发送过程

当 CPU 执行一条将数据写入数据缓冲器 SBUF 的指令 MOV SBUF，A 时，启动串行口的发送过程。写入指令后，经过一个完整的机器周期 T_{cy}，当发送脉冲有效后，移位寄存器的内容逐个送到 RXD(P3.0)引脚串行移位输出。移位脉冲由 TXD(P3.1)引脚输出，它使得 RXD 引脚上输出的数据能够移入外部移位寄存器中。

当数据最高位移出移位寄存器的输出位时，再移位一次就完成了一个字节的输出，此时使得中断标志位 TI 置 1。如果还要发送下一个字节数据，就需要用软件将 TI 清零。方式 0 发送过程的时序如图 6-13 所示。

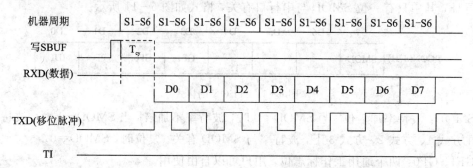

图 6-13 方式 0 发送过程的时序

串行口要扩展并行输出时，需要"串入并出"的移位寄存器的配合，比如 74HC164 或 CD4094。74HC164 与单片机的线路连接如图 6-14 所示。从图中可以看出，单片机的串行口工作在方式 0 下，可以通过外接串行输入并行输出的移位寄存器来实现"串入并出"扩展串行口。TXD 作为移位脉冲输出口，RXD 作为串行数据的输出口。

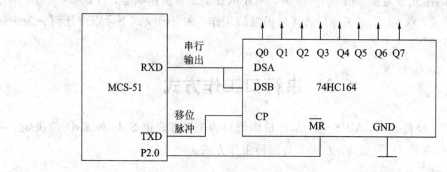

图 6-14 方式 0 下扩展并行输出口的线路连接

DSA 和 DSB 是互为选通控制的串行输入端：数据通过两个输入端之一串行输入，任一输入端可以用作高电平使能端,控制另一输入端的数据输入;两个输入端或者连接在一起,或者把不用的输入端接高电平,一定不能悬空。$\overline{MR}$引脚为主复位输入端,低电平有效。

2. 接收过程

当 REN=1,且接收中断标志位 RI=0 时,启动接收过程。经过一个完整的机器周期 T_{cy} 后,当发送脉冲有效后,数据由 RXD(P3.0)引脚输入,移位脉冲由 TXD(P3.1)输出。在最后一次移位即将结束时,将接收移位寄存器的内容送入接收数据缓冲器 SBUF 中,并且使接收中断标志位 RI 置 1。如果还要接收下一个字节数据,就要用软件将 RI 清零。方式 0 接收过程的时序如图 6-15 所示。

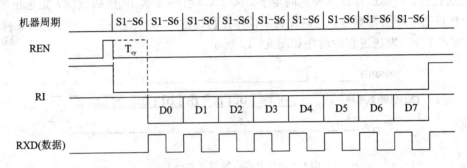

图 6-15　方式 0 接收过程的时序

串行口要扩展并行输入串行输出时,需要"并入串出"的移位寄存器的配合,比如 74HC165。74HC165 与单片机的线路连接如图 6-16 所示。

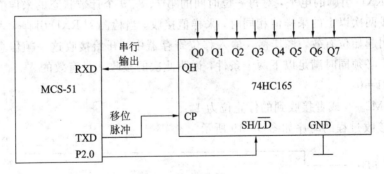

图 6-16　方式 0 下扩展并行输入口的线路连接

QH 为串行移位输出引脚:74HC165 移出的串行数据 QH 经由 RXD 端串行输入,同时由 TXD 端提供移位时钟脉冲 CP。SH/$\overline{LD}$ 是移位/置数引脚:当 SH/$\overline{LD}$=0 时,允许并行输入;当 SH/$\overline{LD}$=1 时,允许串行移位。

6.3.2　方式 1

当 SM0、SM1 设置为 01 时,串行口工作在方式 1。在这种方式下,串行口作为 10 位异步通信口,数据传输的波特率由 T1 的溢出率决定。TXD 引脚和 RXD 引脚分别用来发送数据和接收数据。发送/接收的数据都是 10 位:1 位起始位(0)、8 位数据位、1 位停止位(1)。数据传输时遵循的原则:低位在前,高位在后。其传输的字符帧格式如图 6-17 所示。

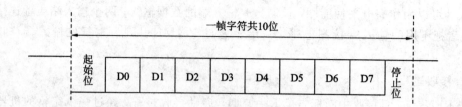

图 6-17　字符帧格式

1. 发送过程

当 CPU 执行一条将数据写入数据缓冲器 SBUF 的指令 MOV SBUF，A 时，启动串行口的发送过程。当发送移位脉冲的同步下，从 TXD 引脚发送 10 位的数据，先送出的是起始位，然后是 8 位的数据位，最后发送 1 位停止位。当 10 位数据发送完毕后，由软件使 TI 置 1。方式 1 下，发送过程的时序如图 6-18 所示。

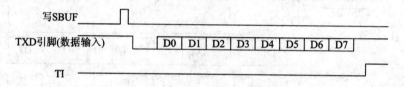

图 6-18　方式 1 发送过程的时序

2. 接收过程

当 REN＝1，且接收中断标志位 RI＝0 时，启动接收过程。接收器以选择波特率的 16 倍速率采样 RXD 引脚的电平，对每一位时间的第 7、8、9 个计数状态的采样值用多数表决法，当两次或两次以上的采样值相同时，采样值接收，当检测到 RXD 引脚输入电平发生负跳变时，说明起始位有效，将其移入输入移位寄存器中，开始接收这一帧信息。当一帧信息接收完毕，必须同时满足以下两个条件，说明此次的接收才是有效的。

第一，RI＝0；

第二，SM2＝0 或者接收到的停止位为 1。

方式 1 接收过程的时序如图 6-19 所示。

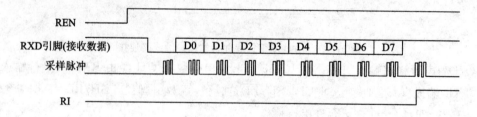

图 6-19　方式 1 接收过程的时序

接收过程中，接收到的位从右边移入，当起始位移到最左边时，接收控制器将控制进行最后一次移位，把接收到的 9 位数据送入接收数据缓冲器 SBUF 和 RB8 中，并且使接收中断标志位 RI 置 1。当 RI＝1 时，向 CPU 发出中断申请信号，请求 CPU 把数据及时读走。

3. 波特率

当串行口工作在方式 1 下，其波特率是由定时器/计数器 T1 的溢出率和 PCON 的 SMOD 位决定。方式 1 的波特率为

$$\text{波特率} = \frac{2^{\text{SMOD}}}{32} \times \text{定时器 T1 的溢出率} \qquad (6-1)$$

定时器/计数器 T1 的溢出率就是溢出周期的倒数。当定时器/计数器 T1 作为波特率发生器使用时，通常使其工作在方式 2 下，方式 2 是 8 位自动重装定时器/计数器，更加精确。T1 产生的各种常用的溢出率如表 6 - 2 所示。

那么此时，溢出周期为

$$\text{溢出周期} = \frac{12}{f_{\text{osc}}} \times (256 - X) \qquad (6-2)$$

其中，f_{osc} 是时钟频率，X 为定时器/计数器 T1 的计数初值。每过 $256 - X$ 个机器周期，T1 就溢出一次。

所以方式 1 的波特率为

$$\text{波特率} = \frac{2^{\text{SMOD}}}{32} \times \frac{f_{\text{osc}}}{12(256 - X)} \qquad (6-3)$$

表 6 - 2　定时器/计数器 T1 产生的各种常用的溢出率

波特率(Kbit/s)	f_{osc}/MHz	SMOD	定时器 T1 的工作方式	重新装入初值
56.8	11.0592	1	2	FFH
19.2	11.0592	1	2	FDH
9.6	11.0592	0	2	FDH
4.8	11.0592	0	2	FAH
2.4	11.0592	0	2	F4H
1.2	11.0592	0	2	E8H
0.6	11.0592	0	2	D0H

注：在使用的时钟频率 f_{osc} 为 12 MHz 或 6 MHz 时，将初值 X 和 f_{osc} 代入式(6-3)中，分子除以分母不能整除，计算出的波特率有一定的误差。欲消除这种误差，可调整时钟频率 f_{osc} 来实现，例如采用 11.0592 MHz 的时钟频率。因此，当使用串行口进行串行通信时，为减少波特率误差，应该使用的时钟频率为 11.0592 MHz，这样可使 T1 中装入的初值为整数，从而产生精确的波特率。

【例 6 - 1】　若时钟频率为 11.059 MHz，串行口工作于方式 1，波特率为 4800 bit/s，写出用 T1 作为波特率发生器的方式控制字和计数初值。

解：设 T1 为方式 2 定时，并且选择 SMOD＝0。

那么 T1 作为波特率发生器的方式控制字：GATE＝0，C/$\overline{\text{T}}$＝0，M1M0＝10。方式控制寄存器 TMOD：20H。

根据方式 1 的波特率求解公式及已知条件有：

$$\text{波特率} = \frac{2^0}{32} \times \frac{11.059}{12(256 - X)} = 4800$$

从中解得 X==FAH。

只要把 FAH 装入 TH1 和 TL1，则能使其波特率为 4800 bit/s。

6.3.3 方式 2

当 SM0、SM1 设置为 10 时，串行口工作在方式 2 下，这种方式串行口是作为 11 位异步通信口，数据传输的波特率为 $f_{osc}/64$ 或 $f_{osc}/32$。TXD 引脚和 RXD 引脚分别用来发送数据和接收数据。发送/接收的数据都是 11 位：1 位起始位(0)、8 位数据位、1 位附加位(发送时为 SCON 中的 TB8，接收时为 SCON 中的 RB8)、1 位停止位(1)。数据传输时遵循的原则：低位在前，高位在后。其传输的字符帧格式如图 6-20 所示。

图 6-20　字符帧格式

1. 发送过程

当 CPU 执行一条将数据写入数据缓冲器 SBUF 的指令时，启动串行口的发送过程。开始发送后一个机器周期，移位脉冲有效时，从 TXD 引脚发送 11 位的数据，先送出的是起始位，然后是 9 位的数据位，最后发送 1 位停止位。

第一次移位时，停止位"1"移入输出移位寄存器的第 9 位上，以后每次移位，左边都移入 0。当停止位移至输出位时，左边其余位全为 0，当检测电路检测到这一条件时，使控制电路进行最后一次移位，并置 TI=1，向 CPU 请求中断。方式 2 下，发送过程的时序如图 6-21 所示。

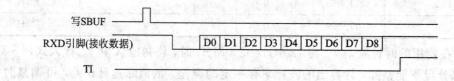

图 6-21　方式 2 发送过程的时序

2. 接收过程

当 REN=1，且接收中断标志位 RI=0 时，启动接收过程。接收器以选择波特率的 16 倍速率采样 RXD 引脚的电平，对每一位时间的第 7、8、9 个计数状态的采样值用多数表决法，当两次或两次以上的采样值相同时，采样值接收，当检测到 RXD 引脚输入电平发生负跳变时，说明起始位有效，将其移入输入移位寄存器中，开始接收这一帧信息。当一帧信息接收完毕时，必须同时满足以下两个条件，说明此次的接收才是有效的。

第一、RI=0，接收缓冲器 SUBF 是空的；

第二、SM2=0 或者接收到的停止位为 1。

方式 2 接收过程的时序如图 6-22 所示。

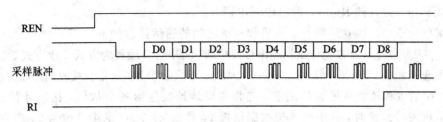

图 6-22　方式 2 接收过程的时序

6.3.4　方式 3

当 SM0、SM1 设置为 11 时，串行口工作在方式 3 下。这种方式下串行口被作为 11 位的异步通信口，其发送过程和接收过程与方式 2 一样。与方式 2 不同，方式 3 的波特率是可变的，是由定时器/计数器 T1 的溢出率和 PCON 的 SMOD 位决定的，即

$$波特率 = \frac{2^{\text{SMOD}}}{32} \times 定时器\,T1\,的溢出率$$

由于定时器 T1 是可编程的，可选择的波特率范围比较大，因此，串行口的方式 1 和方式 3 是最常用的工作方式。

6.3.5　多机通信方式

MCS-51 单片机的串行口控制器 SCON 中设有多处理机通信位 SM2(SCON.5)，通过这一特性可以实现主机与多个从机之间的串行通信。图 6-23 所示为多机通信的线路连接图，左边的 MCS-51 为主机，其余剩下的都是从机，所有从机统一编号，每台从机被赋予唯一的一个地址。

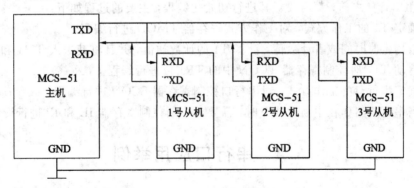

图 6-23　多机通信线路连接示意图

从图中可以看出，主机的 TXD 与所有从机的 RXD 连接，从机所有的 TXD 都与主机的 RXD 连接。从机的地址分别为 01H、02H、03H。系统中只有一个主机，其余都是从机。主机发送的信息可以被所有从机接收，任何一个从机发送的信息只能由主机接收。从机和从机之间不能进行相互的直接通信，从机和从机之间的通信只能经过主机才能实现。

当多处理机通信位 SM2=1 时，则表示进行多机通信。如果从机接收到的第 9 位数据 (RB8)为 1，则将发来数据的前 8 位送入接收数据缓冲器 SBUF 中，并且使中断标志 RI=1，向 CPU 发出中断申请；如果接收到的第 9 位数据为 0，则直接将数据丢弃。

当 SM2=0 时，无论接收到的第 9 位数据(RB8)为 0 还是 1，都将数据送入接收数据缓

冲器 SBUF 中，并且使 RI＝1，发出中断申请。

根据单片机串口的这一特性，主机和从机之间的通信过程如下：

（1）各从机初始化程序允许从机的串行口中断，将串行口编程为方式 2 或方式 3 接收，即 11 位异步通信方式，且 SM2＝1 和 REN＝1，从机处于只处于多机通信且接收地址帧的状态。

（2）在主机和某个从机通信之前，先将主机地址发送给各个从机，接收才传送数据。主机给从机发送地址时，其中第 9 位数据位置 1，数据（命令）帧的第 9 位为 0。当主机向从机发送地址帧时，所有从机在 SM2＝1、RB8＝1 和 RI＝0 时，接收主机发来的从机地址，进入相应的中断服务程序，在中断服务程序中，各从机将接收的地址与本机的地址比较，以便确认是否为被寻址的从机。若为本机地址，被寻址从机通过指令将 SM2 清零，以便正常接收主机的数据帧；若地址不相符，则保持 SM2＝1 的状态。

（3）接收主机发送数据（命令）帧，数据帧的第 9 位为 0，此时各从机接收的 RB8＝0，只有地址相符合的从机（即 SM2＝0 的从机）才能激活中断标志位 RI 位，从而进入中断服务程序，在中断服务程序中接收主机发送来的数据（命令）。与主机发来的地址不相符的从机，其 SM2＝1，又 RB8＝0，因此不能激活中断标志 RI 位，也就不能接收主机发送来的数据帧，从而保证主机与从机之间通信的正确性。此时主机与建立联系的从机已经设置为单机通信方式，即在进行通信过程中，通信的双方都要保持发送数据的第 9 位（TB8＝0），防止其他从机误接收数据帧。

（4）结束数据通信并为下一次的多机通信做好准备，在多机通信系统中每个从机都被设置成唯一的一个地址。

6.3.6 串行口初始化编程步骤

在使用串行口之前，都需要对其进行初始化编程，主要的过程如下：

（1）确定 T1 的工作方式，对工作方式寄存器 TMOD 进行编程。

（2）根据定时时间或者计数值，计算 T1 的计数初值，并且将其送入 TH1 和 TL1 中。

（3）启动 T1，对控制寄存器 TCON 中的 TR1 位进行编程。

（4）确定串行口的工作方式，对串行口控制寄存器 SCON 进行编程。

（5）当串行口工作在中断方式下时，需要对中断控制寄存器 IE 和 IP 进行设置。

6.4 串行口应用举例

6.4.1 单片机与 PC 的串行通信设计

在实际应用中，单片机与 PC 机之间的通信非常普遍。这个过程中，单片机系统主要的任务是采集现场的物理参数，并且将采集到的数据发送给 PC 机；PC 机的主要任务就是对接收到的数据进行显示、统计或者存档，以供后期使用。

PC 机上至少有一个标准的 RS－232C 串行接口，用于与另一台 PC 机通信或者与具有标准 RS－232C 的串行接口的外围设备通信。那么为了与具有标准 RS－232C 串行接口的 PC 机进行通信，单片机芯片的引脚电平必须用电平转换器转换成 RS－232C 的电平，比如 MAX232，并且用 9 针的标准连接器输出。

　　单片机的 TXD 与 RXD 引脚由连接器连接时，有两种连接方式：直通连接方式、交叉连接方式，如图 6-24 所示。

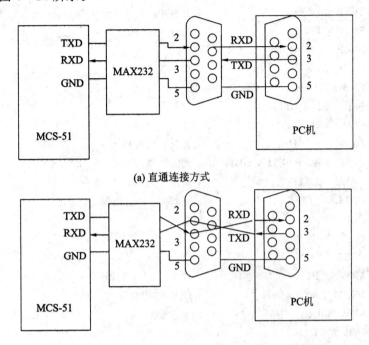

(a) 直通连接方式

(b) 交叉连接方式

图 6-24　单片机与 PC 机的连接线路示意图

【例 6-2】　编程实现单片机向 PC 机传送 32 字节的数据，起始地址为 50H。

　　·协议：采用串行口方式 1 实现通信，每帧信息为 10 bit；波特率为 1200 bps；T1 工作在定时器方式 2；晶振的振荡频率采用 11.0592 MHz；PCON 控制器的 SMOD 位为 0。

　　·启动发送的条件：当 PC 机向单片机发送"E1"命令，请求单片机传送数据，单片机正确接收到"E1"命令后，将数据缓冲区的内容传送给 PC 机。

　　·分析：当 T1 工作在定时器方式 2 下，晶体振荡频率为 11.0592 MHz，波特率为 1200 bps，SMOD 位为 0，查表 6-2，可知此时 T1 的初值：TH1＝TL1＝0E8H。

　　程序如下：

```
        单片机端程序：
        ORG    0000H
        JMP    MAIN
        ORG    0023H
        JMP    SINT
        ORG    0040H
MAIN：   MOV    SP，＃4FH        ；重新给堆栈指针设初值(SP)＝4FH
        MOV    TMOD，＃20H      ；设置 T0，GATE=0、C/T=0、M1M0=10
        MOV    SCON，＃50H      ；设置串行口控制寄存器 SCON
        MOV    TH1，＃0E8H      ；设置 T1 的初值
        MOV    TL1，＃0E8H
```

```
            SETB    TR1                 ;启动定时器
            MOV     R3, ♯00H            ;置测试初值
            SETB    ES                  ;开放串行口中断允许位
            SETB    EA                  ;开放 CPU 总中断
            SJMP    $
SINT:       PUSH ACC                    ;保护现场
            PUSH    PSW
            JNB     RI, QUIT            ;判断接收完否?
            CLR     RI
            MOV     A, SUBF             ;接收联络信号
            CJNE    A, ♯0E1H, QUIT      ;判断联络信号是否为 E1
            CALL    UPDATA              ;调用 UPDATA, 缓冲区更新
            CALL    TX16                ;更新完, 发送数据
QUIT:       POP     PSW
            POP     ACC
            RETI
TX16:       MOV     R7, ♯32             ;共发送 32 个数据
            MOV     R0, ♯50H            ;设置 32 个数据的首地址
L1:         MOV SBUF, @R0               ;发送数据
            JNB     TI, $               ;发送完否?
            CLR     TI
            INC     R0
            DJNZ    R7, L1              ;32 个数据发送完毕?
            RET
UPDATA:     MOV     R7, ♯32
            MOV     R0, ♯50H
            MOV     A, R4
L2:         MOV     @R0, A
            INC     A
            INC     R0
            INC     R4
            DJNZ    R7, L2
            RET
            END
```

6.4.2　单片机串口的其他应用

1. 同步方式应用

当 MCS-51 单片机的串行口工作在方式 0 时, 串行口是以同步方式进行操作。通过外接"串入并出"或者"并入串出"的器件, 可以实现串行口的扩展输入/输出口。

【例 6-3】 利用 MCS-51 单片机串行口外接 74HC164"串入并出"移位寄存器扩展 8 位的并行输出口, 外接 74HC165"并入串出"移位寄存器扩展 8 位并行输入口。图 6-25 中, 74HC164 的 8 位并行输出口的每一位都接一个发光二极管, 74HC165 的 8 个并行输入

口的每一位都接一个开关，试编程实现从 8 位并行输入口读入开关的状态值，使闭合开关对应的发光二极管点亮。

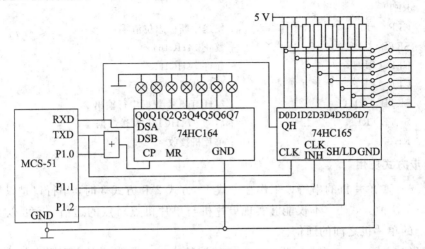

图 6-25　线路连接

解： 分析：对于 74HC164 来说，P1.0 与 TXD 通过或门和 CP 连接，那么当 P1.0＝0时，TXD 引脚发出时钟脉冲信号起作用，此时将数据缓冲器 SBUF 里的数据移入 74HC164。

对于 74HC165 来说，当 P1.0＝0，TXD 引脚发出时钟脉冲信号起作用；当 P1.2＝0，74HC165 将并行输入口开关上的信号装载到寄存器内；当 P1.2＝1 时，此时 74HC165 将寄存器内的数据串行输出。

启动接收过程：使 74HC165 串行输出；当 P1.0＝0，使 74HC164 同时串行输入。启动发送过程：使 74HC164 串行输入。

具体汇编程序如下：

```
            ORG   0000H          ;定位程序从 0000H 开始存放
            LJMP   MAIN           ;跳转到主程序
            ORG   0023H          ;串行口中断服务的起始地址
            LJMP   S_SRV          ;跳转到串行口中断服务程序
MAIN:   MOV   SP, #0CFH      ;设置堆栈指针
            SETB   P1.0           ;禁止 74HC164
            CLR   P1.1            ;运行 74HC165
            CLR   P1.2            ;并行装载 74HC165
            SETB   P1.2           ;74HC165 中数据串行输出
            MOV   SCON, #10H    ;串行口口方式 0,允许接收
            SETB   ES             ;开串行口中断
            SETB   EA             ;开总中断
            SJMP   $              ;等待中断
S_SRV:   JNB   RI, SEND       ;当 RI=0 时,跳转到 SEND
            CLR   RI;
            MOV   A, SBUF        ;启动接收过程
            CLR   P1.0           ;允许 74HC164
```

```
            SETB    P1.1              ；禁止 74HC165
            MOV     SBUF，A           ；将接收到的数据发送给 74HC164
            RETI
    SEND：  CLR     TI                ；发送中断标志位清零
            SETB    P1.0              ；禁止 74HC164
            CLR     P1.1              ；允许 74HC165
            CLR     P1.2              ；并行装载 74HC165
            SETB    P1.2              ；74HC165 中数据串行输出
            SETB    REN               ；启动，74HC165 发送数据
            RETI                      ；单片机接收
```

2. 异步方式应用

当 MCS-51 单片机的串行口工作在方式 1、方式 2 和方式 3 时，串行口是以异步方式进行操作。在这种方式下，不仅能够实现单片机与单片机点对点的通信，还可以实现三个及三个以上的单片机之间的通信。

串行口的方式 1 与方式 3 很近似，它们的波特率设置是一样的，不同之处在于方式 3 比方式 1 多了一个数据附加位（程控位），可以作为奇偶校验位，也可以作为发送地址帧和数据帧的标志位。

串行口的方式 2 与方式 3 发送数据和接收数据的过程基本一样，仅仅是波特率不同，发送和接收 11 位信息：开始为 1 位低电平的起始位，中间为 8 位数据位，之后为 1 位程控位（由发送的 TB8 决定），最后是 1 高电平的停止位。

【例 6-4】 将片内 RAM 区的 60H～6FH 中的数据串行发送，并且要求用第 9 个数据位作奇偶校验位，假设晶体振荡器频率为 11.0592 MHz，波特率为 2400 bps，试编写串行口以方式 3 的发送程序。

解： 由于 $f_{osc}=11.0592$ MHz，并且方式 3 的波特率为 2400 bps，串行口工作在方式 3 下，假设定时器/计数器 T1 工作在方式 2 下，电源控制寄存器 PCON 中的 SMOD=0，可以通过波特率 $=\dfrac{2^{SMOD}}{32}\times\dfrac{f_{osc}}{12(256-X)}$ 得到 X=F2H，也可以通过查表 6-2 同样也可以得到。

要求用 TB8 作为奇偶校验位，在数据写入发送缓冲器之前，先将数据的奇偶位 P 写入 TB8，这时，第 9 位数据作奇偶校验用，并且发送采用中断方式。具体汇编程序如下：

```
            ORG     0000H
            LJMP    MAIN              ；上电，跳转至主程序
            ORG     000BH
            SJMP    SERVER            ；转中断服务程序
            ORG     0030H             ；主程序的起始地址为 0030H
    MAIN：  MOV     SP，#0CFH         ；设置堆栈指针
            MOV     SCON，#0C0H       ；设置串口方式 3 发送
            MOV     TMOD，#20H        ；T1 以模式 2 定时
            MOV     TL1，#0F2H        ；设置 T1 的计数初值
            MOV     TH1，#0F2H
            SETB    TR1               ；T1 开始运行
            SETB    ES                ；开串行口中断
```

```
            SETB   EA                  ;开 CPU 总中断
            MOV    R0,♯60H             ;片内 RAM 区发送数据的首地址
            MOV    R7,♯16              ;总共需要发送 16 个数据
            MOV    A,@R0
            MOV    C,PSW.0
            MOV    TB8,C               ;送奇偶标志位到 TB8
            MOV    SBUF,A              ;启动发送数据
            SJMP   $                   ;等待中断
   SERVER: JBC    RI,ENDT             ;接收完毕 RI=1,中断返回
            CLR    TI                  ;清除发送中断标志位
            INC    R0                  ;修改数据地址
            MOV    A,@R0
            MOV    C,P
            MOV    TB8,C
            MOV    SBUF,A              ;发送下一个数据
            DJNZ   R7,ENDT             ;判断数据块是否发送完
            CLR    ES                  ;否则,禁止串行口中断
   ENDT:    RETI                       ;中断返回
```

能力训练六　双机通信仿真

1. 训练目的

(1) 进一步掌握单片机串行口工作原理。

(2) 进一步掌握单片机双机通信方式。

2. 实验设备

PC 一台,Keil μVision2 开发软件,Proteus 仿真软件。

3. 训练内容

(1) 下面两个程序完成两个单片机之间的双机通信。在 Keil 软件中录入源程序 serial_a. asm 和 serial_b. asm,编译通过,并生成 serial_a. hex、serial_b. hex 输出文件。

源程序 serial_a. asm:

```
   ;双机通信的发送端源程序
            ORG    0000H
            AJMP   MAIN
            ORG    0100H
   MAIN:    MOV    TMOD,♯20H
            MOV    TL1,♯0E8H
            MOV    TH1,♯0E8H
            CLR    ET1
            SETB   TR1
            MOV    SCON,♯40H
```

```
                MOV   PCON, #00H
                CLR   ES
                MOV   DPTR, #TAB
LOOP:           MOV   R0, #0
RS_A:           MOV   A, R0
                MOVC  A, @A+DPTR
                MOV   P1, A
                MOV   SBUF, A
                JNB   TI, $
                CLR   TI
                LCALL DELAY_1S
                INC   R0
                CJNE  R0, #16, RS_A
                SJMP  LOOP
TAB:            DB  0C0H, 0F9H, 0A4H, 0B0H, 99H, 92H, 82H, 0F8H, 80H, 90H;
                DB  88H, 83H, 0C6H, 0A1H, 86H, 8EH
DELAY_1S:  MOV  R7, #04H
D3:             MOV   R6, #250
D2:             MOV   R5, #250
D1:             DJNZ  R5, D1
                DJNZ  R6, D2
                DJNZ  R7, D3
                RET
                END
```

源程序 serial_b.asm：

；双机通信的接收端源程序

```
                ORG   0000H
                AJMP  MAIN
                ORG   0100H
MAIN:   MOV   TMOD, #20H
                MOV   TL1, #0E8H
                MOV   TH1, #0E8H
                CLR   ET1
                SETB  TR1
                MOV   SCON, #40H
                MOV   PCON, #00H
                CLR   ES
LOOP:   MOV   R0, #0
RD_B:   SETB  REN
                JNB   RI, $
                CLR   REN
                CLR   RI
                MOV   A, SBUF
```

```
        MOV   P2, A
        INC   R0
        CJNE  R0, #16, RD_B
        SJMP  LOOP
        END
```

　　(2) 根据所学指令知识, 分析源程序 serial_a.asm、serial_b.asm 每行指令的含义以及单片机执行该程序后的结果。

　　(3) 在 Proteus 软件中完成如图 6 - 26 所示电路设计。

　　(4) 将 serial_a.hex、serial_b.hex 文件分别加载到两个单片机中, 观察仿真结果。

　　(5) 比较理论分析结果与仿真结果是否一致, 如不一致, 找出原因。

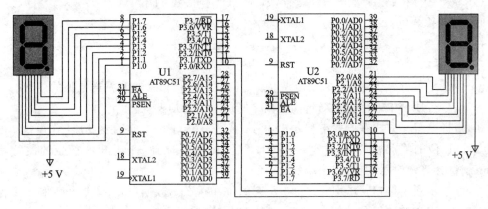

图 6 - 26 双机通信电路图

4. 训练总结

　　(1) 如何设置串口的工作方式?

　　(2) 串口通信中, 定时计数器的作用是什么?

　　(3) 串口通信中, 为什么常常采用 11.0592 MHz 的晶振?

知识测试六

一、填空题

　　1. 多机通信时, 主机向从机发送信息分地址帧和数据帧两类, 以第 9 位可编程 TB8 作区分标志。TB8＝0, 表示＿＿＿＿＿; TB8＝1, 表示＿＿＿＿＿。

　　2. 在串行通信中, 数据传送方向分为＿＿＿＿、＿＿＿＿、＿＿＿＿三种方式。

　　3. 51 单片机串行接口有 4 种工作方式, 这可在初始化程序中用软件填写特殊功能寄存器＿＿＿＿进行选择。

　　4. 单片机串行通信在方式 0 时, 用于提供同步脉冲信号的引脚是＿＿＿＿。

二、选择题

　　1. 用单片机串行接口扩展并行 I/O 口时, 串行接口工作方式应选择(　　)。

　　A. 方式 0　　　　　　B. 方式 1　　　　　　C. 方式 2　　　　　　D. 方式 3

　　2. 用于单片机串行通信方式控制寄存器的名称是(　　)。

A. TXD　　　　　　B. RXD　　　　　　C. SBUF　　　　　　D. SCON

3. 下列对单片机串行通信的中断标志位 RI 的描述正确的是（　　）。

A. 是发送标志位，且由系统自动清零

B. 是发送标志位，不能由系统自动清零

C. 是接收标志位，且由系统自动清零

D. 是接收标志位，不能由系统自动清零

4. 4 种串行工作方式分别具有下列属性的有：

方式 0：（　　）；方式 1：（　　）；方式 2：（　　）；方式 3：（　　）；

A. 异步通信方式；　　　　　　　　　B. 同步通信方式；

C. 帧格式 8 位；　　　　　　　　　　D. 帧格式 11 位；

E. 帧格式 8 位；　　　　　　　　　　F. 帧格式 9 位；

G. 波特率：T1 溢出率/n(n = 32 或 16)

三、简答题

1. 什么是串行异步通信，它有哪些特征？简述串行接口接收和发送数据的过程？

2. 在串行通信中通信速率与传输距离之间的关系如何？

3. 串行口工作方式在方式 1 和方式 3 时，其波特率与 f_{osc}、定时器 T1 工作模式 2 的初值及 SNOD 位的关系如何？设 $f_{osc} = 6$ MHz，现利用定时器 T1 模式 2 产生的波特率为 110bps。试计算定时器初值。

4. 某异步通信接口，其帧格式由 1 个起始位(0)，7 个数据位，1 个偶校验和 1 个停止位(1)组成。当该接口每分钟传送 1800 个字符时，试计算出传送波特率。

四、程序设计题

1. 利用 8051 串行口控制 8 位发光二极管工作，要求发光二极管每 1s 交替地亮、灭，画出电路图并编写程序。

2. 试编写一串行通讯的数据发送程序，发送片内 RAM 的 20H～2FH 单元的 16 字节数据，串行接口方式设定为方式 2，采用偶校验方式。设晶振频率为 6 MHz。

3. 设计并编程，完成单片机的双机通信程序，将甲机片外 RAM 的 1000H～100FH 的数据块通过串行口传送到乙机的 20H～2FH 单元。

4. 试编写一串行通讯的数据接收发送程序，将接收到的 16 字节数据送入片内 RAM 30H～3FH 单元中。串行接口设定为方式 3，波特率为 1200 bps，晶振频率为 6 MHz。

第 7 章 单片机系统的扩展与接口技术

MCS-51 单片机在一块芯片上集成了 CPU、ROM、RAM、定时计数器、中断系统及 I/O 口等基本功能部件，因此，一个单片机芯片实质上已经是一台计算机了。对于小型系统来说，这些资源已经足够使用，但在一些大型的单片机应用系统中，这些内部资源就显得十分有限。为此需要对单片机进行硬件资源扩展，其中包括存储器扩展、并行 I/O 口扩展、串行 I/O 口扩展、中断系统和定时器/计数器功能扩展等，从而构成一台功能更强的单片机系统。

I/O 设备也称外围设备，有机械的、有机电的、有电子的，品种多，性能各异，与 CPU 交换信息时，具有以下特点：

(1) 速度不匹配：速度远低于 CPU，且范围宽，如硬盘比打印机快很多。

(2) 时序不匹配：无法与 CPU 的时序取得统一。

(3) 信息格式不匹配：如发送和接收方一个为串行格式，而另一个为并行格式；一个为二进制格式，而另一个为 ACSII 和 BCD 等格式。

(4) 信息类型不匹配：有数字信号，也有模拟信号，有正逻辑和负逻辑。

所以，在 CPU 与 I/O 设备间通信时必须要一个起协调作用的电路，即接口电路。

本章将主要介绍并行 I/O 口的扩展及键盘、显示器、A/D 转换、D/A 转换等常用的接口电路的连接方法。

7.1 MCS-51 系列单片机 I/O 口扩展

MCS-51 单片机有 4 个并行 I/O 口，每个口有 8 位，但这些 I/O 口并不能全部提供给用户使用，只有对于片内有程序存储器的 8051/8751 单片机，在不扩展外部资源，不使用串行口、外中断、定时器/计数器时，才能对 4 个并行 I/O 口进行使用。如果片外要扩展资源，则 P0 口、P2 口要用来作为数据、地址总线，P3 口中的某些位也要被用来作为第二功能信号线，这时留给用户的 I/O 线就很少了。因此，在大部分的 MCS-51 单片机系统中都要进行 I/O 口扩展。

I/O 口扩展接口的种类很多，按其功能可分为简单 I/O 接口和可编程 I/O 接口。简单 I/O 扩展是通过数据缓冲器、锁存器来实现的，其结构简单、价格便宜，但功能简单。可编程 I/O 扩展是通过可编程接口芯片来实现的，其电路复杂、价格相当较高，但功能强、使用灵活。

由于 MCS-51 系列单片机将片外并行 I/O 接口地址与片外数据存储器统一编址，片外 I/O 口被看成是片外数据存储器的存储单元，可以通过片外数据存储器的访问方式访问。因此，片外的 I/O 的扩展方法和片外数据存储器的扩展方法完全相同，即两者的读/写时序一致，三总线连接方法相同。同时也要注意，如果扩展的外部 I/O 接口占用了其中的某些地址空间,那么扩展的数据存储器就不能使用这些地址空间了。相应地扩展外部 I/O 接口时,必须给每个扩展的 I/O 接口的功能寄存器分配一个专用的地址(或片选信号),MCS－51 单片机访问扩展的 I/O 接口的操作同访问扩展的并行接口存储器的操作完全相同。单片机执行读操作时,可以将输入端口的状态读回到内部变量中;单片机执行写操作时,可以根据用户指定的控制字写到输出端口。

一般来讲,为 MCS－51 系列单片机扩展外部 I/O 接口时要注意以下几个方面:

(1) 设计合理的地址译码电路,防止扩展的 I/O 通道寄存器与扩展的外部数据存储器的地址空间分配有冲突,造成单片机不能正常读/写数据存储器或控制 I/O 口。

(2) 分析接口电路的读或写操作时序和 MCS－51 单片机总线操作时序是否匹配,防止扩展的 I/O 接口寄存器不能正常锁存数据或输入数据。

(3) 输入通道采用三态结构,输出通道采用锁存结构。禁止输入通道直接与数据总线连接,两者之间必须用三态缓冲门隔离;数据总线和地址总线不具有记忆或锁存功能,为了能够保存输出端口的稳定状态,输出端口必须采用锁存器结构。

(4) 必须清楚了解接口电路的电平是否匹配,驱动能力与负责是否匹配等。

7.1.1　简单 I/O 接口扩展

并行 I/O 口是单片机与外部 IC 芯片之间并行地传送 8 位数据,实现 I/O 操作的端口。跟存储器一样,I/O 口也有自己的编码地址线、读/写控制线和数据线。并行 I/O 口可细分为输入端口、输出端口和双向端口。其中输入端口由外部芯片向单片机输入数据,使用指令"MOVX A, @Ri 或 MOVX A, @DPTR"操作。输出端口由单片机向外部 IC 芯片输出数据,使用指令"MOVX @Ri, A 或 MOVX @DPTR, A"操作。输入时,接口电路应具备三态缓冲的功能,可采用 8 位三态缓冲器(如 74LS244)组成输入口;输出时,接口电路应具备锁存功能,可采用 8D 锁存器(如 74LS273、74LS373、74LS377 等)组成输出口;双向端口应具有输入、输出功能,使用同一编码地址,可采用 8 位双向收发器(如 74LS245)组成双向端口。

1. 用三态缓冲器扩展 8 位并行输入口

如图 7－1 所示,利用 74LS244 扩展并行输入口。74LS244 是由两组 4 位三态缓冲器组成,分别由选通控制端 $\overline{1G}$ 和 $\overline{2G}$ 来控制。当它们为低电平时,输入端 D0～D7 的数据输出到 Q0～Q7。图 7－1 中单片机的读信号 $\overline{RD}$ 和 P2.7 通过或门后与 74LS244 的控制端 $\overline{1G}$ 和 $\overline{2G}$ 连在一起。当单片机执行读指令时,如果 P2.7＝0,则可选中 74LS244 芯片。

2. 用锁存器扩展简单的 8 位输出口

图 7－1 中利用 74LS373 扩展并行输出口。74LS373 是一个带输出三态门的 8 位锁存器,具有 8 个输入端口(D0～D7),8 个输出端口(Q0～Q7)。G 为数据锁存控制端,如果 G 为高电平,则把输入端的数据锁存于内部的锁存器,图中单片机的写信号 $\overline{WR}$ 和 P2.7 通过或非门后与 74LS373 的控制端 G 相连。当 $\overline{OE}$ 为输出允许端,低电平时把锁存器中的内容通过输出端输出,图中输出允许端 $\overline{OE}$ 直接接地,当 74LS373 输入端有数据来时,可以直接通过输出端输出。

当执行向片外数据存储器的写指令,指令中片外数据存储器的地址使 P2.7 为低电平,则控制端 G 有效,数据总线上的数据就送到 74LS373 的输出端。

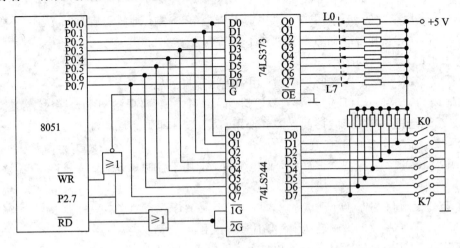

图 7-1 简单 I/O 口扩展电路

在图 7-1 中,扩展的输入口接了 K0~K7 共 8 个开关,扩展的输出口接了 L0~L7 共 8 个发光二极管,如果要通过 L0~L7 发光二极管显示 K0~K7 开关的状态,设 74LS373 的端口地址为 7FFFH,则相应的汇编程序如下:

```
LOOP: MOV   DPTR, #7FFFH    ;数据指针指向 74LS244
      MOVX  A , @DPTR       ;读入数据
      MOVX  @DPTR, A        ;P0 口通过 74LS373 输出数据
      SJMP  LOOP
```

7.1.2 基于可编程芯片 8255A 的扩展

8255A 是单片机应用系统中广泛采用的可编程 I/O 接口扩展芯片,其可与 MCS-51 系列单片机直接接口。其管脚采用 40 腿双列直插封装,如图 7-2 所示。

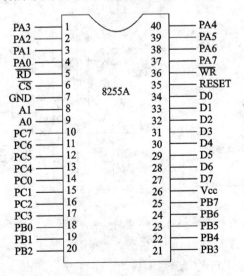

图 7-2 8255A 引脚

1. 外部引脚

8255A 采用单一的 +5 V 电源，其电源引脚是第 26 脚，地线引脚是第 7 脚，不像大多数的 TTL 芯片电源和地线在右上角和左下角的位置。

1）与 CPU 连接的引脚

数据线 D0～D7：三态双向数据线，用来传送数据信息。

地址线 A0、A1：端口选择信号。8255A 内部有 3 个数据端口和 1 个控制端口，由 A1、A0 编程选择。对它们的访问只需要使用 A0 和 A1 即可实现编址。

$\overline{CS}$：片选信号，低电平有效。

$\overline{RD}$、$\overline{WR}$：读、写控制读信号线，低电平有效，用于控制从 8255A 端口寄存器读出/写入信息。

2）和外设端相连的引脚

PA7～PA0：A 口的 8 根输入/输出信号线，用于与外设连接。

PB7～PB0：B 口的 8 根输入/输出信号线，用于与外设连接。

PC7～PC0：C 口的 8 根输入/输出信号线，用于与外设连接。这 8 根信号线既可作为输入/输出口，还可以传送控制和状态信号，作为 PA 和 PB 的联络信号。

2. 内部结构

如图 7-3 所示，8255A 内部有 3 个可编程的并行 I/O 端口：PA 口、PB 口和 PC 口。每个口有 8 位，提供 24 根 I/O 信号线。每个口都有一个数据输入寄存器和一个数据输出寄存器，输入时有缓冲功能，输出时有锁存功能。其中 C 口又可分为两个独立的 4 位端口：PC0～PC3 和 PC4～PC7。A 口和 C 口的高 4 位合在一起称为 A 组，通过图中的 A 组控制部件来控制；B 口和 C 口的低 4 位合在一起称为 B 组，通过图中 B 组控制器来控制。

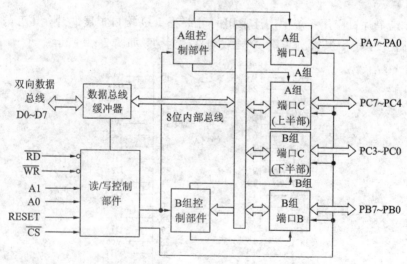

图 7-3　8255A 内部结构

A 口有 3 种工作方式：无条件 I/O 方式、选通 I/O 方式和双向选通 I/O 方式。B 口有两种工作方式：无条件 I/O 方式和选通 I/O 方式。当 A 口和 B 口工作于选通 I/O 方式或双向选通 I/O 方式时，C 口当中的一部分线用作 A 口和 B 口 I/O 的应答信号线。

数据总线缓冲器是一个 8 位双向三态缓冲器，是 8255A 与系统总线之间的接口，8255A 与 CPU 之间传送的数据信息、命令信息、状态信息都通过数据总线缓冲器来实现传送。

读写控制部件接收 CPU 发送来的控制信号、地址信号，然后经译码选中内部的端口寄存器，并指挥从这些寄存器中读出信息或向这些寄存器中写入相应的信息。8255A 有 4 个端口寄存器：A 寄存器、B 寄存器、C 寄存器和控制口寄存器，通过控制信号和地址信号对这 4 个端口寄存器的操作如表 7 - 1 所示。

8255A 内部的各个部分是通过 8 位内部总线连接在一起的。

表 7 - 1　8255A 端口寄存器选择表

$\overline{CS}$	A1	A0	$\overline{RD}$	$\overline{WR}$	I/O 操作
0	0	0	0	1	读 A 口寄存器内容到数据总线
0	0	1	0	1	读 B 口寄存器内容到数据总线
0	1	0	0	1	读 C 口寄存器内容到数据总线
0	0	0	1	0	数据总线上内容写到 A 口寄存器
0	0	1	1	0	数据总线上内容写到 B 口寄存器
0	1	0	1	0	数据总线上内容写到 C 口寄存器
0	1	1	1	0	数据总线上内容写到控制口寄存器

3. 8255A 的控制字

8255A 有两个控制字：工作方式控制字和 C 口按位置位/复位控制字。这两个控制字都是通过向控制口寄存器写入来实现的，通过写入内容的特征位来区分是工作方式控制字还是 C 口按位置位/复位控制字。

1）工作方式控制字

工作方式控制字用于设定 8255A 的 3 个端口的工作方式，其格式如图 7 - 4 所示。D7

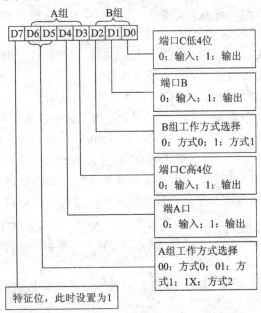

图 7 - 4　8255A 的工作方式控制字

位为特征位，D7＝1 表示此时的控制字为工作方式控制字。D6、D5 用于设定 A 组的工作方式，D4 用于设定 A 口是用来输入还是输出，D3 用于设定端口 C 的高 4 位是用来输入还是输出，D2 用于设定 B 组的工作方式，D1 用于设定端口 B 是用来输入还是输出，D0 用于设定端口 C 低 4 位是用来输入还是输出。详细情况见图中文字说明。

2）C 端口置位/复位（置 1/置 0）控制字

C 口按位置位/复位控制字用于对 C 口各位置 1 或清零，它的格式如图 7-5 所示。

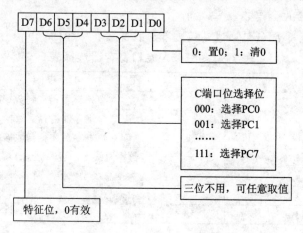

图 7-5　8255A C 端口置位/复位控制字

D7 位为特征位，D7＝0 表示此时控制字为 C 口按位置位/复位控制字。D6、D5、D4 这 3 位不用。D3、D2、D1 这 3 位用于选择 C 口当中某一位。D0 用于复位/置位设置，D0＝0 时，则复位；如果 D0＝1 时，则置位。

4. 8255A 工作方式

8255A 有 3 种工作方式：方式 0、方式 1、方式 2。

（1）方式 0：方式 0 是一种基本的输入/输出方式。在这种方式下，三个端口都可以由程序设置为输入或输出，没有固定的应答信号。方式 0 特点如下：

① 具有两个 8 位端口（A、B）和两个 4 位端口（C 口的高 4 位和 C 口的低 4 位）。

② 任何一个端口都可以设定为输入或者输出。

③ 每一个端口输出时是锁存的，输入是不锁存的。

方式 0 输入/输出时没有专门的应答信号，适用于无条件传送和查询方式的接口电路。图 7-6 所示就是 8255A 工作于方式 0 的例子，其中 A 口作为输入口，B 口作为输出口。A 口接开关 K0～K7，B 口接发光二极管 L0～L7，开关 K0～K7 是一组无条件输入设备，发光二极管 L0～L7 是一组无条件输出设备，如需要接收开关的状态，直接读出 A 口信息即可，如需要把信息通过二极管显示，只需把信息直接送到 B 口即可。

（2）方式 1：方式 1 是一种选通 I/O 方式。在这种工作方式下，端口 A 和 B 作为数据输入/输出口，既可以作输入口，也可作输出口，输入和输出都具有锁存能力。端口 C 用作输入/输出的应答信号。

① 方式 1 输入。无论是 A 口输入还是 B 口输入，都用 C 口的三位作应答信号，一位作中断允许控制位。具体情况如图 7-7 所示。

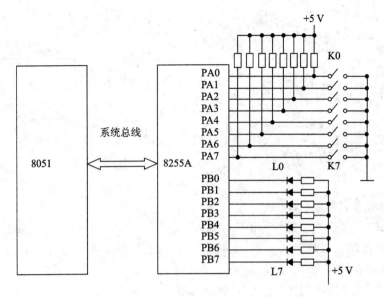

图 7-6　方式 0 无条件传送

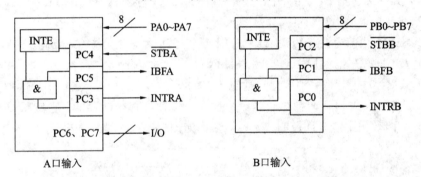

图 7-7　方式 1 输入

各应答信号含义如下：

$\overline{STB}$：外设送给 8255A 的"输入选通"信号，低电平有效。当外设准备好数据时，就向 8255A 发送$\overline{STB}$信号，把外设送来的数据锁存器存到数据寄存器中。

IBF：8255A 送给外设的"输入缓冲器满"信号，高电平有效。此信号是对 STB 信号的响应信号。当 IBF＝1 时，8255A 告诉外设来的数据已经锁存于 8255A 的输入锁存器中，但 CPU 还未取走，通知外设还不能更新的数据，只有当 IBF＝0，输入缓冲器变空时，外设才能给 8255A 发送新的数据。

INTR：8255A 送给 CPU 的"中断请求"信号，高电平有效。当 INTR＝1 时，向 CPU 发送中断请求，请求 CPU 从 8255A 中读取数据。

INTE：8255A 内部为控制中断而设置的"中断允许"信号。当 INTE＝1 时，允许 8255A 向 CPU 发送中断申请；当 INRE＝0 时，禁止 8255A 向 CPU 发送中断请求。INTE 由软件通过对 PC4（A 口）和 PC2（B 口）的置位/复位来允许或禁止。

② 方式 1 输出。无论是 A 口输出还是 B 口输出，也都用 C 口的三位作应答信号，一位作中断允许控制位，具体结构如图 7-8 所示。

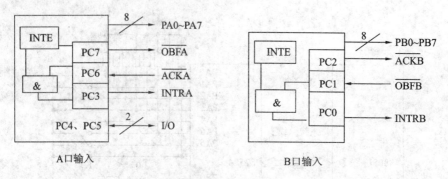

图7-8　方式1输出

各应答信号含义如下：

$\overline{OBF}$：8255A送给外设的"输出缓冲器满"信号，低电平有效。当$\overline{OBF}$有效时，表示CPU已将一个数据写入8255A的输出端口，8255A通知外设可以将其取走。

$\overline{ACK}$：外设送给8255A的"应答"信号，低电平有效。当$\overline{ACK}$有效时，表示外设已接到从8255A端口送来的数据。

INTR：8255A送给CPU的"中断请求"信号，高电平有效。当INTR＝1时，向CPU发送中断请求，请求CPU再向8255A写入数据。

INTE：8255A内部为控制中断而设置的"中断允许"信号，含义与输入相同，只是对应C口的位数与输入不同，它是通过对PC4(A口)和PC2(B口)的置位/复位来允许或禁止中断的。

(3) 方式2：方式2是一种双向选通输入/输出方式，只适合于端口A。这种方式能实现外设与8255A的A口双向数据传送，并且输入和输出都是锁存的。它使用C口的5位作应答信号，两位作中断允许控制位。具体结构如图7-9所示。

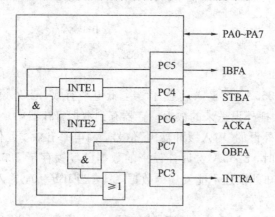

图7-9　方式2结构

方式2各应答信号的含义与方式1相同，只是INTR具有双重含义，既可以作为输入时向CPU的中断请求，也可以作为输出时向CPU的中断请求。

5. 8255A 的初始化编程

8255A占4个地址，即A口、B口、C口和控制寄存器各占一个，对同一个地址分别可进行读、写操作。初始化有两个控制命令字：方式选择控制字和C口按位置/复位控制字，都写入8255A的最后一个地址，即A1A0＝11时，相应的端口中。初始化编程时应注

意以下几点:

① 工作方式控制字是对 8255A 的 3 个端口的工作方式及功能指定进行初始化,要在使用 8255A 之前进行。

② 按位置位/复位控制字只是对 C 口的输出进行控制,使用它时不能破坏已经建立的 3 种工作方式。

③ 两个控制字的最高位(D7)都是特征位,之所以要设置特征位,是为了识别两个控制字。

6. 8255A 与单片机连接

如图 7 - 10 所示就是 8255A 与单片机的一种连接形式。8255A 与 MCS - 51 单片机的连接包含数据线、地址线、控制线的连接。

① 数据线:数据线直接与 MCS - 51 单片机的数据线相连。

② 地址线:8255A 的地址线 A0 和 A1 一般与 MCS - 51 单片机地址总线的低位相连,用于对 8255A 的 4 个端口进行选择。

③ 控制线:8255A 控制线中的读信号线、写信号线与 MCS - 51 单片机的片外数据存储器的读/写信号线直接连接,片选信号线$\overline{CS}$的连接与存储器芯片的片选信号线的连接方法相同,用于决定 8255A 内部端口地址的地址范围。

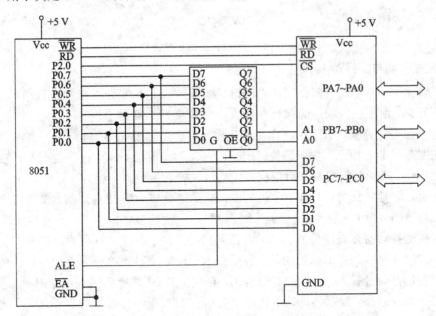

图 7 - 10　8255A 与单片机的连接

图中,8255A 的数据线与 8051 单片机的数据总线相连,读、写信号线对应相连,地址线 A0、A1 与单片机的地址总线的 A0 和 A1 相连,片选信号$\overline{CS}$与 8051 的 P2.0 相连。则 8255A 的 A 口、B 口、C 口和控制口的地址分别是:FEFCH,FEFDH,FEFEH,FEFFH。如果设定 8255A 的 A 口为方式 0 输入,B 口为方式 0 输出,则初始化程序为:

```
MOV  A, ♯90H
MOV  DPTR, ♯0FEFFH
MOVX  @DPTR, A
```

7.2　MCS - 51 单片机与键盘的接口

键盘是单片机应用系统中最常用的输入设备，在单片机应用系统中，操作人员一般都是通过键盘与单片机系统来实现简单的人机通信。

7.2.1　键盘的工作原理

1. 键盘基本工作原理

键盘实际上是一组按键开关的集合，平时按键开关总是处于断开状态，当按下键时它才闭合。它的结构如图 7 - 11(a)所示，按键的一端接地，另一端接上拉电阻后接输入端，当按键未按下时，由于上拉电阻的作用，使输入端确保为高电平；当按键按下时，输入端与地短接而为低电平。

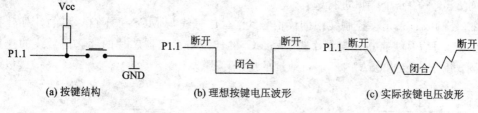

图 7 - 11　键盘开关及信号波形

2. 按键抖动与去抖动

理想情况下，单片机引脚收到的电压信号如图 7 - 11(b)所示，但在通常情况下，按键为机械式开关，由于机械触点的弹性作用，一个按键开关在闭合时不会马上稳定地接通，断开时也不会马上完全断开，在闭合和断开瞬间都会伴随着一串抖动，导致单片机接收到的信号如图 7 - 11(c)所示。按下键位时产生的抖动称为前沿抖动，松开键位时产生的抖动称为后沿抖动。抖动时间的长短由按键开关的机械特性决定，一般为 5～10 ms，这种抖动对于人来说是感觉不到的，但对单片机来说，则是完全可以感知得到的，单片机会认为是输入了一串数码。为了保证单片机对一次按键只作一次处理，必须消除这种抖动现象。

消除按键抖动通常有硬件消抖和软件消抖两种方法。硬件消抖是通过在按键输出电路上添加一定的硬件线路来消除抖动，一般采用 R - S 触发器或单稳态电路。软件消抖是利用延时来跳过抖动过程。以图 7 - 11(a)为例，在检测到 P1.1 引脚为低电平时，先执行一段延时 10 ms 的子程序，随后再确认引脚电平是否仍为低电平，如果仍为低电平，则按键按下。当按键松开时，P1.1 引脚的低电平变为高电平，执行一段延时 10 ms 的子程序后，检测 P1.1 引脚是否仍然为高电平，如仍然为高电平，说明按键确实已经松开。采取本措施，可消除前沿抖动和后沿抖动的影响。为了节省硬件，单片机应用系统中通常采用软件方法来消除抖动的影响。

7.2.2　独立式键盘与单片机的接口

键盘的结构形式一般有独立式键盘和矩阵式键盘两种。

独立式键盘就是各按键相互独立，每个按键各接一根 I/O 口线，每根 I/O 口线上的按键都不会影响其他的 I/O 口线，单片机可直接读取该 I/O 线的高/低电平状态。其优点是硬件、软件结构简单，判键速度快，使用方便；缺点是占 I/O 口线多。适用于键数较少的场合。

1. 查询方式工作的独立式键盘

图 7－12 所示为查询方式工作的独立式键盘的结构形式。如果图中没有任何键按下，则单片机 P1 口各位均为高电平。当其中有一个键按下，则与该键连接的单片机引脚被接地，该引脚上呈现低电平。单片机可采用随机扫描或定时扫描的方式来监视 P1 口各位是否输入低电平，以此判断键盘有无按键输入。随机扫描是指单片机在完成特定任务后，执行键盘扫描程序，反复不断地扫描键盘，以确定有无按键输入，然后根据按键功能转去执行相应的操作。定时扫描是指单片机每过一定时间对键盘扫描一次，确定有无按键被按下。

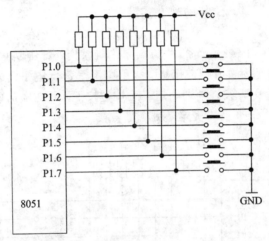

图 7－12　查询方式工作的独立式键盘结构

下面是针对图 7－12 查询方式的键盘程序。总共有 8 个键位，KEY0～KEY7 为 8 个键的功能程序。

```
START：MOV  A，#0FFH；
       MOV  P1，A        ;置 P1 口为输入状态
       MOV  A，P1        ;键状态输入
       CPL  A
       JZ   START        ;没有键按下，则转开始
       JB   ACC.0，K0     ;检测 0 号键是否按下，按下转
       JB   ACC.1，K1     ;检测 1 号键是否按下，按下转
       JB   ACC.2，K2     ;检测 2 号键是否按下，按下转
       JB   ACC.3，K3     ;检测 3 号键是否按下，按下转
       JB   ACC.4，K4     ;检测 4 号键是否按下，按下转
       JB   ACC.5，K5     ;检测 5 号键是否按下，按下转
       JB   ACC.6，K6     ;检测 6 号键是否按下，按下转
       JB   ACC.7，K7     ;检测 7 号键是否按下，按下转
       JMP  START        ;无键按下返回，再顺次检测
```

K0：	AJMP	KEY0	
K1：	AJMP	KEY1	
...			
K7：	AJMP	KEY7	
KEY0：	...		；0 号键功能程序
	JMP	START	；0 号键功能程序执行完返回
KEY1：	...		；0 号键功能程序
	JMP	START	；1 号键功能程序执行完返回
...			
KEY7：	...		；7 号键功能程序
	JMP	START	；7 号键功能程序执行完返回

2. 中断方式工作的独立式键盘

图 7-13 所示为中断方式工作的独立式键盘的结构形式。如果图中没有任何键按下，则单片机 P1 口各位均为高电平，单片机外部中断 0 端口收到的也是高电平信号，中断请求信号无效。当其中有一个键按下时，一方面单片机收到外部中断 0 端口的中断请求信号；另一方面，与被按下键连接的引脚被接地，该引脚上呈现低电平。这样一来，单片机可以通过判断有无外部中断 0 请求信号来确定有无按键按下，并在随后的中断服务程序中，通过检测 P1 口被拉低的位，来最终确定是哪个键被按下。

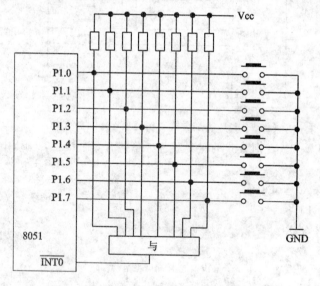

图 7-13　中断方式工作的独立式键盘结构

7.2.3　矩阵式键盘与单片机的接口

1. 矩阵式键盘结构

矩阵式(也称行列式)键盘用于按键数目较多的场合，由行线和列线组成，按键位于行、列的交叉点上。如图 7-14 所示，一个 4×4 的行、列结构可以构成一个 16 个按键键盘。在按键数目较多的场合，可以节省较多的 I/O 口线。

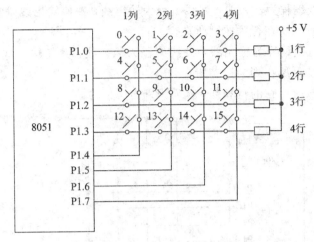

图 7 - 14 矩阵式键盘接口

2. 矩阵式键盘按键识别

图 7 - 14 所示的键盘矩阵中无键按下时，行线为高电平；有按键按下时，行线电平状态将由与此行线相连的列线的电平决定。列线的电平如果为低，则行线电平为低；列线的电平如果为高，则行线的电平也为高，这是识别按键是否按下的关键所在。

由于矩阵式键盘中行、列线为多键共用，各按键彼此将相互发生影响，所以必须通过行、列线信号的配合，才能确定闭合键位置。下面讨论矩阵式键盘按键的识别方法。

1）扫描法

第 1 步，识别键盘有无键按下；第 2 步，如有键被按下，识别出具体的键位。

下面以图 7 - 14 所示的键 3 被按下为例，说明识别过程。

第 1 步，识别键盘有无键按下。先把所有列线均置为 0，然后检查各行线电平是否都为高，如果不全为高，说明有键按下，否则无键被按下。

例如，当键 3 按下时，第 1 行线为低。当然，现在还不能确定是键 3 被按下，因为如果同一行的键 2、键 1 或键 0 之一被按下，行线均为低电平。此时只能得出第 1 行有键被按下的结论。

第 2 步，识别出哪个按键被按下。采用逐列扫描法，在某一时刻只让 1 条列线处于低电平，其余所有列线处于高电平。

当第 1 列为低电平，其余各列为高电平时，因为是键 3 被按下，第 1 行的行线仍处于高电平；当第 2 列为低电平，其余各列为高电平时，第 1 行的行线仍处于高电平；直到让第 4 列为低电平，其余各列为高电平时，此时第 1 行的行线电平变为低电平，据此，可判断第 1 行第 4 列交叉点处的按键，即键 3 被按下。

综上所述，扫描法的思想是，先把某一列置为低电平，其余各列置为高电平，检查各行线电平的变化，如果某行线电平为低电平，则可确定此行此列交叉点处的按键被按下。

2）线反转法

扫描法要逐列扫描查询，有时则要多次扫描。而线反转法则很简练，无论被按键是处于第一列或最后一列，均只需经过两步便能获得此按键所在的行列值，下面以图 7 - 15 所示的矩阵式键盘为例，介绍线反转法的具体步骤。

第1步，让行线编程为输入线，列线编程为输出线，并使输出线输出为全低电平，则行线中电平由高变低的所在行为按键所在行。

第2步，再把行线编程为输出线，列线编程为输入线，并使输出线输出为全低电平，则列线中电平由高变低所在列为按键所在列。

两步即可确定按键所在的行和列，从而识别出所按的键。

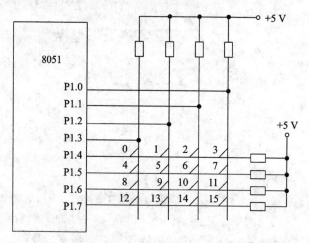

图 7-15　采用线反转法的矩阵式键盘

假设键 3 被按下。

第一步，P1.0～P1.3 输出全为"0"，然后，读入 P1.4～P1.7 线的状态，结果 P1.4＝0，而 P1.5～P1.7 均为 1，因此，第 1 行出现电平的变化，说明第 1 行有键按下；

第二步，让 P1.4～P1.7 输出全为"0"，然后，读入 P1.0～P1.3 位，结果 P1.0＝0，而 P1.1～P1.3 均为 1，因此第 4 列出现电平的变化，说明第 4 列有键按下。

综上所述，即第 1 行、第 4 列按键被按下，此按键即键 3 按下。

7.3　MCS-51 单片机与 LED 显示器的接口

显示器是人机对话的主要输出设备，它显示系统运行中用户所关心的实时数据。在单片机应用系统中，经常用 LED 数码管作为显示设备。LED 数码管具有显示清晰、亮度高、使用电压低、寿命长、与单片机接口方便等特点，基本上能满足单片机应用系统的需要，所以在单片机应用系统中经常用到。

7.3.1　LED 显示器的结构与原理

1. 发光二极管的特性

发光二极管 LED 具有体积小、抗冲击和抗震性好、可靠性高、寿命长、工作电压低、功耗小、响应速度快等特点，在单片机应用系统中得到广泛的应用。一般说来，发光二极管的工作电流在 5 mA～20 mA 之间，最大不超过 50 mA。为了获得良好的发光效果，LED 工作电流控制在 10 mA～15 mA 较为合理。

2. 单片机与发光二极管的连接

相对 LED 的工作电流，单片机 I/O 口的负载能力较小，在单片机与 LED 连接时一般可采用分立元件（如三极管）或驱动芯片来增强驱动能力，如图 7－16 所示。

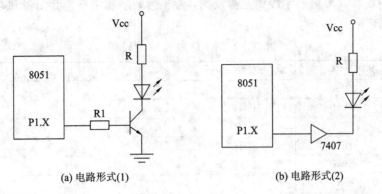

(a) 电路形式(1)　　　　　　　　(b) 电路形式(2)

图 7－16　LED 驱动电路

图 7－16(a)中，当 P1.X 输出高电平，三极管饱和导通，根据三极管特性可知流过 LED 灯的电流比流过单片机 P1.X 引脚的电流大。需要注意的是，在单片机复位期间，由于 P1 口输出高电平，LED 将会发光。为了避免该现象发生，可采用图 7－16(b)所示的方式。在图 7－16(b)中，采用同相驱动的集成芯片 7407。当 P1.X 输出低电平时，驱动器输出低电平，LED 灯发光。该电路克服了单片机复位期间 LED 发光的缺陷。

3. LED 数码管显示原理

LED 数码管是常见的显示器件。LED 数码管为"8"字型的，共计 8 段（包括小数点段在内）或 7 段（不包括小数点段），每一段对应一个发光二极管，有共阳极和共阴极两种，如图 7－17 所示。共阳极数码管的阳极连接在一起，公共阳极接到＋5 V 上；共阴极数码管的阴极连接在一起，通常此公共阴极接地。

对于共阴极数码管，当某个发光二极管的阳极为高电平时，发光二极管点亮，相应的段被显示。同样，共阳极数码管的阳极连接在一起接＋5 V，当某个发光二极管的阴极接低电平时，该发光二极管被点亮，相应的段被显示。

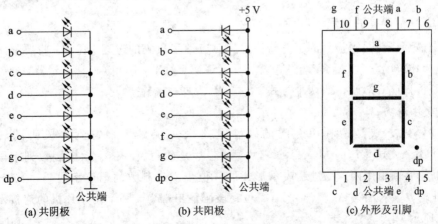

(a) 共阴极　　　　　(b) 共阳极　　　　　(c) 外形及引脚

图 7－17　八段 LED 数码管结构及外形

　　为了使 LED 数码管显示呈现出不同的字符，就应按需将八段数码管中的某些段点亮，这种控制发光二极管发光的 7 位（考虑小数点时，是 8 位）二进制编码称为字段码。不同数字或字符其字段码不一样，对于同一个数字或字符，共阴极连接和共阳极连接的字段码也不一样，共阴极和共阳极的字段码互为反码，常见的数字和字符的共阳极和共阴极的字段码如表 7-2 所示。

表 7-2　LED 数码管的段码

显示字符	共阴极字型码	共阳极字型码	显示字符	共阴极字型码	共阳极字型码
0	3FH	C0H	C	39H	C6H
1	06H	F9H	d	5EH	A1H
2	5BH	A4H	E	79H	86H
3	4FH	B0H	F	71H	8EH
4	66H	99H	P	73H	8CH
5	6DH	92H	U	3EH	C1H
6	7DH	82H	y	6EH	91H
7	07H	F8H	H	76H	89H
8	7FH	80H	L	38H	C7H
9	6FH	90H	一	40H	BFH
A	77H	88H	"灭"	00H	FFH
b	7CH	83H	…	…	…

　　需要注意的是，表 7-2 中的各种段码是以八段数码管中"a"段为段码字节的最低位，小数点位"dp"为字段码字节的最高位，段码位的对应关系如表 7-3 所示。

表 7-3　段码位的对应关系

字段码	D7	D6	D5	D4	D3	D2	D1	D0
位 段	dp	g	f	e	d	c	b	a

　　这样一来，如要在数码管上显示某一字符，只需将该字符的段码加到各段上即可。例如某存储单元中的数为"02H"，对应十进制数"2"，想在共阳极数码管上显示该数字，需要把该数字的共阳极段码"A4H"加到数码管各段，此时在数码管上点亮的那些二极管就会拼出字符"2"。

4. LED 数码管的显示译码

　　所谓显示译码是由显示的字符转换得到对应的字段码的过程。比如：将要显示的数字"2"转换为相应的段码"A4H"的过程就是显示译码。对于 LED 数码管显示器，通常的译码方式有硬件译码和软件译码两种方式。

　　1）硬件译码

　　硬件译码方式是指利用专门的硬件电路来实现显示字符到字段码的转换，如MOTOTOLA公司生产的 MC14495 芯片，该芯片是共阴极一位十六进制数到字段码的转换芯片，能够输出用四位二进制表示形式的一位十六进制数的七位字段码，不带小数点。4 位二进制数输入端为 A、B、C、D，7 位字段码输出端为 a～g，与单片机的连接示意图如图 7-20 所示。

　　采用硬件译码时，要显示一个数字，只需送出这个数字的 4 位二进制编码即可，虽然软件开销较小，但线路复杂，成本高。

　2）软件译码

　　软件译码就是编写软件译码程序，通过译码程序来得到要显示的字符的字段码。译码程序通常为查表程序，虽然软件开销较大，但硬件线路简单，因而在实际系统中经常用到。

7.3.2　LED 数码管的显示方式

　　单片机控制 LED 数码管有两种显示方式：静态显示和动态扫描显示。

1. 静态显示方式

　　静态显示就是指无论多少位 LED 数码管，都同时处于显示状态。

　　LED 静态显示时，其公共端直接接地（共阴极）或接电源（共阳极），每位数码管的段码线（a～dp）分别与一个单片机控制的 8 位 I/O 口锁存器输出相连。如果送往各个 LED 数码管所显示字符的段码一经确定，则相应的 I/O 口锁存器锁存的段码输出将维持不变，直到送入下一个显示字符的段码。因此，静态显示方式的显示无闪烁，亮度较高，软件控制比较容易。

　　图 7-18 所示为 4 位 LED 数码管静态显示电路，各个数码管可独立显示，只要向控制各位 I/O 口锁存器写入相应的显示段码，该位就能保持相应的显示字符。这样一来，在同一时间，每一位均可显示，且显示的字符可以各不相同。

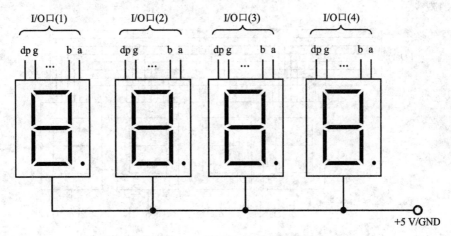

图 7-18　4 位 LED 静态显示的示意图

　　但是，静态显示方式中，每个显示位要占用一个 8 位的 I/O 口线。如果显示位增多，则还需要增加 I/O 口的数目。在实际的系统设计中，如果显示位数较多时，往往不采用静态显示方式，而改用动态显示方式。

2. 动态扫描显示方式

　　显示位数较多时，静态显示所占用的 I/O 口多，为节省 I/O 口与驱动电路的数目，常采用动态扫描显示方式。LED 动态显示是将所有 LED 数码管显示器的段码线的相应段并联在一起，由一个 8 位 I/O 端口控制，而各显示位的公共端分别由另一单独的 I/O 端口线控制。

　　图 7-19 所示为一个 4 位 8 段 LED 数码管动态扫描显示电路的示意图。4 位数码管的

段码线并接在一起通过 I/O(1)控制，它们的公共端不直接接地（共阴极）或电源（共阳极），每个数码管的公共端与一根 I/O 线相连，通过 I/O(2)控制。设数码管为共阳极，它的工作过程可分为两步：

第一步，使右边第一位数码管的公共端 D0 为 1，其余的数码管的公共端为 0，同时在 I/O(1)上发送右边第一位数码管的字段码，这时，只有右边第一个数码管显示，其余不显示；

第二步，使右边第二位数码管的公共端 D1 为 1，其余的数码管的公共端为 0，同时在 I/O(1)上发送右边第二位数码管的字段码，这时，只有右边第二位数码管显示，其余不显示。

依此类推，直到最后一位，这样 4 位数码管轮流显示相应的信息，一次循环完毕后，下一次循环又这样轮流显示。从计算机的角度看是一位一位轮流显示的，但由于人的视觉暂留效应和数码管的余辉，只要控制好每位数码管点亮显示的时间和间隔，则可造成"多位同时亮"的假象，达到 4 位同时显示的效果，这就是动态显示原理。

需要注意的是，各位数码管轮流点亮的时间间隔（扫描间隔）应根据实际情况而定。发光二极管从导通到发光有一定的延时，如果点亮时间太短，发光太弱，人眼无法看清；如果时间太长，产生闪烁现象，而且此时间越长，占用单片机时间也越多。另外，显示位数增多，也将占用单片机的大量时间，因此动态显示的实质是以执行程序的时间来换取 I/O 端口数目的减少。

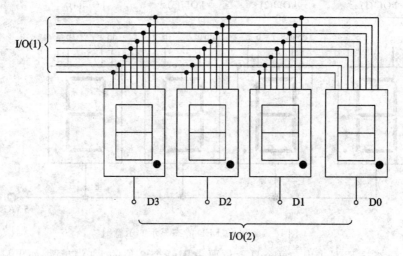

图 7-19　4 位 LED 数码管动态显示

7.3.3　LED 显示器与单片机的接口

LED 显示器从译码方式上有硬件译码方式和软件译码方式。从显示方式上有静态显示方式和动态显示方式。在使用时可以把它们组合起来。在实际应用时，如果数码管个数较少，通常用硬件译码静态显示，在数码管个数较多时，则通常用软件译码动态显示。

1. 硬件译码静态显示

图 7-20 所示是一个两位共阴极数码管硬件译码静态显示的接口电路图。图中采用两片 MC14495 硬件译码芯片，它们的输入端并接在一起与 P1 中的低 4 位相连，控制端 $\overline{LE}$ 分

别接 P1.4 和 P1.5，MC14495 的输出端接数码管的段选线 a～g，数码管的公共端直接接地。操作时，如果使 P1.4 为低电平，则左边数码管接收数据，此时通过 P1 口的低 4 位输出的数字，将在左边第一个数码管显示。如果使 P1.5 为低电平，则右边数码管接收数据，此时通过 P1 口的低 4 位输出的数字，将在右边数码管显示。

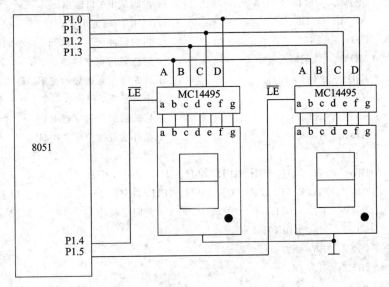

图 7 - 20　硬件译码静态显示电路

需要注意的是，MC14495 芯片既有译码功能又有锁存功能，引脚 $\overline{\text{LE}}$ 是数据锁存控制端，当 $\overline{\text{LE}}$=0 时，输入数据，当 $\overline{\text{LE}}$=1 时，数据锁存于锁存器中。所以在图 7 - 20 中，当 P1 口的低 4 位给右边数码管送数据时，左边数码管仍然显示原来的信息，该图中的两位数码管不是轮流的动态显示，而是静态显示。

2. 软件译码动态显示

图 7 - 21 所示是一个 8 位软件译码动态显示的接口电路图，图中用 8255A 扩展并行 I/O 接口接数码管，数码管为共阴极，采用动态显示方式，8 位数码管的段选线并联，与 8255A 的 A 口通过 74LS373 相连，8 位数码管的公共端通过 74LS373 分别与 8255A 的 B 口相连。8255A 的 B 口输出位选码，选择要显示的数码管，8255A 的 A 口输出字段码使数码管显示相应的字符。8255A 的 A 口和 B 口都工作于方式 0 输出。图 7 - 21 中 A 口、B 口、C 口和控制口的地址分别为 7F00H、7F01H、7F02H 和 7F03H。

软件译码动态显示汇编语言程序为：（设 8 个数码管的显示缓冲区为片内 RAM 的 57H～50H 单元）

```
DISPLAY:   MOV    A, #10000000B          ; 8255 初始化
           MOV    DPTR, #7F03H           ; 使 DPTR 指向 8255A 的控制寄存器端口
           MOVX   @DPTR, A
           MOV    R0, #57H               ; 动态显示初始化，使 R0 指向缓冲区首址
           MOV    R3, #7FH               ; 首位位选字送 R3
           MOV    A, R3
LD0:       MOV    DPTR, #7F01H           ; 使 DPTR 指向 PB 口
           MOVX   @DPTR, A               ; 从 PB 口送出位选字
```

```
        MOV     DPTR，♯7F00H          ;使 DPTR 指向 PA 口
        MOV     A，@R0                ;读要显示数
        ADD     A，♯0DH               ;调整距段码表首的偏移量
        MOVC    A，@A＋PC             ;查表取得段码
        MOVX    @DPTR，A              ;段码从 PA 口输出
        ACALL   DL1                  ;调用 1 ms 延时子程序
        DEC     R0                   ;指向缓冲区下一单元
        MOV     A，R3                 ;位选码送累加器 A
        JNB     ACC.0，LD1            ;判断 8 位是否显示完毕，显示完返回
        RR      A                    ;未显示完，把位选字变为下一位选字
        MOV     R3，A                 ;修改后的位选字送 R3
        AJMP    LD0                  ;循环实现按位序依次显示
LD1：    RET
TAB：    DB      3FH，06H，5BH，4FH，66H，6DH，7DH，07H
        DB      7FH，6FH，77H，7CH，39H，5EH，79H，71H      ;字段码表
DL1：    MOV     R7，♯02H              ;延时子程序
DL：     MOV     R6，♯0FFH
DL0：    DJNZ    R6，DL0
        DJNZ    R7，DL
        RET
```

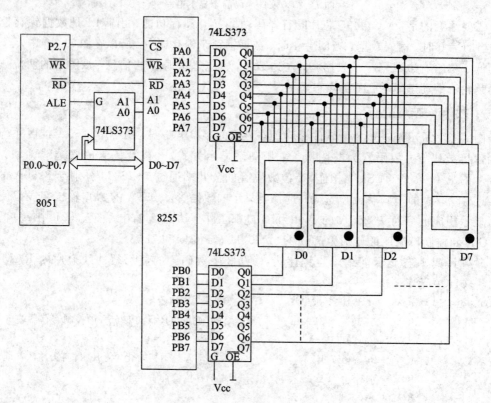

图 7 - 21　软件译码动态显示电路

7.4　A/D 和 D/A 转换器的扩展

当单片机用于实时控制和智能仪表等应用系统中时，经常会遇到连续变化的模拟量，模拟量可以是电压、电流等电信号，也可以是温度、湿度、压力、速度、流量等随时间连续变化的非电物理量。非电物理量需经过相应的传感器转换成模拟的电信号，然后由 A/D 转换器转换成数字量，才能送给单片机处理。当单片机处理后，也常常需要把数字量转换为模拟量后再送出给外部设备。实现由模拟量到数字量转换的器件称为 A/D 转换器（ADC），将数字量转换为模拟量的器件称为 D/A 转换器（DAC）。在 A/D、D/A 接口系统设计中，系统设计者的主要任务是根据用户对 A/D、D/A 转换通道的技术要求，合理地选择通道的结构以及按一定的技术、经济准则，恰当地选择所需的各种集成电路，在硬件设计的同时还须考虑通道驱动程序的设计，较好的驱动程序可以使同样规模的硬件设备发挥更高的效率。

7.4.1　A/D 转换器的扩展

1. A/D 转换器的类型

随着超大规模集成电路技术的飞速发展，现在有很多类型的 A/D 转换器芯片。不同的芯片，它们的内部结构不一样，转换原理也不同，各种 A/D 转换芯片根据转换原理可分为计数型 A/D 转换器、逐次逼近式、双重积分型和并行式 A/D 转换器等；按转换方法可分为直接 A/D 转换器和间接 A/D 转换器；按其分辨率可分为 4～16 位的 A/D 转换器芯片。

1）计数型 A/D 转换器

计数型 A/D 转换器由 D/A 转换器、计数器和比较器组成，工作时，计数器由零开始计数，每计一次数后，计数值送往 D/A 转换器进行转换，并将生成的模拟信号与输入的模拟信号在比较器内进行比较，若前者小于后者，则计数值加 1，重复 D/A 转换及比较过程，依此类推，直到当 D/A 转换后的模拟信号与输入的模拟信号相同，则停止计数，这时，计数器中的当前值就为输入模拟量对应的数字量。这种 A/D 转换器结构简单、原理清楚，但它的转换速度与精度之间存在矛盾，当提高精度时，转换的速度就慢，当提高速度时，转换的精度就低，所以在实际中很少使用。

2）逐次逼近型 A/D 转换器

逐次逼近型 A/D 转换器是由一个比较器、D/A 转换器、寄存器及控制电路组成部分。与计数型相同，也要进行比较来得到转换的数字量，但逐次逼近型是用一个寄存器从高位到低位依次开始逐位试探比较。转换过程如下：开始时寄存器各位清零，转换时，先将最高位置 1，送 D/A 转换器转换，转换结果与输入的模拟量比较，如果转换的模拟量比输入的模拟量小，则 1 保留，如果转换的模拟量比输入模拟量大，则 1 不保留，然后从第二位依次重复上述过程直至最低位，最后寄存器中的内容就是输入模拟量对应的数字量。一个 n 位的逐次逼近型 A/D 转换器转换只需要比较 n 次，转换时间只取决于位数和时钟周期。逐次逼近型 A/D 转换器转换速度快，在实际中使用广泛。

3）双重积分型 A/D 转换器

双重积分型 A/D 转换器将输入电压先变换成与其平均值成正比的时间间隔，然后再把此时间间隔转换成数字量,它属于间接型转换器。它的转换过程分为采样和比较两个过程。采样即用积分器对输入模拟电压进行固定时间的积分,输入模拟电压值越大,采样值越大,比较就是用基准电压对积分器进行反向积分,直至积分器的值为 0,由于基准电压值固定,所以采样值越大,反向积分时积分时间越长,积分时间与输入电压值成正比,最后把积分时间转换成数字量,则该数字量就为输入模拟量对应的数字量。由于在转换过程中进行了两次积分,因此称为双重积分型。双重积分型 A/D 转换器转换精度高,稳定性好,测量的是输入电压在一段时间的平均值,而不是输入电压的瞬间值,因此它的抗干扰能力强,但是转换速度慢。双重积分型 A/D 转换器在工业上应用也比较广泛。

2. A/D 转换器的主要指标

(1) 分辨率:分辨率是指 A/D 转换器能分辨的最小输入模拟量。通常用转换的数字量的位数来表示,如 8 位、10 位、12 位、16 位等。位数越高,分辨率越高。

(2) 量程:量程是指所能转换的输入电压范畴。

(3) 转换时间:转换时间是指 A/D 转换器完成一次转换所需要的时间,指从启动 A/D 转换器开始到转换结束并得到稳定的数字输出量为止的时间。一般来说,转换时间越短,转换速度越快。

(4) 转换精度:分为绝对精度和相对精度。绝对精度是指实际需要的模拟量与理论上要求的模拟量之差。相对精度是指当满刻度值校准后,任意数字量对应的实际模拟量(中间值)与理论值(中间值)之差。

3. ADC0809 与 MCS - 51 单片机的接口

1) ADC0809 的概述

ADC0809 是采用 CMOS 工艺制成的逐次逼近式、8 位 A/D 转换器,有转换起停控制,模拟输入电压范围为 0～＋5 V,转换时间为 100 μs,它的内部结构如图 7 - 22 所示。

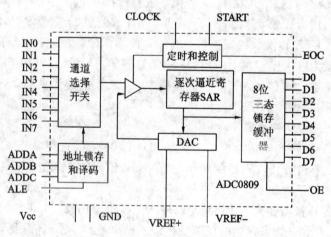

图 7 - 22　ADC0809 内部结构

ADC0809 由 8 路模拟通道选择开关、地址锁存器和译码器、比较器、8 位开关树型D/A转换器、逐次逼近型寄存器、定时和控制电路及三态输出锁存器等组成。其中,8 路模拟通道选择开关实现从 8 路输入模拟量中选择一路送给后面的比较器进行比较;地址锁存器与译码器用与当 ALE 信号有效时锁存从 ADDA、ADDB、ADDC 3 根地址线上送来的 3

位地址，译码后产生通道选择信号，从 8 路模拟通道中选择当前的模拟通道；比较器、8 位开关树型 DA 转换器、逐次逼近型寄存器、定时和控制电路组成 8 位 A/D 转换器，当 START 信号有效时，就开始对输入的当前通道的模拟量进行转换，转换后，把转换得到的数字量送到 8 位三态锁存器，同时通过 EOC 引脚送出转换结束信号。三态输出锁存器保存当前模拟通道转换得到的数字量，当 OE 信号有效时，则把转换的结果通过 D0～D7 送出。

2）ADC0809 外部引脚功能

ADC0809 芯片采用 28 脚 DIP 封装，如图 7-23 所示。

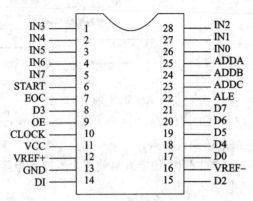

图 7-23 ADC0809 的引脚图

其中：

IN0～IN7：8 路模拟量输入端。

D0～D7：8 位数字量输出端。

ADDA、ADDB、ADDC：3 位地址输入线，用于选择 8 路模拟通道中的一路，选择情况见表 7-4 所示。

表 7-4 ADC0809 通道地址选择表

ADDC	ADDB	ADDA	选择通道	ADDC	ADDB	ADDA	选择通道
0	0	0	IN0	1	0	0	IN4
0	0	1	IN1	1	0	1	IN5
0	1	0	IN2	1	1	0	IN6
0	1	1	IN3	1	1	1	IN7

ALE：地址锁存允许信号，输入，由低电平变高电平锁存。

START：A/D 转换启动信号，输入，由高电平变低电平启动。

EOC：A/D 转换结束信号，输出。当启动转换时，该引脚为低电平，当 A/D 转换结束时，该线脚输出高电平。

OE：数据输出允许信号，输入，高电平有效。当转换结束后，如果从该引脚输入高电平，则打开输出三态门，输出锁存器的数据从 D0～D7 送出。

CLK：时钟脉冲输入端。要求时钟频率不高于 640 kHz。

REF＋、REF－：基准电压输入端。

Vcc：电源，接＋5 V 电源。

GND：地。

3）ADC0809 的操作时序

ADC0809 的操作时序如图 7-24 所示。

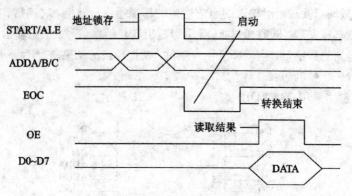

图 7-24 ADC0809 的操作时序

① 输入 3 位地址，并使 ALE=1，将地址存入地址锁存器中，经地址译码器译码从 8 路模拟通道中选通一路模拟量送到比较器。

② 送 START 一高脉冲，START 的上升沿使逐次逼近寄存器复位，下降沿启动 A/D 转换，并使 EOC 信号为低电平。

③ 当转换结束时，转换的结果送入到输出三态锁存器，并使 EOC 信号回到高电平，通知 CPU 已转换结束。

④ 当 CPU 执行一读数据指令，使 OE 为高电平，则从输出端 D0～D1 读出数据。

4）ADC0809 与单片机的硬件连接

图 7-25 所示是 ADC0809 与 8051 单片机的一个连接电路图。

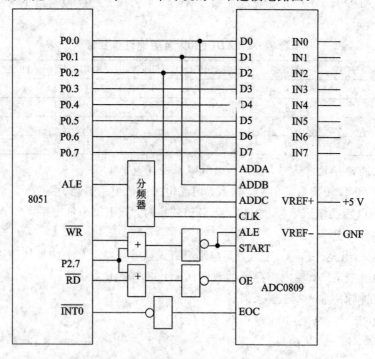

图 7-25 ADC0809 与 MCS-51 单片机的连接

在图 7-25 中，ADC0809 的转换时钟由 8051 的 ALE 信号提供。因为 ADC0809 的最高时钟频率为 640 kHz，ALE 信号的频率是晶振频率的 1/6，如果晶振频率为 12 MHz，则 ALE 的频率为 2 MHz，所以 ALE 信号要分频后再送给 ADC0809。8051 通过地址线 P2.7 和读、写信号来控制 ADC0809 的锁存信号 ALE、启动信号 START 和输出允许信号 OE，锁存信号 ALE 和启动信号 START 连接在一起，锁存的同时启动。当 P2.7 和写信号同为低电平时，锁存信号 ALE 和启动信号 START 有效，通道地址送地址锁存器锁存，同时启动 ADC0809 开始转换。通道地址由 P0.0、P0.1 和 P0.2 提供，由于 ADC0809 的地址锁存器具有锁存功能，所以 P0.0、P0.1 和 P0.2 可以不需要锁存器直接连接 ADDA、ADDB、ADDC。根据图中的连接方法，8 个模拟输入通道的地址分别为 0000H～0007H；当要读取转换结果时，只需要 P2.7 和读信号同为低电平，输出允许信号 OE 有效，转换的数字量通过 D0～D7 输出。转换结束信号 EOC 与 8051 的外中断 INT0 相连，由于逻辑关系相反，因而通过反相器连接，那么转换结束则向 8051 发送中断请求，CPU 响应中断后，在中断服务程序中通过读操作来取得转换的结果。

5）软件编程

设图 7-25 中的接口电路用于一个 8 路模拟量输入的巡回检测系统，使用中断方式采样数据，把采样转换得到的数字量按序存于片内 RAM 的 30H～37H 单元中。采样完一遍后停止采集。其汇编程序如下：

```
        ORG   0003H
        LJMP  INT0
        ORG   0100H            ;主程序
        MOV   R0，#30H         ;设立数据存储区指针
        MOV   R2，#08H         ;设置 8 路采样计数值
        SETB  IT0              ;设置外部中断 0 为边沿触发方式
        SETB  EA               ;CPU 开放中断
        SETB  EX0              ;允许外部中断 0 中断
        MOV   DPTR，#0000H     ;送入口地址并指向 IN0
LOOP：  MOVX  @DPTR，A         ;启动 A/D 转换，A 的值无意义
HERE：  SJMP  HERE             ;等待中断
        ORG   0200H            ;中断服务程序
INT0：  MOVX  A，@DPTR         ;读取转换后的数字量
        MOV   @R0，A           ;存入片内 RAM 单元
        INC   DPTR             ;指向下一模拟通道
        INC   R0               ;指向下一个数据存储单元
        DJNZ  R2，NEXT         ;8 路未转换完，则继续
        CLR   EA               ;已转换完，则关中断
        CLR   EX0              ;禁止外部中断 0 中断
        RETI                   ;中断返回
NEXT：  MOVX  @DPTR，A         ;再次启动 A/D 转换
        RETI                   ;中断返回
```

7.4.2　D/A 转换器扩展

D/A 转换器实现把数字量转换成模拟量，在单片机应用系统设计中经常用到它。单片

机处理的是数字量，而单片机应用系统中很多控制对象都是通过模拟量进行控制，单片机输出的数字信号必须经 D/A 转换器转换成模拟信号后，才能送给控制对象进行控制。

1. D/A 转换器的基本原理

图 7-26 所示为 D/A 转换器的原理框图。D/A 转换器的输出电压 V_0 可以表示成输入数字量 D 和参考电压 V_{REF} 的乘积，即 $V_0 = D \cdot V_{REF}$。由此可见，D/A 转换器的输出模拟量是由数字输入 D 和参考电压源 V_{REF} 组合进行控制的。

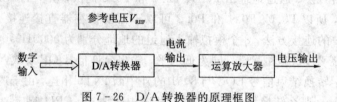

图 7-26　D/A 转换器的原理框图

2. D/A 转换器的性能指标

在设计 D/A 转换器与单片机接口之前，一般要根据 D/A 转换器的技术指标选择 D/A 转换器芯片。因此，首先介绍 D/A 转换器的主要指标。

1）分辨率

分辨率是指 D/A 转换器所能产生的最小模拟量的增量，是数字量最低有效位（LSB）所对应的模拟值。这个参数反映 D/A 转换器对模拟量的分辨能力。分辨率的表示方法有多种，一般用最小模拟值变化量与满量程信号值之比来表示。例如，8 位的 D/A 转换器的分辨率为满量程信号值的 1/256，12 位的 D/A 转换器的分辨率为满量程信号值的 1/4096。

2）精度

精度是用于衡量 D/A 转换器在将数字量转换成模拟量时，所得模拟量的精确程度。它表明了模拟输出实际值与理论值之间的偏差。精度可分为绝对精度和相对精度。绝对精度指在输入端加入给定数字量时，在输出端实测的模拟量与理论值之间的偏差。相对精度指当满量程信号值校准后，任何输入数字量的模拟输出值与理论值的误差，实际上是 D/A 转换器的线性度。

3）线性度

线性度是指 D/A 转换器的实际转换特性与理想转换特性之间的误差。一般来说，D/A 转换器的线性误差小于 ±1/2LSB。

4）温度灵敏度

温度灵敏度是用来表明 D/A 转换器具有受温度变化影响的特性。

5）建立时间

建立时间是指从数字量输入端发生变换开始，到模拟输出稳定在额定值的 ±1/2LSB 时所需要的时间。它是描述 D/A 转换器转换速率快慢的一个参数。

3. D/A 转换的分类

D/A 转换器的品种繁多、性能各异。按输入数字量的位数分为：8 位、10 位、12 位和16 位等；按输入的数码分为：二进制方式和 BCD 码方式；按传送数字量的方式分为：并行方式和串行方式；按输出形式分为：电流输出型和电压输出型，电压输出型又有单极性和双极性；按与单片机的接口分为：带输入锁存的和不带输入锁存的。

4. DAC0832 芯片介绍

1) DAC0832 芯片内部结构

DAC0832 是一个 8 位的 D/A 转换器芯片，是 DAC0830 系列的一种。由于 DAC0832 与单片机接口方便，转换控制容易，价格便宜，所以在实际工作中得到广泛的应用。DAC0832 是一种电流型 D/A 转换器，数字输入端具有双重缓冲功能，可以通过双缓冲、单缓冲或直通方式输入，它的内部结构如图 7 - 27 所示。

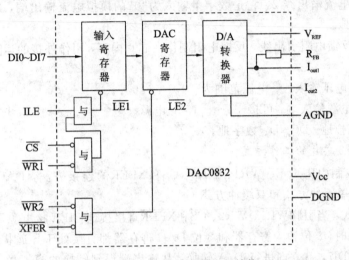

图 7 - 27　DAC0832 的内部结构

DAC0832 内部主要由 8 位输入寄存器、8 位 DAC 寄存器、8 位 D/A 转换器和控制逻辑电路组成。8 位输入寄存器接收从外部发送来的 8 位数字量，锁存于内部的锁存器中，8 位 DAC 寄存器从 8 位输入寄存器中接收数据，并能把接收的数据锁存于它内部的锁存器，8 位 DA 转换器对 8 位 DAC 寄存器发送来的数据进行转换，转换的结果通过 I_{out1} 和 I_{out2} 输出。8 位输入寄存器和 8 位 DAC 寄存器都分别有自己的控制端 $\overline{LE1}$ 和 $\overline{LE2}$，$\overline{LE1}$ 和 $\overline{LE2}$ 通过相应的控制逻辑电路控制。通过它们，DAC0832 可以很方便地实现双缓冲、单缓冲、或直通方式处理。

2) DAC0832 芯片的引脚

DAC0832 有 20 引脚，采用双列直插式封装，如图 7 - 28 所示。

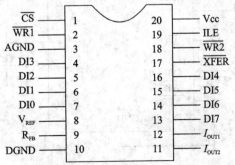

图 7 - 28　DAC0832 的引脚

其中：

DI0～DI7(DI0 为最低位)：8 位数字量输入端。

ILE：数据允许控制输入线，高电平有效。

$\overline{CS}$：片选信号。$\overline{WR1}$：写信号线 1；$\overline{WR2}$：写信号线 2；$\overline{XFER}$：数据传送控制信号输入线，低电平有效。

I_{out1}：模拟电流输出线 1。它是数字量输入为"1"的模拟电流输出端。

I_{out2}：模拟电流输出线 2，它是数字量输入为"0"的模拟电流输出端，采用单极性输出时，I_{out2} 常常接地。

R_{FB}：片内反馈电阻引出线，反馈电阻制作在芯片内部，用作外接的运算放大器的反馈电阻。

V_{REF}：基准电压输入线。电压范围为 $-10～+10$ V。

V_{CC}：工作电源输入端，可接 $+5～+15$ V 电源。

AGND：模拟地。DGND：数字地。

3) DAC0832 芯片的工作方式

通过改变控制引脚 ILE、$\overline{WR1}$、$\overline{WR2}$、$\overline{CS}$ 和 $\overline{XFER}$ 的连接方法，DAC0832 有三种方式：直通方式、单缓冲方式和双缓冲方式。

① 直通方式：当引脚 $\overline{WR1}$、$\overline{WR2}$、$\overline{CS}$ 和 $\overline{XFER}$ 直接接地，ILE 接电源，DAC0832 工作于直通方式，此时，8 位输入寄存器和 8 位 DAC 寄存器都直接处于导通状态，8 位数字量一旦到达 DI0～DI7，就立即进行 D/A 转换，从输出端得到转换的模拟量。这种方式处理简单，但 DI0～DI7 不能直接和 MCS - 51 单片机的数据线相连，只能通过独立的 I/O 接口来连接。

② 单缓冲方式：通过连接 ILE、$\overline{WR1}$、$\overline{WR2}$、$\overline{CS}$ 和 $\overline{XFER}$ 引脚，使得两个锁存器的一个处于直通状态，另一个处于受控锁存态，或者两个输入寄存器同时选通及锁存，DAC0832 就工作于单缓冲方式，例如图 7 - 29 就是一种单缓冲方式的连接。对于图 7 - 29 的单缓冲连接，只要数据写入 8 位输入锁存器，就立即开始转换，转换结果通过输出端输出。

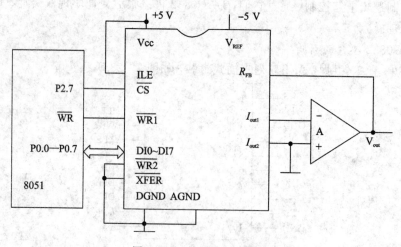

图 7 - 29　单缓冲方式连接

③ 双缓冲方式：当 8 位输入锁存器和 8 位 DAC 寄存器分开控制导通时，DAC0832 工作于双缓冲方式，双缓冲方式时单片机对 DAC0832 的操作分两步，第一步，使 8 位输入锁存器导通，将 8 位数字量写入 8 位输入锁存器中；第二步，使 8 位 DAC 寄存器导通，8 位数字量从 8 位输入锁存器送入 8 位 DAC 寄存器。第二步只使 DAC 寄存器导通，在数据输入端写入的数据无意义。图 7 – 30 所示就是一种双缓冲方式的连接。

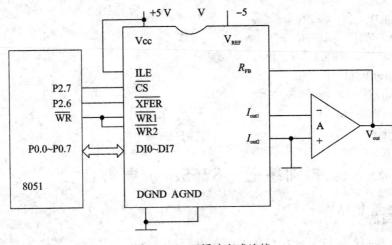

图 7 – 30　双缓冲方式连接

5. DAC0832 的应用

D/A 转换器在实际中经常作为波形发生器使用，通过它可以产生各种各样的波形。它的基本原理如下：利用 D/A 转换器输出模拟量与输入数字量成正比这一特点，通过程序控制 CPU 向 D/A 转换器送出随时间呈一定规律变化的数字，则 D/A 转换器输出端就可以输出随时间按一定规律变化的波形。

【例 7 – 1】　根据图 7 – 29 编程从 DAC0832 输出端分别产生锯齿波、三角波和方波。

据图 7 – 29 可知，DAC0832 工作在单缓冲方式下，DAC0832 的口地址为 7FFFH。

汇编语言编程：

锯齿波：
```
        MOV    DPTR, #7FFFH
        CLR A
LOOP:   MOVX   @DPTR, A
        INC    A
        SJMP   LOOP
```

三角波：
```
        MOV    DPTR, #7FFFH
        CLR    A
LOOP1:  MOVX   @DPTR, A
        INC    A
        CJNE   A, #0FFH, LOOP1
LOOP2:  MOVX   @DPTR, A
        DEC    A
        JNZ    LOOP2
```

```
            SJMP    LOOP1
方波：
            MOV     DPTR，＃7FFFH
LOOP：MOV     A，＃00H
            MOVX    @DPTR，A
            ACALL   DELAY
            MOV     A，＃FFH
            MOVX    @DPTR，A
            ACALL   DELAY
            SJMP    LOOP
DELAY：MOV     R7，＃0FFH
            DJNZ    R7，$
            RET
```

能力训练七　8255A 扩展 I/O 口

1. 训练目的

（1）进一步熟悉并行 I/O 接口的扩展方法。

（2）进一步理解 8255A 及 74LS373 芯片的工作原理。

（3）进一步熟悉 8255A 及 74LS373 芯片的使用方法。

2. 实验设备

PC 机一台、Keil C51 开发软件、Proteus 仿真软件等。

3. 训练内容

（1）查阅相关资料，进一步熟悉 8255A、74LS373 芯片的工作原理及各引脚的功能。

（2）在 Proteus 仿真软件中完成如图 7－31 所示的原理图设计。

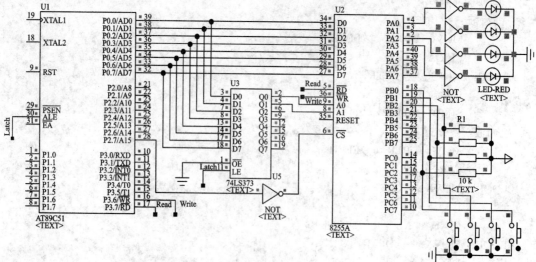

图 7－31　8255A 扩展 I/O 口原理图

（3）在 Keil 软件中完成源程序 8255a. asm 的编译，并生成 8255a. hex 文件。

源程序 8255a. asm：

```
        ORG   0000H
        AJMP    MAIN
        ORG   0100H
MAIN：MOV    DPTR,＃8003H        ;控制命令字，PA 输出，PB 输入
        MOV    A,＃82H
        MOVX  @DPTR,A
LOOP：MOV    DPTR,＃8001H        ;PB 输入
        MOVX  A,@DPTR
        MOV    DPTR,＃8000H       ;PA 输出
        MOVX  @DPTR,A
        SJMP   LOOP
        END
```

（4）分析源程序每行指令的含义以及整个程序的功能。

（5）加载目标代码 8255a. hex 到图 7 - 31 仿真系统的单片机中。

（6）单击仿真按钮，全速运行，点击电路图中的 Button 按钮，观察图中 4 个 LED 灯的变化与按键之间的关系。

4. 训练总结

（1）分析实验电路图中 74LS373 的作用。

（2）若要将 8255A 的 PA 口地址改为 4000H，则系统电路应如何接线？

（3）若要将 8255A 的 PA 口设为输入，PB 口设为输出，则如何利用程序实现 8255A 的初始化设置？

知识测试七

一、填空题

1. 8051 并行扩展 I/O 口时，对扩展 I/O 口芯片输入/输出端的基本要求是：构成输出口时，接口芯片应具有＿＿＿功能；构成输入口时，接口芯片应具有＿＿＿功能。

2. LED 显示器中的发光二极管共有＿＿＿＿＿和＿＿＿＿＿两种连接方法。

3. 8051 单片机有＿＿＿个并行口，一般由输出转输入时必须先写＿＿＿。

4. 在单片机的并行口中，具有第二功能的接口是＿＿＿＿。

5. 单片机的并行口在系统默认状态下的值为＿＿＿＿。

二、选择题

1. 如果把 8255 的 A1、A0 分别和 8051 的 P 0.1、P 0.0 连接，则 8255 的 A、B、C 控制寄存器的地址可能是：（　　）。

　A. 0000H～0003H　　　　　B. 0000H～0300H

　C. 0000H～3000H　　　　　D. 0000H～0030H

2. 使用 8255 可以扩展出的 I/O 口线是（　　）根。

A. 16 根　　　　　　B. 24 根　　　　　　C. 22 根　　　　　　D. 32 根

三、判断题(正确的打"√"，错误的打"×")

1. 8051 外扩 I/O 口可以与片外 RAM 统一编址。　　　　　　　　　　　　(　　)

2. 8255A 内部有 3 个 8 位并行口，即 A 口、B 口、C 口。　　　　　　　　(　　)

3. EPROM 的地址线为 11 条时，能访问的存储空间有 4KB。　　　　　　　(　　)

4. 单片机应用系统中，外部设备与外部数据存储器传送数据时，使用 MOV 指令。

　　　　　　　　　　　　　　　　　　　　　　　　　　　　　　　　(　　)

5. 为了消除按键的抖动，常用的方法有硬件和软件两种去抖动方法。　　　(　　)

6. MCS-51 有 4 个并行 I/O 口，其中 P0 和 P1 口一般用于扩展系统的地址总线。

　　　　　　　　　　　　　　　　　　　　　　　　　　　　　　　　(　　)

四、简答题

1. 显示器和键盘在单片机应用系统中的作用是什么？

2. 在单片机系统中，常用的显示器有哪几种？

3. LED 静态显示方式与动态显示方式有何区别？各有什么优缺点？

4. 为什么有消除按键的机械抖动？消除按键抖动的方法有几种？

5. A/D 转换器 DAC0809 的编程要点是什么？

第 8 章　单片机 C 语言及程序设计

8.1　单片机 C 语言概述

汇编语言能直接操作单片机的系统硬件，并且其指令执行速度快，执行效率高，尤其在进行 I/O 口管理时，使用汇编语言非常快捷、直观。但其程序可读性差，且编写、移植困难。随着单片机性能的不断提高，C 语言编译调试工具的不断完善，以及现在对单片机产品辅助功能的要求、对开发周期不断缩短的要求，使得越来越多的单片机编程人员转向使用 C 语言，因此有必要在单片机课程中讲授"单片机 C 语言"。为了与 ANSI C 区别，把"单片机 C 语言"称为"C51"，也称为"Keil C"。C51 语言是支持符合 ANSI 标准的 C 语言，同时针对 MCS-51 系列单片机的特点做了一些特殊的扩展，用 C 语言编写的应用程序必须由单片机的 C 语言编译器转换生成单片机可执行的代码。

1. 采用 C51 语言编程的优势

（1）编程容易，不要求用户了解单片机的指令系统，仅要求用户对 MCS-51 的存储结构有所了解，就能够编程。

（2）程序有规范的结构，易于结构化和移植，已经编好的程序可以很容易地植入新程序。

（3）寄存器的分配、存储器的寻址及数据类型，中断服务程序的现场保护和恢复，中断向量表的填写都由 C51 编译器处理。

（4）提供丰富的库函数供用户直接调用。

（5）C51 提供复杂的数据类型，极大地提高了程序的处理能力和灵活性；其提供了 data、bdata、idata、pdata、xdata、code 等存储类型，自动为变量分配地址空间；提供了 small、compact、large 等编译模式，以适应片上存储器的大小，同时 C51 也具有丰富的调试工具。

2. C 语言与 ANSI C 的区别

用汇编语言编写单片机程序时，必须要考虑其存储器的结构，尤其要考虑其片内数据存储器、特殊功能寄存器是否正确合理的使用，以及按照实际地址对端口数据进行处理。

用 C51 编写程序，虽然不像汇编语言那样需要具体地组织、分配存储器资源，但是 C51 变量的定义，必须要与单片机的存储结构相关联，否则编译器就不能正确地映射定位。

用 C51 编写单片机程序，与用 ANSI C 编写程序的不同之处是，需要根据单片机存储器结构及内部资源，定义相应的变量和内部资源。其他的语法规定、程序结构及程序设计方法都与 ANSI C 相同。

8.2　C51 的程序结构

1. C51 程序结构特点

C51 与标准 C 程序结构完全相同，具有如下特点：

（1）程序由函数组成（一个主函数，或一个主函数和若干自定义函数）。

（2）利用预处理命令对变量或函数进行集中定义或说明。

（3）函数和变量都需遵循先定义后使用的基本原则。

（4）主函数中的所有语句执行完毕，则程序结束。

一般程序结构如下：

```
#include<头文件>
函数类型说明
全局变量定义
main()
{
    局部变量定义
    <程序体>
}
func1()
{
    局部变量定义
    <程序体>
}
func2()
{
    局部变量定义
    <程序体>
}
```

2. C 程序的书写格式

关于 C 程序的书写格式，初学者要注意以下几点：

（1）程序书写格式自由，但区分大小写。

（2）一行内可以写一个或几个语句，每个语句和数据定义的最后必须有一个分号";"。但要注意，"#"号开头的为预处理指令，不属于 C 语句，所以不要用";"号结尾。

（3）可以用一对大括号将若干语句括起来，组成一个复合语句。

（4）程序中的语法标点均不能使用中文标点，否则会出现语法错误。

（5）可以用"//"符号放在注释文字前进行单行注释，也可以使用"/ * * * * * ……* * * * /"符号对 C51 程序中的任何部分进行多行注释。

【例 8 - 1】　电路如图 8 - 1 所示，编写程序，控制 LED 闪烁。

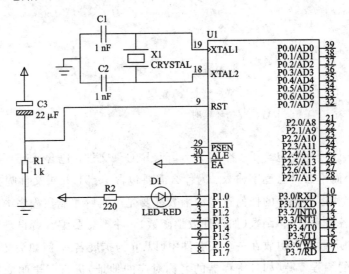

图 8 - 1　单片机控制 LED 灯

解：汇编程序如下：

```
        ORG 00H
        AJMP    START
        ORG     30H
START：CLR    P1.0
        ACALL   DEL50
        SETB   P1.0
        AJMP    START
DEL50：MOV    R7，#200
DEL1：MOV    R6，#125
DEL2：DJNZ    R6，DEL2
        DJNZ    R7，DEL1
        RET
        END
```

C 语言参考程序如下：

```
#include<reg51.h>          //51 单片机头文件
void delay( );             //延时函数声明
sbit p1_0＝p1^0;           //输出端口定义
main( )
{                          //主函数
    while(1)
    {                      //无限循环体
    p1_0＝0;                // p1_0＝0，led 灯亮
    delay( );              //延时
    p1_0＝1;                // p1_0＝1，led 灯灭
```

```
        delay( );                    //延时
        }
    }
    void delay(void)
    {                                //延时函数
        unsigned char i；           //字符型变量 i 定义
        for(i=200；i>0；i++)；        //循环延时
    }
```

程序中用预处理指令包含了一个名为 reg51. h 的头文件，包含 reg51. h 相当于把该文件内容放在该处而不必自己逐字输入。为什么需要包含 reg51. h 头文件呢？这时因为 C 语言中除了关键字和运算符外的任何符号和函数都要先声明后才能在程序中使用，但对大量的通用符号（如各寄存器）和函数（如各种数学函数），并不需要编程者自己来逐一声明，而是将这些符号和函数的声明放在一个头文件中（以. h 为扩展名），例如头文件 reg51. h 就是对 51 单片机中的编程资源（如各寄存器的名称对应的地址）进行了声明或定义。如果在程序开始处用预处理指令＃include＜reg51＞包含了该头文件，在程序中就可以通过寄存器名称来使用这些资源而无需自己逐一声明。

通过上述例题可知，C51 的语法规定、程序结构及程序设计方法都与标准的 C 语言程序设计相同，但 C51 程序与标准的 C 程序在以下几个方面不一样：

（1）C51 中定义的库函数和标准 C 语言定义的库函数不同。标准的 C 语言定义的库函数是按通用微型计算机来定义的，而 C51 中的库函数是按 MCS－51 单片机相应的情况来定义的。

（2）C51 中的数据类型与标准 C 的数据类型也有一定的区别，在 C51 中还增加了几种针对 MCS－51 单片机特有的数据类型。

（3）C51 变量的存储模式与标准 C 中变量的存储模式不一样，C51 中变量的存储模式与 MCS－51 单片机的存储器紧密相关。

（4）C51 与标准 C 的输入输出处理不一样，C51 中的输入输出是通过 MCS－51 串行口来完成的，输入输出指令执行前必须要对串行口进行初始化。

（5）C51 与标准 C 在函数使用方面也有一定的区别，C51 中有专门的中断函数。

8.3   C51 的常量

常量是在程序执行过程中其值不能改变的量。在 C51 中支持的常量有整型常量、浮点型常量、字符型常量和字符串型常量。

1. 整型常量

整型常量也就是整型常数，根据其值范围在计算机中分配不同的字节数来存放。在 C51 中它可以表示成以下几种形式：

（1）十进制整数。如 234、－56、0 等。

（2）十六进制整数。以 0x 开头表示，如 0x12 表示十六进制数 12H。

（3）长整数。在 C51 中当一个整数的值达到长整型的范围，则该数按长整型存放，在存储器中占四个字节，另外，如一个整数后面加一个字母 L，表明这个数在存储器中也是按长整型存放的。如 123L 在存储器中占四个字节。

2. 浮点型常量

浮点型常量也就是实型常数。有十进制表示形式和指数表示形式两种形式。

十进制表示形式又称定点表示形式，由数字和小数点组成。如 0.123、34.645 等都是十进制数表示形式的浮点型常量。

指数表示形式为：

　　　[±] 数字 [. 数字] e [±] 数字

例如：123.456e−3、−3.123e2 等都是指数形式的浮点型常量。

3. 字符型常量

字符型常量是用单引号引起的字符，如 'a'、'1'、'F' 等，它可以是可显示的 ASCII 字符，也可以是不可显示的控制字符。对不可显示的控制字符须在前面加上反斜杠 "\" 组成转义字符。利用它可以完成一些特殊功能和输出时的格式控制。常用的转义字符如表 8−1 所示。

表 8−1　常用的转义字符一览表

转义字符	含　义	ASCII 码（十六进制数）
\ 0	空字符(null)	00H
\ n	换行符(LF)	0AH
\ r	回车符(CR)	0DH
\ t	水平制表符(HT)	09H
\ b	退格符(BS)	08H
\ f	换页符(FF)	0CH
\ '	单引号	27H
\ "	双引号	22H
\ \	反斜杠	5CH

4. 字符串型常量

字符串型常量是由双引号 "" 括起的字符组成的，如 "D"、"1234"、"ABCD" 等。注意字符串常量与字符常量是不一样的，一个字符常量在计算机内只用一个字节存放，而一个字符串常量在内存中存放时不仅双引号内的字符一个占一个字节，而且系统会自动的在后面加一个转义字符 "\0" 作为字符串结束符。因此不要将字符常量和字符串常量混淆，如字符常量 'A' 和字符串常量 "A" 是不一样的。

8.4　C51 的变量

在程序执行过程中，数值可以发生改变的量称为变量。一个变量由两部分组成：变量名和变量值。变量名与存储单元地址相对应，变量的数据类型不同，占用的存储单元数也不一样，变量值与存储单元的内容相对应。程序中使用变量名对内存单元进行操作。

在 C51 中，变量在使用前必须对其进行定义，用户需指出变量的数据类型和存储模式，以便编译系统为它分配相应的存储单元。定义的格式如下：

〔存储种类〕数据类型说明符〔存储器类型〕变量名 1〔＝初值〕，变量名 2〔初值〕…；

注： 其中括号项表示可以缺省（但需有缺省值）。

1. 存储种类

存储种类是指变量在程序执行过程中的作用范围。C51 变量的存储种类有四种，分别是自动（auto）、外部（extern）、静态（static）和寄存器（register）。

（1）auto（自动型）：变量的作用范围在定义它的函数体或语句块内。当定义它的函数体或复合语句执行时，C51 才为该变量分配内存空间，结束时占用的内存空间释放。自动变量一般分配在内存的堆栈空间中。定义变量时，如果省略存储种类，则该变量默认为自动（auto）变量。

（2）extern（外部型）：使用 extern 定义的变量称为外部变量。在一个函数体内，要使用一个已在该函数体外或别的程序中定义过的外部变量时，该变量在该函数体内要用 extern 说明。外部变量被定义后系统会为其分配固定的内存空间，在程序整个执行时间内都有效，直到程序结束才释放。

（3）static（静态型）：使用 static 定义的变量称为静态变量。它又分为内部静态变量和外部静态变量。在函数体内部定义的静态变量为内部静态变量，它在对应的函数体内有效，一直存在，但在函数体外不可见，这样不仅使变量在定义它的函数体外被保护，还可以实现当离开函数时值不被改变。外部静态变量是在函数外部定义的静态变量。它在程序中一直存在，但在定义的范围之外是不可见的。如在多文件或多模块处理中，外部静态变量只在文件内部或模块内部有效。

（4）register（寄存器型）：使用 register 定义的变量称为寄存器变量。它定义的变量存放在 CPU 内部的寄存器中，处理速度快，但数目少。C51 编译器编译时能自动识别程序中使用频率最高的变量，并自动将其作为寄存器变量，用户可以无需专门声明。

2. 数据类型

数据的不同格式叫做数据类型。在定义变量时，必须通过数据类型说明符指明变量的数据类型，指明变量在存储器中占用的字节数。表 8 - 2 是 Keil C51 编译器能识别的基本数据类型。

在 C51 语言程序中，有可能会在运算中出现数据类型不一致的情况。C51 允许任何标准数据类型的隐式转换，隐式转换的优先级顺序如下：

bit char int long float

signed unsigned

也就是说，当 char 型与 int 型进行运算时，先自动对 char 型扩展为 int 型，然后与 int

型进行运算，运算结果为 int 型。C51 除了支持隐式类型转换外，还可以通过强制类型转换符"()"对数据类型进行人为的强制转换。

表 8 - 2 Keil C51 编译器能识别的基本数据类型

基本数据类型	长度	取值范围
unsigned char	1 字节	0～255
signed char	1 字节	−128～+127
unsigned int	2 字节	0～65 535
signed int	2 字节	−32 768～+32 767
unsigned long	4 字节	0～4 294 967 295
signed long	4 字节	−2 147 483 648～+2 147 483 647
float	4 字节	1.175 494E−38～3.402 823E+38
bit	1 位	0 或 1
sbit	1 位	0 或 1
sfr	1 字节	0～255
sfr16	2 字节	0～65 535

注：有符号数类型可以忽略 signed 标识符。

表 8-1 中，bit、sfr 或 sbit、sfr16 是 C51 中扩充的数据类型。

1）bit 或 sbit 型

在 C51 中，允许用户通过位类型符定义位变量。位类型符有两个：bit 和 sbit。可以定义两种位变量。

bit 位类型符用于定义一般的可位处理位变量。它的格式如下：

bit 位变量名；

在格式中可以加上各种修饰，但注意存储器类型只能是 bdata、data、idata。只能是片内 RAM 的可位寻址区，严格来说只能是 bdata。

【例 8 - 2】 bit 型变量的定义。

```
bit   data   a1;        /* 正确 */
bit   bdata  a2;        /* 正确 */
bit   pdata  a3;        /* 错误 */
bit   xdata  a4;        /* 错误 */
```

sbit 位类型符用于定义在可位寻址字节或特殊功能寄存器中的位，定义时须指明其位地址，可以是位直接地址，可以是可位寻址变量带位号，也可以是特殊功能寄存器名带位号。格式如下：

sbit 位变量名＝位地址；

如果位地址为位直接地址，其取值范围为 0x00～0xff；如果位地址是可位寻址变量带位号或特殊功能寄存器名带位号，则在它前面须对可位寻址变量或特殊功能寄存器进行定义。字节地址与位号之间、特殊功能寄存器与位号之间一般用"^"符号作为间隔符号。

【例 8 - 3】　sbit 型变量的定义。

sbit　OV＝0xd2;

sbit　CY＝oxd7;

unsigned char bdata flag;

sbit　flag0＝flag^0;

sfr　P1＝0x90;

sbit　P1_0＝P1^0;

sbit　P1_1＝P1^1;

sbit　P1_2＝P1^2;

sbit　P1_3＝P1^3;

sbit　P1_4＝P1^4;

sbit　P1_5＝P1^5;

sbit　P1_6＝P1^6;

sbit　P1_7＝P1^7;

2）sfr 或 sfr16 型

MCS - 51 系列单片机片内有许多特殊功能寄存器,通过这些特殊功能寄存器可以控制 MCS - 51 系列单片机的定时器、计数器、串口、I/O 及其他功能部件,每一个特殊功能寄存器在片内 RAM 中都对应于一个字节单元或两个字节单元。

在 C51 中,允许用户对这些特殊功能寄存器进行访问,访问时须通过 sfr 或 sfr16 类型说明符进行定义,定义时须指明它们所对应的片内 RAM 单元的地址。格式如下:

sfr

或

sfr16 特殊功能寄存器名＝地址;

sfr 用于对 MCS - 51 单片机中单字节的特殊功能寄存器进行定义,sfr16 用于对双字节特殊功能寄存器进行定义。特殊功能寄存器名一般用大写字母表示。地址一般用直接地址形式,具体特殊功能寄存器地址见第 2 章相关内容。

【例 8 - 4】　特殊功能寄存器的定义。

sfr　PSW＝0xd0;

sfr　SCON＝0x98;

sfr　TMOD＝0x89;

sfr　P1＝0x90;

sfr16　DPTR＝0x82;

sfr16　T1＝0X8A;

注:C 语言中十六进制整数是数值前加 0x 或 0X 前缀。

在 C51 中,为了用户处理方便,C51 编译器把 MCS - 51 单片机的常用的特殊功能寄存器和特殊位进行了定义,放在一个"reg51.h"或"reg52.h"的头文件中,当用户要使用时,只需要在使用之前用一条预处理命令 ♯include ＜reg51.h＞把这个头文件包含到程序中,然后就可使用殊功能寄存器名和特殊位名称。

此外，变量的数据类型可以是基本数据类型，还可以是用 typedef 或 ♯define 定义的类型别名。在 C51 中，为了增加程序的可读性，允许用户为系统固有的数据类型说明符用 typedef 或 ♯define 起别名，格式如下：

typedef C51 固有的数据类型说明符别名；

或

♯define 别名 C51 固有的数据类型说明符；

定义别名后，就可以用别名代替数据类型说明符对变量进行定义。别名可以用大写，也可以用小写，为了区别一般用大写字母表示。

【例 8 - 5】 typedef 或 ♯define 的使用。

typedef unsigned int WORD；

♯define BYTE unsigned char；

BYTE a1＝0x12；

WORD a2＝0x1234；

3. 存储器类型

存储器类型是用于指明变量所处的单片机的存储器区域情况。存储器类型与存储种类完全不同，是变量的存储区域属性，在定义变量时，必须明确指出将其存放在哪个区域。C51 编译器能识别的存储器类型有以下几种，见表 8 - 3 所示。

表 8 - 3 C51 编译器能识别的存储器类型

存储器类型	对应的存储空间及范围
data	直接寻址的片内 RAM 低 128B，访问速度快
bdata	片内 RAM 的可位寻址区(20H～2FH)，允许字节和位混合访问
idata	间接寻址访问的片内 RAM，允许访问全部片内 RAM
pdata	片外 RAM，分页寻址的 256 字节
xdata	用 DPTR 间接访问的片外 RAM，允许访问全部 64KB 片外 RAM
code	程序存储器 ROM 64KB 全空间

定义变量时也可以省去"存储器类型"，缺省时 C51 编译器将按编译模式 SMALL、COMPACT 和 LARGE 所规定的默认存储器类型去指定变量的存储器类型，详见表 8 - 4 所示。

表 8 - 4 三种编译模式分别对应的三种存储器类型

编译模式	变量存储区域	默认存储器类型	特　点
SMALL	片内低 128B RAM	data	访问数据的速度最快，但由于存储容量较小，难以满足需要定义较多变量的场合
COMPACT	片外低 256B RAM	pdata	介于两者之间，且受片外 RAM 的容量限制
LARGE	片外 64KB RAM	xdata	访问数据的效率不高，但由于存储容量较大，可满足需要定义较多变量的场合

注：若无特殊声明，一般均为"SMALL 编译模式"。

4. 变量名

变量名是 C51 区分不同变量，为不同变量取的名称。在 C51 中规定变量名可以由字母、数字和下划线三种字符组成，且第一个字母必须为字母或下划线。变量名有两种：普通变量名和指针变量名。它们的区别是指针变量名前面要带"＊"号。变量名具有字母大小写的敏感性，如 SUM 和 sum 代表不同的变量。值得注意的是，头文件中已经定义的变量都是大写的，若程序采取小写变量则需要重新定义。

变量名不得使用标准 C 语言和 C51 语言的扩展关键字。常见 C51 扩展关键字见表8－5。

表 8－5　C51 扩展的若干关键字一览表

关键字	用　途	说　明
_at_	地址定位	为变量进行存储器绝对空间地址定位
alien	函数特性声明	声明与 PL/M－51 编译器的接口
bdata	存储器类型声明	可位寻址的内部数据存储器
bit	位变量声明	声明一个位变量或位函数
code	存储器类型声明	程序存储器
compact	编译模式声明	声明一个紧凑编译模式
data	存储器类型声明	直接寻址的内部数据存储器
idata	存储器类型声明	间接寻址的内部数据存储器
interrupt	中断函数声明	定义一个中断服务函数
large	存储模式	声明一个大编译模式
pdata	存储器类型说明	分页寻址的外部数据存储器
reentrant	再入函数说明	定义一个再入函数
sbit	位标量声明	声明一个可位寻址变量
using	寄存器组定义	定义芯片的工作寄存器
xdata	存储器类型说明	外部数据存储器

5. 变量定义举例

unsigned char data system_status = 0;

//定义 system_status 为无符号字符型自动变量，该变量位于 data 区中且初值为 0。

unsigned char bdata status_byte;

//定义 status_byte 为无符号字符型自动变量，该变量位于 bdata 区。

unsigned int code unit_id[2]＝{0x1234，0x89ab};

//定义 unit_id[2]为无符号整型自动变量，该变量位于 code 区中，是长度为 2 的数组，且初值为 0x1234 和 0x89ab。

static char m，n;

//定义 m 和 n 为 2 个位于 data 区中的有符号字符型静态变量。

8.5　C51 的指针

指针是以地址方式直接访问计算机存储器的数据类型。由于 MCS－51 单片机有三种不同类型的存储空间，并且还有不同的存储区域，因此 C51 指针的内容更丰富。指针除了具有像变量的四种属性(存储类型、数据类型、存储区、变量名)外，按存储区，将指针分为通用指针和不同存储区域的专用指针。

1. 通用指针

所谓通用指针，就是通过该类指针可以访问所有的存储空间。在 C51 库函数中通常使用这种指针来访问。通用指针用 3 个字节来表示：

第一个字节：表示指针所指向的存储空间；

第二个字节：为指针地址的高字节；

第三个字节：为指针地址的低字节。

通用指针的定义与一般 C 语言指针的定义相同，其格式为：

［存储类型］数据类型 ＊指针名 1［，＊指针名 2］［，…］

【例 8－6】　通用指针的定义。

unsigned char ＊ cpt；

int ＊ dpt；

long ＊ lpt；

static char ＊ ccpt；

通用指针具有定义简单，访问所有空间，访问速度慢等特点。

2. 存储器专用指针

所谓存储器专用指针，就是通过该类指针，只能够访问规定的存储空间区域。指针本身占用 1 个字节(data ＊，idata ＊，bdata ＊，pdata ＊)或 2 个字节(xdata ＊，code ＊)。存储器专用指针的一般定义格式为：

［存储类型］数据类型 指向存储区 ＊［指针存储区］指针名 1［，＊［指针存储区］指针名 2，…］

指向存储区：是指针变量所指向的数据存储区域。不能够缺省。

指针存储区：是指针变量本身所存储的区域。缺省时认为指针存储区在默认的存储区域，其默认存储区域决定于所设定的编译模式。

指向存储区和指针存储区，两者可以是同一个区域，但多数情况下不会是同一个区域，如指向 code 区域的指针。

【例 8－7】　存储器专用指针定义。

unsigned　char　data　＊ cpt1，＊ cpt2；

signed　int　idata　＊ dpt1，＊ dpt2；

unsigned　char　pdata　＊ ppt；

signed　long　xdata　＊ lpt1，＊ lpt2；

unsigned　char　code　＊ ccpt；

上面所定义的指针虽然所指向的空间不同，但指针变量本身都存储在默认的存储区域。又如：

unsigned char *data* * idata cpt1，* idata cpt2；

signed int *idata* * data dpt1，* data dpt2；

unsigned char *pdata* * xdata ppt；

signed long *xdata* * lpt1，* xdata lpt2；

unsigned char *code* * data ccpt；

上面所定义的指针中，斜体的关键字为指针所指向的存储区，带下划线的关键字为指针本身所存储的区域。

需要注意的是：

(1) 要区分指针变量指向的空间区域和指针变量本身所存储的区域；

(2) 定义时，前者不能缺省，而后者可以缺省；

(3) 指针变量的长度问题：指向不同的区域，占用的字节数不同。

说明：指针变量本身所存储的区域，在定义指针时一般都省略了，指针变量本身保存在缺省存储的区域中。

定义时，缺省指针存储的区域，显得简单，并且对初学者更容易理解。

8.6　C51 的数组

数组是一组有序数据的集合，数组中的每一个数据都属于同一数据类型。数组中的各个元素可以用数组名和下标来唯一确定。根据下标的个数，数组可分为为一维数组、二维数组和多维数组。数组在使用之前必须先进行定义。根据数组中存放的数据可分为整型数组、字符数组等。不同的数组在定义、使用上基本相同，下面介绍使用频繁的一维数组和字符数组。

1. 一维数组

一维数组只有一个下标，定义的形式如下：

数据类型说明符 数组名［常量表达式］［＝{初值，初值……}］

各部分说明如下：

(1) "数据类型说明符"说明了数组中各个元素存储的数据的类型。

(2) "数组名"是整个数组的标识符，它的取名方法与变量的取名方法相同。

(3) "常量表达式"，常量表达式要求取值要为整型常量，必须用方括号"［］"括起来，用于说明该数组的长度，即该数组元素的个数。

(4) "初值部分"用于给数组元素赋初值，这部分在数组定义时属于可选项。对数组元素赋值，可以在定义时赋值，也可以定义之后赋值。在定义时赋值，后面需带等号，初值需用花括号括起来，括号内的初值两两之间用逗号间隔，可以对数组的全部元素赋值，也可以只对部分元素赋值。初值为 0 的元素可以只用逗号占位而不写初值 0。

例如，下面是定义数组的两个例子。

unsigned char x［5］；

unsigned int y［3］＝{1，2，3}；

　　第一句定义了一个无符号字符数组，数组名为 x，数组中的元素个数为 5。

　　第二句定义了一个无符号整型数组，数组名为 y，数组中元素个数为 3，定义的同时给数组中的三个元素赋初值，赋初值分别为 1、2、3。

　　需要注意的是，C51 语言中数组的下标是从 0 开始的，因此上面第一句定义的 5 个元素分别是：x[0]、x[1]、x[2]、x[3]、x[4]。第二句定义的 3 个元素分别是：y[0]、y[1]、y[2]。赋值情况为：y[0]=1；y[1]=2；y[2]=3。

　　C51 规定在引用数组时，只能逐个引用数组中的各个元素，而不能一次引用整个数组。但如果是字符数组则可以一次引用整个数组。

【例 8 - 8】　用数组计算并输出 Fibonacci 数列的前 20 项。

　　Fibonacci 数列在数学和计算机算法中十分有用。Fibonacci 数列是这样的一组数：第一个数字为 0，第二个数字为 1，之后每一个数字都是前两个数字之和。设计时通过数组存放 Fibonacci 数列，从第三项开始可通过累加的方法计算得到。

　　程序如下：

```
# include <reg52. h>        //包含特殊功能寄存器库
# include <stdio. h>        //包含 I/O 函数库
extern serial_initial();
main()
{
    int fib[20], i;
    fib[0]=0;
    fib[1]=1;
    serial_initial();
    for (i=2; i<20; i++) fib[i]=fib[i-2]+fib[i-1];
    for (i=0; i<20; i++)
    {
        if (i%5= =0) printf("\n");
        printf("%6d", fib[i]);
    }
    while(1);
}
```

　　程序执行结果：

```
0      1      1      2      3
5      8      13     21     34
55     89     144    233    377
610    987    1597   2584   4148
```

2. 字符数组

　　用来存放字符数据的数组称为字符数组，它是 C 语言中常用的一种数组。字符数组中的每一个元素都用来存放一个字符，也可用字符数组来存放字符串。字符数组的定义下一般数组相同，只是在定义时把数据类型定义为 char 型。

　　例如：char　string1[10]；
　　　　　char　string2[20]；

上面定义了两个字符数组，分别定义了 10 个元素和 20 个元素。

在 C51 语言中，字符数组用于存放一组字符或字符串，字符串以"\0"作为结束符，只存放一般字符的字符数组的赋值与使用和一般的数组完全相同。对于存放字符串的字符数组。既可以对字符数组的元素逐个进行访问，也可以对整个数组按字符串的方式进行处理。

【例 8-9】　对字符数组进行输入和输出。

```
# include <reg52. h>          //包含特殊功能寄存器库
# include <stdio. h>          //包含 I/O 函数库
extern serial_initial();
main()
{
    char string[20];
    serial_initial();
    printf("please type any character: ");
    scanf("%s", string);
    printf("%s\n", string);
    while(1);
}
```

程序中用"%s"格式来控制输入输出字符串，针对的是整个字符数组。数据项用数组名 string。程序执行时，从键盘输入 HOW ARE YOU 回车，系统会自动在输入的字符串后面加一个结束符"\0"，存入到字符数组 string 中，然后输出 HOW ARE YOU。

8.7　C51 的结构

结构是一种组合数据类型，它是将若干个不同类型的变量结合在一起而形成的一种数据的集合体。组成该集合体的各个变量称为结构元素或成员。整个集合体使用一个单独的结构变量名。一般来说，结构中的各个变量之间存在某种关系，例如，时间数据中的时、分、秒，日期数据中的年、月、日等。结构便于对一些复杂而相互之间又有联系的一组数据进行管理。

1. 结构与结构变量的定义

结构与结构变量是两个不同的概念，结构是一种组合数据类型，结构变量是取值为结构这种组合数据类型的变量，相当于整型数据类型与整型变量的关系。对于结构与结构变量的定义有两种方法。

1) 先定义结构类型再定义结构变量

结构的定义形式如下：

struct 结构名

{结构元素表};

结构变量的定义如下：

struct 结构名 结构变量名 1，结构变量名 2，……；

其中，"结构元素表"为结构中的各个成员，它可以由不同的数据类型组成。在定义时须指明各个成员的数据类型。

例如，定义一个日期结构类型 date，它由三个结构元素 year、month、day 组成，定义结构变量 d1 和 d2，定义如下：

```
struct date
{
    int year;
    char month, day;
};
struct date d1, d2;
```

2）定义结构类型的同时定义结构变量名

这种方法是将两个步骤合在一起，格式如下：

struct 结构名

{结构元素表} 结构变量名 1，结构变量名 2，……；

例如对于上面的日期结构变量 d1 和 d2 也可以按以下格式定义：

```
struct date
{
    int year;
    char month, day;
}d1, d2;
```

对应第二种格式，如果在后面不再使用 date 结构类型定义变量，则定义时 date 结构名可以不要。

对于结构的定义说明如下：

（1）结构中的成员可以是基本数据类型，也可以是指针或数组，还可以是另一结构类型变量，形成结构的结构，即结构的嵌套。结构的嵌套可以是多层次的，但这种嵌套不能包含其自己。

（2）定义的一个结构是一个相对独立的集合体，结构中的元素只在该结构中起作用，因而一个结构中的结构元素的名字可以与程序中的其他变量的名称相同，它们两者代表不同的对象，在使用时互相不影响。

（3）结构变量在定义时也可以像其他变量一样在定义时加各种修饰符对它进行说明。

（4）在 C51 中允许将具有相同结构类型的一组结构变量定义成结构数组，定义时与一般数组的定义相同，结构数组与一般变量数组的不同就在于结构数组的每一个元素都是具有同一结构的结构变量。

2. 结构变量的引用

结构元素的引用一般格式如下：

结构变量名.结构元素名

或

结构变量名->结构元素名

其中，"."符号是结构的成员运算符，例如：d1.year 表示结构变量 d1 中的元素 year，d2.day 表示结构变量 d2 中的元素 day 等。如果一个结构变量中结构元素又是另一个结构变量，即结构的嵌套，则需要用到若干个成员运算符，一级一级找到最低一级的结构元素，而且只能对这个最低级的结构元素进行引用，形如 d1.time.hour 的形式。

【例 8 - 10】 输入 3 个学生的语文、数学、英语的成绩，分别统计他们的总成绩并输出。

程序如下：

```c
#include   <reg52.h>          //包含特殊功能寄存器库
#include   <stdio.h>          //包含 I/O 函数库
extern  serial_initial();
struct   student
{
    unsigned    char    name[10];
    unsigned    int     chinese;
    unsigned    int     math;
    unsigned    int     english;
    unsigned    int     total;
}p1[3];
main()
{
    unsigned char i;
    serial_initial();
    printf("input 3 student name and result: \n");
    for (i=0; i<3; i++)
    {
        printf("input name: \n";
        scanf("%s", p1[i].name);
        printf("input result: \n");
        scanf("%d, %d, %d", &p1[i].chinese, &p1[i].math, &p1[i].english);
    }
    for (i=0; i<3; i++)
    {
        p1[i].total=p1[i].chinese+p1[i].math+p1[i].english;
    }
    for (i=0; i<3; i++)
    {
        printf("G%s total is %d", p1[i].name, p1[i].total);
        printf("\n");
    }
    while(1);
}
```

程序执行结果：

```
input   3 student name and result:
input     name:
wang
input    result:
76, 87, 69
```

input　　name：

yang

input　　result：

75，77，89

input　　name：

zhang

input　　result：

72，81，79

wang　　total　is　232

yang　　total　is　241

zhang　　total　is　232

　　程序中定义了一个结构 student，它包含 5 个成员，其中第一个为数组 name，其余为 int 型数据，分别用于存放每个学生的姓名、语文成绩、数学成绩、英语成绩和总成绩。定义结构的同时定义了结构数组 p1，它的元素个数为 3，用于存放 3 个学生的相关信息。在程序中引用了结构元素，给结构元素进行了赋值、运算和输出。从中可以看出，通过结构处理一组有相互关系的数据会非常方便。

3. 结构体变量的初始化

　　结构体变量可以在定义的时候初始化，初始化的一般形式如下：

　　struct 结构体名 结构体变量名 ＝{初始化值}；

　　如果结构体定义为：

struct stu

{

　　int num；　　　　　　　//整型变量；

　　char name[20]；　　　　//字符数组

　　float score；　　　　　//实型变量

}；　　　　　　　　　　　//该分号是不可少的

那么可以定义结构体变量且初始化：

struct stu student1＝{20，"liming"，85}；

注意：初始化变量个数与成员个数相同且类型一样；初始化数据之间用逗号隔开。

4. 结构体数组

结构体数组就是具有相同结构类型的变量集合，其定义格式如下：

struct　　结构体名　　数组名[数组长度]；

　　例如：structstustu123[20]；

　　对结构体数组的引用方式如下：

　　数组名[下标].成员名

　　例如：stu123[1].score＝89；

　　对数组的初始化，要求对数组元素的每个成员都要进行初始化。

5. 位结构

位结构是一种特殊的结构体，在需按位访问一个字节或字的多个位时，位结构比按位运算更加方便。位结构定义的一般形式为：

struct 位结构名

{

　　　　数据类型　　　变量名：整型常数；

　　　　数据类型　　　变量名：整型常数；

　　}；位结构变量；

其中数据类型必须是 int（unsigned 或 signed）或 char（unsigned 或 signed）。整型常数表示二进制位的个数，即表示有多少位。它必须是非负的整数，当数据类型为 int 型时，它的范围是 0～15，当数据类型为 char 型时，它的范围是 0～7。变量名是选择项，可以不命名，这样规定是为了排列需要。

例如，下面定义了一个位结构。

struct　ColStru

{

　　unsigned　incon：　　8；　　　　/ * incon 占用低字节的 0～7 共 8 位 * /

　　unsigned　txcolor：　　4；　　　　/ * txcolor 占用高字节的 0～3 共 4 位 * /

　　unsigned　bgcolor：　　3；　　　　/ * bgcolor 占用高字节的 4～6 共 3 位 * /

　　unsigned　blink：　　　1　　　　　/ * blink 占用高字节的第 7 位 * /

};

该变量在内存的位序如下：

D15	D14	D13	D12	D11	D10	D9	D8	D7	D6	D5	D4	D3	D2	D1	D0
blink	bgcolor			txcolor				incon							

位结构成员的访问与结构成员的访问相同。例如：

struct　ColStu　bdata　ch；

ch. incon＝0x45；

ch. bgcolor＝3；

ch. txcolor＝9；

ch. blink＝1；

给位结构成员赋值时，不能超过位成员的数字范围。例如：

ch. bgcolor＝20；是错误的，因为 bgcolor 占用 3 位，它的数字范围在 0～7 之间。

8.6　C51 的运算符及表达式

C51 有很强的数据处理能力，具有十分丰富的运算符，利用这些运算符可以组成各种表达式及语句。在 C51 中，运算符按其在表达式中所起的作用，可分为赋值运算符、算术运算符、自增与自减运算符、关系运算符、逻辑运算符、位运算符、复合赋值运算符、逗号运算符、条件运算符、指针和地址运算符以及强制类型转换运算符。另外，运算符按其在表达式中与运算对象的关系，又可分为单目运算符、双目运算符和三目运算符。表达式则是由运算符及运算对象所组成的具有特定含义的式子。

1. 赋值运算符

在 C51 中，赋值运算符"＝"的功能是将一个数据的值赋给一个变量，如 x＝10。利用赋值运算符将一个变量与一个表达式连接起来的式子称为赋值表达式，在赋值表达式的后面加一个分号"；"就构成了赋值语句，一个赋值语句的格式如下：

　　变量＝表达式；

　　执行时先计算出右边表达式的值，然后赋给左边的变量。例如：

　　x＝8＋9；　　　　　　　/＊将 8＋9 的值赋给变量 x＊/

　　x＝y＝5；　　　　　　　/＊将常数 5 同时赋给变量 x 和 y＊/

　　在 C51 中，允许在一个语句中同时给多个变量赋值，赋值顺序自右向左。

2. 算术运算符

C51 中支持的算术运算符有：

　＋　　加或取正值运算符

　－　　减或取负值运算符

　＊　　乘运算符

　/　　除运算符

　％　　取余运算符

　　加、减、乘运算相对比较简单，而对于除运算，如相除的两个数为浮点数，则运算的结果也为浮点数，如相除的两个数为整数，则运算的结果也为整数，即为整除。如 25.0/20.0 结果为 1.25，而 25/20 结果为 1。

　　对于取余运算，则要求参加运算的两个数必须为整数，运算结果为它们的余数。例如：x＝5％3，结果 x 的值为 2。

3. 关系运算符

C51 中有 6 种关系运算符：

　＞　　　大于

　＜　　　小于

　＞＝　　大于等于

　＜＝　　小于等于

　＝＝　　等于

　！＝　　不等于

　　关系运算用于比较两个数的大小，用关系运算符将两个表达式连接起来形成的式子称为关系表达式。关系表达式通常用来作为判别条件构造分支或循环程序。关系表达式的一般形式如下：

　　表达式 1　关系运算符　表达式 2

　　关系运算的结果为逻辑量，成立为真(1)，不成立为假(0)。其结果可以作为一个逻辑量参与逻辑运算。例如：5＞3，结果为真(1)，而 10＝＝100，结果为假(0)。

　　使用中要注意关系运算符中的等于与赋值的区别。

4. 逻辑运算符

C51 有 3 种逻辑运算符：

　||　　　逻辑或

　&&　　　逻辑与

　　!　　　　逻辑非

关系运算符用于反映两个表达式之间的大小关系,逻辑运算符则用于求条件式的逻辑值,用逻辑运算符将关系表达式或逻辑量连接起来的式子就是逻辑表达式。

逻辑与的格式为:条件式 1 && 条件式 2

当条件式 1 与条件式 2 都为真时结果为真(非 0 值),否则为假(0 值)。

逻辑或的格式为:条件式 1 || 条件式 2

当条件式 1 与条件式 2 都为假时结果为假(0 值),否则为真(非 0 值)。

逻辑非的格式为:! 条件式

当条件式原来为真(非 0 值),逻辑非后结果为假(0 值)。当条件式原来为假(0 值),逻辑非后结果为真(非 0 值)。

例如:若 a=8,b=3,c=0,则! a 为假,a && b 为真,b && c 为假。

5. 位运算符

C51 语言能对运算对象按位进行操作,它与汇编语言使用一样方便。位运算是按位对变量进行运算,但并不改变参与运算的变量的值。如果要求按位改变变量的值,则要利用相应的赋值运算。C51 中位运算符只能对整数进行操作,不能对浮点数进行操作。C51 中的位运算符有:

&　　　 按位与

|　　　 按位或

^　　　 按位异或

~　　　 按位取反

<<　　　 左移

>>　　　 右移

【例 8 - 11】 设 a=0x45=01010100B,b=0x3b=00111011B,则 a&b、a|b、a^b、~a、a<<2、b>>2 分别为多少?

a&b=00010000b=0x10。

a|b=01111111B=0x7f。

a^b=01101111B=0x6f。

~a=10101011B=0xab。

a<<2=01010000B=0x50。

b>>2=00001110B=0x0e。

6. 复合赋值运算符

C51 语言中支持在赋值运算符"="的前面加上其他运算符,组成复合赋值运算符。下面是 C51 中支持的复合赋值运算符:

+=	加法赋值	-+	减法赋值
*=	乘法赋值	/=	除法赋值
%=	取模赋值	&=	逻辑与赋值
|=	逻辑或赋值	^=	逻辑异或赋值
~=	逻辑非赋值	>>=	右移位赋值

　　<<=　　　左移位赋值

复合赋值运算的一般格式如下：

变量 复合运算赋值符 表达式

　　它的处理过程：先把变量与后面的表达式进行某种运算，然后将运算的结果赋给前面的变量。其实这是 C51 语言中简化程序的一种方法，大多数二目运算都可以用复合赋值运算符简化表示。例如：a+=6 相当于 a=a+6；a*=5 相当于 a=a*5；b&=0x55 相当于 b=b&0x55；x>>=2 相当于 x=x>>2。

7. 逗号运算符

　　在 C51 语言中，逗号"，"是一个特殊的运算符，可以用它将两个或两个以上的表达式连接起来，称为逗号表达式。逗号表达式的一般格式为：

表达式 1，表达式 2，……，表达式 n

　　程序执行时对逗号表达式的处理：按从左至右的顺序依次计算出各个表达式的值，而整个逗号表达式的值是最右边的表达式(表达式 n)的值。例如：x=(a=3,6*3)结果 x 的值为 18。

8. 条件运算符

　　条件运算符"？："是 C51 语言中唯一的一个三目运算符，它要求有三个运算对象，用它可以将三个表达式连接在一起构成一个条件表达式。条件表达式的一般格式为：

逻辑表达式？ 表达式 1：表达式 2

　　其功能是先计算逻辑表达式的值，当逻辑表达式的值为真(非 0 值)时，将计算的表达式 1 的值作为整个条件表达式的值；当逻辑表达式的值为假(0 值)时，将计算的表达式 2 的值作为整个条件表达式的值。例如：条件表达式 max=(a>b)？ a：b 的执行结果是将 a 和 b 中较大的数赋值给变量 max。

9. 指针与地址运算符

　　指针是 C51 语言中的一个十分重要的概念，在 C51 中的数据类型中专门有一种指针类型。指针为变量的访问提供了另一种方式，变量的指针就是该变量的地址，还可以定义一个专门指向某个变量的地址的指针变量。为了表示指针变量和它所指向的变量地址之间的关系，C51 中提供了两个专门的运算符：

　　*　　　指针运算符

　　&　　　取地址运算符

　　指针运算符"*"放在指针变量前面，通过它实现访问以指针变量的内容为地址所指向的存储单元。例如：指针变量 p 中的地址为 2000H，则 *p 所访问的是地址为 2000H 的存储单元，x=*p，实现把地址为 2000H 的存储单元的内容送给变量 x。

　　取地址运算符"&"放在变量的前面，通过它取得变量的地址，变量的地址通常送给指针变量。例如：设变量 x 的内容为 12H，地址为 2000H，则 &x 的值为 2000H，如有一指针变量 p，则通常用 p=&x，实现将 x 变量的地址送给指针变量 p，指针变量 p 指向变量 x，以后可以通过 *p 访问变量 x。

8.7　C51 的输入/输出

在 C51 语言中，它本身不提供输入和输出语句，输入和输出操作是由函数来实现的。在 C51 的标准函数库中提供了一个名为"stdio. h"的一般 I/O 函数库，在它当中定义了 C51 中的输入和输出函数。当对输入和输出函数使用时，需先用预处理命令"♯include ＜stdio. h＞"将该函数库包含到文件中。

C51 的一般 I/O 函数库中定义的 I/O 函数都是通过串行接口实现，串行的波特率由定时器/计数器 1 溢出率决定。在使用 I/O 函数之前，应先对 MCS‐51 单片机的串行接口和定时器/计数器 1 进行初始化。串行工作于方式 1，定时器/计数器 1 工作于方式 2(8 位自动重载方式)，设系统时钟为 12MHZ，波特率为 2400，则初始化程序如下：

SCON＝0x52；

TMOD＝0X20；

TH1＝0xf3；

TR1＝1；

1. 格式输出函数 printf( )

printf()函数的作用是通过串行接口输出若干任意类型的数据，它的格式如下：

printf(格式控制，输出参数表)

格式控制是用双引号括起来的字符串，也称转换控制字符串，它包括三种信息：格式说明符、普通字符和转义字符。

(1) 格式说明符，由"％"和格式字符组成，它的作用是用于指明输出的数据的格式输出，如％d、％f 等，它们的具体情况见表 8‐6。

(2) 普通字符，这些字符按原样输出，用来输出某些提示信息。

(3) 转义字符，就是前面介绍的转义字符(表 8‐1)，用来输出特定的控制符，如输出转义字符\n 就是使输出换一行。

输出参数表是需要输出的一组数据，可以是表达式。

表 8‐6　C51 中 printf 函数的格式字符及功能

格式字符	数据类型	输出格式
d	int	带符号十进制数
u	int	无符号十进制数
o	int	无符号八进制数
x	int	无符号十六进制数，用"a～f"表示
X	int	无符号十六进制数，用"A～F"表示
f	float	带符号十进制数浮点数，形式为[－]dddd. dddd
e，E	float	带符号十进制数浮点数，形式为[－]d. ddddE(dd
g，G	float	自动选择 e 或 f 格式中更紧凑的一种输出格式
c	char	单个字符
s	指针	指向一个带结束符的字符串
p	指针	带存储器批示符和偏移量的指针，形式为 M：aaaa 其中，M 可分别为：C(code)，D(data)，I(idata)，P(pdata) 如 M 为 a，则表示的是指针偏移量

2. 格式输入函数 scanf( )

scanf()函数的作用是通过串行接口实现数据输入，它的使用方法与 printf()类似，scanf()的格式如下：

scanf(格式控制，地址列表)

格式控制与 printf()函数的情况类似，也是用双引号括起来的一些字符，可以包括以下三种信息：空白字符、普通字符和格式说明。

(1) 空白字符，包含空格、制表符、换行符等，这些字符在输出时被忽略。

(2) 普通字符，除了以百分号"%"开头的格式说明符而外的所有非空白字符，在输入时要求原样输入。

(3) 格式说明，由百分号"%"和格式说明符组成，用于指明输入数据的格式，它的基本情况与 printf()相同，具体情况见表 8 - 7。

地址列表是由若干个地址组成，它可以是指针变量、取地址运算符"&"加变量(变量的地址)或字符串名(表示字符串的首地址)。

表 8 - 7　C51 中 scanf 函数的格式字符及功能

格式字符	数据类型	输出格式
d	int 指针	带符号十进制数
u	int 指针	无符号十进制数
o	int 指针	无符号八进制数
x	int 指针	无符号十六进制数
f, e, E	float 指针	浮点数
c	char 指针	字符
s	string 指针	字符串

【例 8 - 12】　格式输入输出函数应用实例。

```
# include <reg52. h>                        //包含特殊功能寄存器库
# include <stdio. h>                        //包含 I/O 函数库
void main(void)                             //主函数
{
    int x, y;                               //定义整型变量 x 和 y
    SCON=0x52;                              //串口初始化
    TMOD=0x20;
    TH1=0XF3;
    TR1=1;
    printf("input x, y: \n");               //输出提示信息
    scanf("%d%d", &x, &y);                  //输入 x 和 y 的值
    printf("\n");                           //输出换行
    printf("%d+%d=%d", x, y, x+y);          //按十进制形式输出
    printf("\n");                           //输出换行
    printf("%xH+%xH=%XH", x, y, x+y);       //按十六进制形式输出
    while(1);                               //结束
}
```

8.8　C51 的函数

　　函数是构成 C51 的基本模块。在 C51 程序中，每个函数可以被设计用来完成某项特定的任务或功能。这种机制有力地支持了模块化和自顶向下、逐步细化的编程思想。

　　C51 函数可分为两类，一类是用户自定义的函数，另一类是系统提供的库函数。前者由用户根据功能需要来进行设计的；后者由编译系统提供，并以目标代码集中保存在库文件中。像标准 C 一样，所有函数在调用前必须进行说明。由于库函数众多，所以对库函数的说明要分类进行，为此，系统提供了一批头文件(.H)，当用户程序用到其中某个库函数时，应在程序首部包含相应的头文件。

　　C51 程序由用户设计的主函数 main() 和若干直接或间接调用的自定义函数或库函数构成。其中主函数是必需的，也是唯一的。由于单片机的应用特点，主函数一般会在必要的初始化后，进入一个无限循环的过程。根据单片机硬件特点，C51 还提供了中断函数机制来实现相应的中断服务程序。此外，在 C51 主程序执行之前，用户还可以运行系统提供的启动文件 STARTUP.A51 以完成存储器的初始化工作。

1. 函数的定义

　　函数定义的一般格式如下：

　　函数类型　　函数名(形式参数表) [reentrant][interrupt m][using n]

　　形式参数说明

```
{
    局部变量定义
    函数体
}
```

　　格式说明：

　　1) 函数类型

　　函数类型说明了函数返回值的类型。它可以是前面介绍的各种数据类型，用于说明函数最后的 return 语句送回给被调用处的返回值的类型。如果一个函数没有返回值，函数类型可以不写。在实际处理中，一般把它的类型定义为 void。

　　2) 函数名

　　函数名是用户为自定义函数取的名字以便调用函数时使用。它的命名规则跟变量的命名一样。

　　3) 形式参数表

　　形式参数表用于列举在主调函数与被调用函数之间进行数据传递的形式参数。在函数定义时形式参数的类型必须说明，可以在形式参数表的位置说明，也可以在函数名后面、函数体前面进行说明。如果函数没有参数传递，在定义时，形式参数可以没有或用 void，但括号不能省。

　　【例 8 - 13】　定义一个返回两个整数的最大值的函数 max()。

```
int   max(int x, int y)
{
```

```
int  z;
z＝x＞y? x: y;
return(z);
}
```
　也可以用成这样：
```
int   max(x, y)
int   x, y;
{
int  z;
z＝x＞y? x: y;
return(z);
}
```
　4）reentrant 修饰符

　这个修饰符用于把函数定义为可重入函数。所谓可重入函数，就是允许被递归调用的函数。函数的递归调用是指当一个函数正被调用尚未返回时，又直接或间接调用函数本身。一般的函数不能做到这样，只有重入函数才允许递归调用。关于重入函数，需要注意以下几点：

　　① 用 reentrant 修饰的重入函数被调用时，实参表内不允许使用 bit 类型的参数。函数体内也不允许存在任何关于位变量的操作，更不能返回 bit 类型的值。

　　② 编译时，系统为重入函数在内部或外部存储器中建立一个模拟堆栈区，称为重入栈。重入函数的局部变量及参数被放在重入栈中，使重入函数可以实现递归调用。

　　③ 在参数的传递上，实际参数可以传递给间接调用的重入函数。无重入属性的间接调用函数不能包含调用参数，但是可以使用定义的全局变量来进行参数传递。

　5）interrupt m 修饰符

　interrupt m 是 C51 函数中非常重要的一个修饰符，这是因为中断函数必须通过它进行修饰。在 C51 程序设计中，当函数定义时用了 interrupt m 修饰符，系统编译时把对应函数转化为中断函数，自动加上程序头段和尾段，并按 MCS‑51 系统中断的处理方式自动把它安排在程序存储器中的相应位置。

　在该修饰符中，m 的取值为 0～31，对应的中断情况如下：

0——外部中断 0	3——定时器/计数器 T1
1——定时器/计数器 T0	4——串行口中断
2——外部中断 1	5——定时器/计数器 T2

其他值预留。

　编写 MCS‑51 中断函数应当注意如下事项：

　　① 中断函数不能进行参数传递，如果中断函数中包含任何参数声明都将导致编译出错。

　　② 中断函数没有返回值，如果企图定义一个返回值将得不到正确的结果，建议在定义中断函数时将其定义为 void 类型，以明确说明没有返回值。

　　③ 在任何情况下都不能直接调用中断函数，否则会产生编译错误。因为中断函数的返回是由 8051 单片机的 RETI 指令完成的，RETI 指令影响 8051 单片机的硬件中断系统。如果在没有实际中断情况下直接调用中断函数，RETI 指令的操作结果会产生一个致命的错误。

④ 如果在中断函数中调用了其他函数，则被调用函数所使用的寄存器必须与中断函数相同，否则会产生不正确的结果。

⑤ C51 编译器对中断函数编译时会自动在程序开始和结束处加上相应的内容，具体如下：在程序开始处对 ACC、B、DPH、DPL 和 PSW 入栈，结束时出栈。中断函数未加 using n 修饰符的，开始时还要将 R0～R1 入栈，结束时出栈。如中断函数加 using n 修饰符，则在开始将 PSW 入栈后还要修改 PSW 中的工作寄存器组选择位。

⑥ C51 编译器从绝对地址 8m+3 处产生一个中断向量，其中 m 为中断号，也即 interrupt 后面的数字。该向量包含一个到中断函数入口地址的绝对跳转。

⑦ 中断函数最好写在文件的尾部，并且禁止使用 extern 存储类型说明，防止其他程序调用。

【例 8－14】 编写一个用于统计外中断 0 的中断次数的中断服务程序。

```
extern    int    x;
void    int0()    interrupt 0    using 1
{
    x++;
}
```

6）using n 修饰符

修饰符 using n 用于指定本函数内部使用的工作寄存器组，其中 n 的取值为 0～3，表示寄存器组号。

对于 using n 修饰符的使用，注意以下几点：

① 加入 using n 后，C51 在编译时自动的在函数的开始处和结束处加入以下指令。

```
{
PUSH PSW            ;标志寄存器入栈
MOV PSW，♯与寄存器组号相关的常量
……
POP PSW            ;标志寄存器出栈
}
```

② using n 修饰符不能用于有返回值的函数，因为 C51 函数的返回值是放在寄存器中的。如寄存器组改变了，返回值就会出错。

2. 函数的调用

函数调用的一般形式如下：

函数名(实参列表)；

对于有参数的函数调用，若实参列表包含多个实参，则各个实参之间用逗号隔开。

按照函数调用在主调函数中出现的位置，函数调用方式有以下三种：

（1）函数语句。把被调用函数作为主调用函数的一个语句。

（2）函数表达式。函数被放在一个表达式中，以一个运算对象的方式出现。这时的被调用函数要求带有返回语句，以返回一个明确的数值参加表达式的运算。

（3）函数参数。被调用函数作为另一个函数的参数。

3. 自定义函数的声明

在 C51 程序设计中，如果一个自定义函数的调用在函数的定义之后，在使用函数时可以不对函数进行说明；如果一个函数的调用在定义之前，或调用的函数不在本文件内部，而是在另一个文件中，则在调用之前需对函数进行声明，指明所调用的函数在程序中有定义或在另一个文件中，并将函数的有关信息通知编译系统。函数的声明是通过函数原型来指明的。

在 C51 中，函数原型一般形式如下：

［extern］函数类型 函数名（形式参数表）

函数的声明是把函数的名字、函数类型以及形参的类型、个数和顺序通知编译系统，以便调用函数时系统进行对照检查。函数的声明后面要加分号。

如果声明的函数在文件内部，则声明时不用 extern，如果声明的函数不在文件内部，而在另一个文件中，声明时需带 extern，指明使用的函数在另一个文件中。

【例 8－15】 函数的使用。

```
# include <reg52. h>          //包含特殊功能寄存器库
# include <stdio. h>          //包含 I/O 函数库
int max(int x, int y);         //对 max 函数进行声明，该函数在后面定义
void main(void)                //主函数
{
int a, b;
SCON=0x52;                     //串口初始化
TMOD=0x20;
TH1=0XF3;
TR1=1;
scanf("please input a, b: %d, %d", &a, &b);
printf("\n");
printf("max is: %d\n", max(a, b));
while(1);
}
int max(int x, int y)
{int z;
z=(x>=y? x: y);
return(z);
}
```

【例 8－16】 外部函数的使用。

```
程序 serial_initial. c
# include <reg52. h>          //包含特殊功能寄存器库
# include <stdio. h>          //包含 I/O 函数库
void serial_initial(void)      //主函数
{
SCON=0x52;                     //串口初始化
TMOD=0x20;
```

```
TH1＝0XF3;
TR1＝1;
}
```

程序 y1. c

```
#include <reg52.h>          //包含特殊功能寄存器库
#include <stdio.h>          //包含 I/O 函数库
extern serial_initial();    //该函数是在另一程序中定义,故需声明且加 extern
void main(void)
{
int a, b;
serial_initial();
scanf("please input a, b: %d, %d", &a, &b);
printf("\n");
printf("max is: %d\n", a>=b? a: b);
while(1);
}
```

4. 变量的作用域与存储方式

1) 局部变量和全局变量

在一个函数(即使是主函数)内定义的变量在本函数内有效,在函数外无效;在复合语句内定义的变量在本复合语句内有效,在复合语句外无效,这类变量称为局部变量。

在函数外定义的变量,可为本文件中所有函数共用。它的有效范围从定义变量的位置开始到本源文件结束,这类变量称为全局变量。

2) 动态存储方式和静态存储方式

动态存储方式是指程序运行期间根据需要动态分配存储空间的方式。

函数中的局部变量在不专门声明为 static 存储类别时都是动态分配存储空间的,放在动态存储区。此类局部变量为自动变量,用关键字 auto 作存储类别声明。

静态存储方式是指程序运行期间分配固定的存储空间的方式。若希望函数中的局部变量在函数调用后不消失,而保留原值,可用 static 将其指定成"静态局部变量"。

注意:

① 静态局部变量为静态存储类别,放在静态存储区,在程序的整个运行过程中都不释放。自动变量则属于动态存储类别,放在动态存储区,函数调用后立即释放。

② 静态局部变量在编译时,赋且仅赋一次值;自动变量则在函数调用时赋初值,每调用一次,赋值一次。

③ 若不对静态局部变量赋初值,自动被赋以 0 或空字符;而动态局部变量则为不定值。

④ 静态局部变量在函数调用后仍然存在,但是其他函数不能引用它。

3) 用 extern 声明外部变量

在多个文件的程序中声明外部变量,可以使多个文件共用一个外部变量。方法是在任意一个文件中定义此外部变量,在其他文件中用 extern 对此变量做"外部变量声明"。

5. C51 库函数和头文件

C51 库函数由系统提供，并同时拥有多个版本，它们均位于 KEIL\C51\LIB 子目录下。由编译系统根据目标芯片的具体型号，所用编译模式和是否需要支持浮点运算来自动地进行选择。每个库文件都包含了数量过百的库函数和宏定义，其中库函数以目标代码的形式存在并兼容于标准 C 的库函数。编译时，除比较特殊的 MCS－51 芯片需要特定的库来支持外，一般芯片将选用下列两组库文件中的一个。

(1) CX51S. LIB、CX51C. LIB、CX51L. LIB，它们分别对应程序中无浮点运算的三种模式(SMALL、COMPACT、LARGE)。

(2) CX51FPS. LIB、CX51FPC. LIB、CX51FPL. LIB，它们分别对应程序中浮点运算的三种模式(SMALL、COMPACT、LARGE)。

C51 对库函数的说明采用分类描述，即库函数和相关的宏分成 7 类，并用 7 个头文件分类说明，下面是头文件和库函数的对应关系：

ctype. h：对字符操作进行说明。

math. h：对数学运算函数原型说明。

string. h：对字符串和内存操作函数原型说明。

stdio. h：对标准输入/输出函数进行说明并定义 EOF 常量。

stdlib. h：对动态内存分配及数字串与数值转换函数、随机函数等函数原型说明。

setjump. h：对长跳转函数原型进行说明。

intris. h：对内联函数说明。如：_nop_()、_cror_()、_iror()_ 、_iroL_()等。

如果用户编程时使用了某个库函数，则必须用预处理命令＃include 将相应的头文件包含到文件中。C51 的头文件均位于 KEIL\C51\INC 子目录下。在该目录中，除了上面提到的对库函数原型说明的头文件外，还有下列几个头文件，介绍如下：

① reg51. h 和 reg52. h：分别对 MCS－51 系列和 MCS－52 系列单片机特殊功能寄存器和位地址进行定义。

② absacc. h：定义了一批可进行绝对地址访问的宏，如 XBYTE、DBYTE、CBYTE、PBYTE、XWORD、CWORD、PWORD、DWORD。

③ stdarg. h：定义 ba_start、va_arg、va_end3 个宏，这些宏一般用于可变长参数的函数中，如 printf()函数该参数可变化。

④ stddef. h：定义宏 offsetof，使用它可以得到 struct 类型中某个成员的偏移地址。

⑤ assert. h：定义 assert 宏，允许用户在程序中设置测试条件以帮助程序测试。

注意：库函数中有些函数不是再入函数，如果在执行这些函数的时候被中断，而在中断程序中又调用了该函数，将得到意想不到的结果。最好不要在中断中使用这些非再入函数。

8.9　C51 程序举例

【例 8-17】　设有 8 个 LED 广告灯与单片机的连线如图 8-2 所示，要求按顺序每隔一段时间点亮各灯，然后又按反方向依次点亮，即按 0—1—2—3—4—5—6—7—6—5—4—3—2—1—0 循环点亮各灯。

解：要使一次只有一盏灯亮，只要这一盏灯对应的端口输出为 0，其余端口输出为 1 即可。设有一变量 LedMap＝1，则对该变量取反得～LedMap＝0xfe。如果把该变量送到 P2 口，则第 0 盏灯亮；同理，当 LedMap ＝2、4、8、…、128 时，取反后送 P2 则对应第 1、2、3、…、7 盏灯亮。反过来，当 LedMap＝128、64、32、…、1 时，取反后送 P2 则对应 7、6、5、…、0 盏灯亮。而要使 LedMap 等于上述变量，只要对它进行左移或右移即可。点亮的时间间隔可由延时函数实现。程序如下：

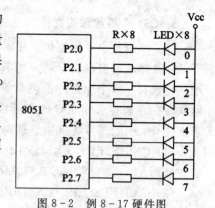

图 8-2　例 8-17 硬件图

```
#include<reg51.h>//
//·······················延时函数·······················
void delay(int n)
{
while(n－－);
}
//··················································
//要显示的数据送硬件 P2 口
void LedInput (unsigned char InLed)
{
P2＝InLed;
}
//··················································
void main(void)
{
    unsigned char i, LedMap;
    LedMap＝1;
    while(1)
    {
        for(i=0; i<7; i++)          //按 0～7 的顺序点亮
        {
            LedInput(～LedMap);
            LedMap<<＝1;
            Delay(1000);
        }
        for(i=0; i<7; i++)          //按 7～0 的顺序点亮
        {
            LedInput(～LedMap);
            LedMap>>＝1;
            Delay(1000);
        }
    }
}
```

【例 8－18】　设某单片机系统硬件如图 8－3 所示，系统有 4 个按键和 4 个 LED 显示器，现要求按第 1 个键，个位显示器按 0～9 的顺序加 1 并显示；按第 2 个键，十位显示器按 0～9 的顺序加 1 并显示；按第 3 个键，百位显示器按 0～9 的顺序加 1 并显示；按第 4 个键，千位显示器按 0～9 的顺序加 1 并显示。

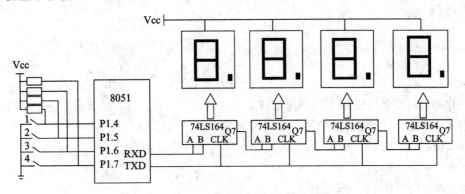

图 8－3　例 8－18 电路图

解： 本题可由键盘扫描程序、各键功能实现程序、显示程序三部分组成。

（1）键盘扫描程序。

键盘扫描程序可包含下列步骤：首先判断有无键按下，如果有键按下，进行去抖动处理。方法是 10 ms 后再读键值看是否变化，如无变化说明不是抖动。然后再分析键盘是否释放，如果释放了则进行相应的键盘处理，具体过程如图 8－4 所示。

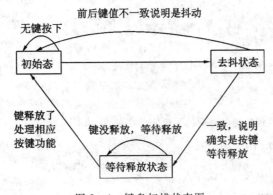

图 8－4　键盘扫描状态图

该函数每隔 10 ms（按键机械抖动时间大约 10 ms）调用一次，当状态改变时，只改变状态值并退出函数；当状态不变自环时，不是进入死循环而是直接退出。这样大大提高了程序运行的效率。

程序首先定义一个位结构体类型 Key_GPIO，用来保存 4 个按键值。

```
typedef    struct
{
    uchar   Key1：1；
    uchar   Key2：1；
    uchar   Key3：1；
    uchar   Key4：1；
```

```
    uchar  Reserve: 4;
}Key_GPIO;
```

同时，也定义了一个联合体类型，在该类型中字符成员 InKey 和 KeyGPIO 共用一个存储单元，因此通过判断 InKey 是否为 0 就可以知道有无键按下。

```
typedef union
{
    uchar InKey;
    Key_GPIO KeyGPIO;
}Mix_In_Key;
```

程序中，如果某按键按下但尚未处理，则键值的最高位置 1，键盘功能处理完后，其最高位清零。因此，4 个要处理的按键对应键值如下：

```
#define   C_Key1   0x80
#define   C_Key2   0x81
#define   C_Key3   0x82
#define   C_Key4   0x83
```

程序中定义的全局变量如下：

```
//* * * * * * * * * * * * *以下为键盘硬件有关的变量定义* * * * * * * * * * * * *//
sbitKey1   P1.4;
sbitKey2   P1.5;
sbitKey3   P1.6;
sbitKey4   P1.7;
Mix_In_Key   MixInKey;            //保存按键状态
ucharKeyValue;                    //按键键值
//* * * * * * * * * * * * * *以下与显示有关的变量定义* * * * * * * * * * * * * *//
ucharDataBuf[4];                  //要显示数字存放位置
ucharDispBuf[4];                  //字形码存放位置
//读键盘函数，它把读到的键盘对应的端口值保存在 MixInKey 变量中//
void GetKey()
{
    MixInKey.KeyGPIO.Key1=~Key1;      //Key1 保存，注意键按下为 0，取反后变 1
    MixInKey.KeyGPIO.Key2=~Key2;      //Key2 保存，注意键按下为 0，取反后变 1
    MixInKey.KeyGPIO.Key3=~Key3;      //Key3 保存，注意键按下为 0，取反后变 1
    MixInKey.KeyGPIO.Key4=~Key4;      //Key4 保存，注意键按下为 0，取反后变 1
MixInKey.KeyGPIO.Reserve=0;
}
void KeyScan(void)
//键盘扫描程序，它是按照前述的状态图编写的，该函数每隔 10 ms 调用一次
#define C_FirstScan        0       //初始态
#define C_KeyShake         1       //初始态
#define C_WaitRelease      2       //初始态
#define C_Keys             4       //初始态
void KeyScan(void)
```

```
{
    static    uchar    state =C_FirstScan;
    static    uchar    OldKey;
    uchar i;
    GetKey();
    switch(state)                              //初始态
{
    case    C_FirstScan:
        if(MixInKey. InKey! =0)                //有键按下,转 C_KeyShake 态
            state=C_KeyShake;                  //否则自环
        break;
    case    C_KeyShake:                        //去抖动
        if(OldKey==MixInKey. InKey)           //前后值相等,说明不是抖动
            state=C_WaitRelease;               //转 C_WaitRelease 态
        else
            state=C_FirstScan;                 //如是抖动,转初始态
        break;
    case    C_WaitRelease:                     //等待释放状态
        if(MixInKey. InKey==0)                //如果释放了
        {
            uchar k;
            KeyValue=0x80;                     //这时,键盘尚未处理最高位置 1
            for(k=0; k<C_Keys 3; k++)
            {
                if((OldKey&0x01)==0x01)       //查找是哪个键按下
                {
                    KeyValue+=k;               //求出键值
                    break;                     //找到退出
                }
                else
                OldKey>>=1;
            }
            state=C_FirstScan;
        }
    default:
        break
    }
    OldKey=MixInKey. InKey;                     //记录刚读的键值
}
//* * * * * * * * * * * * * * * * * * * * * * * * * * * * * * * * * * * * * * * * * * * *//
void   KeyProcess(uchar Key)
//键盘处理程序
void KeyProcess(uchar Key)
```

```
{
    switch （Key）                      //不同的键盘处理程序处理相应的按键功能
    {
        case  C_Key1：
            Key1Fun()；               // Key1 键盘处理函数
            break；
        case  C_Key2：
            Key2Fun()；               // Key2 键盘处理函数
            break；
        case  C_Key3(    )：
            Key3Fun(    )；            // Key3 键盘处理函数
            break；
        case  C_Key4：
            Key4Fun()；               //Key4 键盘处理函数
        default：
            break；
    }
}
//＊＊＊＊＊＊＊＊＊＊＊＊＊＊＊＊＊＊＊＊＊＊＊＊＊＊＊＊＊＊＊＊＊＊＊＊＊＊//
void Key1Fun(void)
//按键 1 处理程序：实现个位 0～9 循环加 1
void Key1Fun(void)
{
    DataBuf[0]++；          //个位加 1
    DataBuf[0]%=10；        //按 0～9 循环
}
//＊＊＊＊＊＊＊＊＊＊＊＊＊＊＊＊＊＊＊＊＊＊＊＊＊＊＊＊＊＊＊＊＊＊＊＊＊//
void   Key2Fun(void)
//按键 2 处理程序：实现十位 0～9 循环加 1
void Key2Fun(void)
{
    DataBuf[1]++；          //十位加 1
    DataBuf[1]%=10；        //按 0～9 循环
}
//＊＊＊＊＊＊＊＊＊＊＊＊＊＊＊＊＊＊＊＊＊＊＊＊＊＊＊＊＊＊＊＊＊＊＊＊//
void   Key3Fun(void)
//按键 3 处理程序：实现百位 0～9 循环加 1
void Key3Fun(void)
{
    DataBuf[2]++；          //百位加 1
    DataBuf[2]%=10；        //按 0～9 循环
}
//＊＊＊＊＊＊＊＊＊＊＊＊＊＊＊＊＊＊＊＊＊＊＊＊＊＊＊＊＊＊＊＊＊＊＊＊＊＊//
```

```
void    Key4Fun(void)
```
//按键 4 处理程序：实现千位 0~9 循环加 1
```
void Key4Fun(void)
{
    DataBuf[3]++;              //千位加 1
    DataBuf[3]%=10;            //按 0~9 循环
}
```

（2）查找字形码程序。

//＊＊＊＊＊＊＊＊＊＊＊＊＊找出要显示的数字对应的字形码＊＊＊＊＊＊＊＊＊＊＊//
//DisBuf，要显示的 4 个数字存放位置
//ShapeBuf，对应数字字形码存放位置
//Dot，要显示小数点的位置，小数点位置从左到右依次为 0，1，2，最后一位不显示小//数点，当
Dot 的值大于 2 时，输入小数点位置非法

```
void FindShape(uchar ＊ DispBuf, uchar ＊ ShapeBuf, uchar Dot)
{
    ShapeBuf[0]=ShapeCode[DisBuf[0]]; //ShapeCode 根据硬件做出的字形码表
    ShapeBuf[1]=ShapeCode[DisBuf[1]];
    ShapeBuf[2]=ShapeCode[DisBuf[2]];
    ShapeBuf[3]=ShapeCode[DisBuf[3]];
    if(Dot<3)
        ShapeBuf[Dot]&=0xFE;
}
```

（3）显示程序。

//＊＊＊＊＊＊＊＊＊＊＊＊＊显示程序将数据通过 74LS164 送显示＊＊＊＊＊＊＊＊＊＊＊//
```
void SendDisp(unsigned char ＊ ShapeBu)
{
    Shift164(ShapeBuf[3]);       //送个位
    Shift164(ShapeBuf[2]);       //送十位
    Shift164(ShapeBuf[1]);       //送百位
    Shift164(ShapeBuf[0]);       //送千位
}
```

/＊＊＊＊＊＊利用串口方式编写 Shift164()函数，设串口已经设置工作在方式 0＊＊＊＊＊＊//
```
void Shift164(unsigned char In)
{
    SBUF=In;
    while(TI=0);                 //没发完，等待
    TI=0;                        //发完，清发送标志位
}
```

（4）主程序。

//＊＊＊＊＊＊＊＊＊＊＊＊＊＊＊＊主程序＊＊＊＊＊＊＊＊＊＊＊＊＊＊＊＊＊＊＊＊//
```
void main(void)
{
```

```
    uint KeyTime;
    TimeOut(&KeyTime, 0);
    while(1)
    {
        if(TimeOut(&KeyTime, 10)              //10 ms 运行一次
        {
            KeyScan(     );
            if(KeyValue>0x80)                 //有键按下,处理键盘
            {
                KeyProcess(KeyValue);
                KeyValue&=0x7f;               //处理完后,使最高位清 0
                DispBuf[0]=DataBuf[0];
                DispBuf[1]=DataBuf[1];
                DispBuf[2]=DataBuf[2];
                DispBuf[3]=DataBuf[3];
                FindShape(DispBuf);           //数字送显示
                SendDisp(DispBuf);
            }
        }
    }
}
```

【例 8-19】 设有甲乙两台单片机系统,均采用 11.0592 MHz 的晶振,采用串行口进行通信,数据传输率为 9600b/s。甲机将储存于外部 RAM 起始地址为 0100H 的 8 个数据发送到乙机,乙机把收到的 8 个数据存储于一个定位于片内 RAM 的数组中,要求采用方式 3,用中断方式发送和接收数据。

解: 通信双方均采用系统时钟频率为 11.0592 MHz,数据传输率为 9600 b/s。程序分甲、乙机两部分。对于每个单片机系统均包含通信初始化部分,初始化包括通信方式、波特率的设置和中断使能等。

甲机的串行中断服务程序是实现将外部 RAM 地址 0100H 单元起始的 8 个数据发送;乙机的串行中断服务程序主要完成数据的接收并保存内部 RAM。

```
// * * * * * * * * * * * * *通信模式初始化程序* * * * * * * * * * * * * *//
void Sci_Init()
//实现通信模式、波特率的设置,开启中断
void Sci_Init( void)
{
    SCON=0xd0;              //串口方式 3,SM2=0,接收允许
    TMOD=0x20;             //定时器 T1 设为模式 2
    PCON=0x80;             //SMOD=1,波特率倍增
    TH1=0xfa;              //定时器 T1 初值
    TL1=0xfa;              //定时器 T1 重新装载值
    TI=0;
    RI=0;                  //初始化时清发送、接收标志
```

```
    PS=1;                       //设置串行中断高优先级
    TR1=1;                      //启动 T1
    ES=1;                       //允许串行中断
    EA=1;                       //开总中断
}
// * * * * * * * * * * * * * * * 以下是甲机部分 * * * * * * * * * * * * * * * * * * //
#include   <reg52. h>
#include   <ABSACC. H>
#define  uchar   unsigned   char
#define  uint    unsigned   int
#define  TX_BASE   0x100
uchar    data   Tx_Count;
void    Sci_Init(void);
// * * * * * * * * * * * * * * * 甲机发送中断程序 * * * * * * * * * * * * * * * * * * //
void Tx_Isr(void)
//发送中断函数,每来一次中断,发送一个数据,直到数据全部发送完
void Tx_Isr(void) interrupt 4 using 1
{
    if(TI==1)
    {
        TI=0;                                    //清发送标志
        Tx_Count++;
        if(Tx_Count==0x08)
            Tx_Count=0;                          //发送完则停止发送
        else
            SBUF=XBYTE[TX_BASE+Tx_Count];        //发下一个数据
    }
    else
        RI=0;
}
// * * * * * * * * * * * * * * * 甲机主程序 * * * * * * * * * * * * * * * * * * * * //
void   main(void)
//初始化串口,并启动发送中断
void main(void)
{
    uint  i;
    Sci_Init();
    for(i=0; i<1000; i++);          //延时的目的是等待对方复位完成
    Tx_Count=0;
    SBUF=XBYTE[TX_BASE+Tx_Count];     //启动发送,然后由中断程序自动发完余下数据
    while(1);
}
```

程序中第一个数据送入 SBUF,数据发完后会产生串行中断。在中断服务程序中,

Tx_Count既作为发送计数变量使用，也同时作为发送缓冲区的偏移量，若数据没有发完时，则发下一个数据（XBYTE［TX_BASE＋Tx_Count］）；若 8 个数据已经发送完毕，由于不再有数据送入 SBUF，且 TI 已被清零，程序不会再进入中断程序。

虽然乙机不向甲机发送数据，甲机的接收标志 RI 正常情况下为 0，但如果出现某种意外使甲机的 RI 变 1，如果不使该位清零，会一直产生接收中断。因此在中断服务程序中增加（RI＝0）语句处理异常情况。

```
//＊＊＊＊＊＊＊＊＊＊＊＊＊＊以下是乙机部分程序＊＊＊＊＊＊＊＊＊＊＊＊＊＊＊＊//
#include  <reg52.h>
#include  <ABSACC.H>
#define   uchar   unsigned   char
#define   uint    unsigned   int
uchar   data  Rx_Count;
uchar   data   Rx_Buff[8];
void   Sci_Init(void);
//＊＊＊＊＊＊＊＊＊＊＊＊＊＊乙机中断程序＊＊＊＊＊＊＊＊＊＊＊＊＊＊＊＊＊＊//
void Rx_Isr(void)
//接收中断函数，每来一次中断，接收一个数据并保存在数组 Rx_Buff[]中
void   Rx_Isr(void)   interrupt   4   using   1
{
    if(RI==1)
    {
        RI=0;                       //清接收标志
        Rx_Buff[Rx_Count]=SBUF;     //数据保存
        Rx_Count++;
    }
    else
        TI=0;
}
//＊＊＊＊＊＊＊＊＊＊＊＊＊＊＊＊乙机主程序＊＊＊＊＊＊＊＊＊＊＊＊＊＊＊＊＊//
void   main(void)
//初始化串口，允许接收中断
void main(void)
{
    uint i;
    Sci_Init();
    Rx_Count=0;
    while(1);
}
//＊＊＊＊＊＊＊＊＊＊＊＊＊＊＊＊＊＊＊＊＊＊＊＊＊＊＊＊＊＊＊＊＊＊＊＊＊＊//
```

程序中定义了一个接收计数变量 Rx_Count，它既能作为接收数据计数变量使用，也作为数组 Rx_Buff[]的索引号使用。程序在初始化完成后就进入等待状态，当接收到数据时就会产生中断，接收数据依次存入 Rx_Buff 数组中。

能力训练八　　LED 动态显示

1. 训练目的

(1) 进一步掌握 LED 动态显示原理。

(2) 进一步掌握 C51 程序设计方法。

(3) 进一步熟悉 Proteus 仿真软件的使用方法。

2. 实验设备

PC 机一台、Keil C51 开发软件、Proteus 仿真软件等。

3. 训练内容

(1) 查阅相关资料，进一步熟悉 LED 动态显示原理。

(2) 在 Proteus 仿真软件中完成如图 8 - 5 所示的原理图设计。

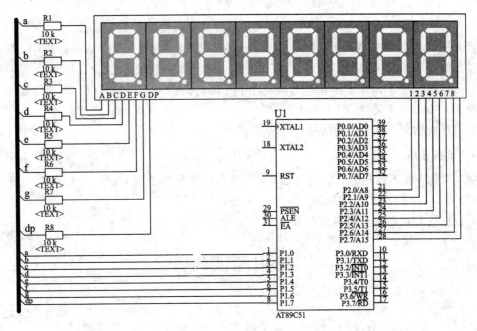

图 8 - 5　LED 动态显示

(3) 在 Keil C51 集成开发环境中录入源程序 dynamic_led.c，编译并生成 dynamic_led.hex 文件。

源程序 dynamic_led.c:

```
# include <reg51.h>
//LED 灯选通信号
unsigned    char    code    Select[]={0x01,0x02,0x04,0x08,0x10,0x20,0x40,0x80};
//LED 共阳极段码
unsigned char code LED_CODES[]=
                    {0xC0,0xF9,0xA4,0xB0,0x99,0x92,0x82,0xF8}; //};
void main(    )
```

```
{
    char i=0;
    long int j;
    while(1)
    {
        P2=0;
        P1=LED_CODES[i];
        P2=Select[i];
        for(j=1000;j>0;j——);
                    //该 LED 模型靠脉冲点亮,第 i 位靠脉冲点亮后会自动熄灭,
                    //修改循环次数就可改变延时,就能得到不同显示效果!
        i++;
        if(i>7)i=0;
    }
}
```

（4）分析源程序 dynamic_led. c 每行代码的含义及整个程序的功能。

（5）将 Keil 软件生成的 dynamic_led. hex 文件加载至图 8 - 5 中的单片机中,启动仿真,对比仿真结果与第（4）步理论分析结果是否一致,如不一致,找出原因。

（6）将源程序 dynamic_led. c 中 for 循环内 j 的初值设为较小的值（比如：100）,重新生成 dynamic_led. hex 文件。

（7）再次仿真,观察仿真结果。

4. 训练总结

（1）对比 j 取不同初值时的仿真结果,分析出现这种现象的原因。

（2）总结 LED 动态显示原理。

（3）总结 C51 程序设计注意事项。

知识测试八

一、填空题

1. 在 C51 语言的程序中,注释一般采用_____和_____来实现。

2. 字符 char 型变量的取值范围为_____。

3. 在 C51 语言的程序中,循环语句一般采用_____、_____和_____来实现。

4. 字符在 C51 语言的程序中,跳转语句一般采用_____、_____和_____来实现。

5. 数组在声明的时候,_____表示了数组元素的数据类型,可以为_____,也可以为_____。

6. 指针变量的专用运算符包括_____和_____。

7. 指针变量可以参与_____和_____运算。

8. 结构就是用户定义的,_____的一个集合体。

9. 定义结构用的关键字为_____,声明结构变量用的关键字为_____。

10. 无返回值的函数使用＿＿＿＿＿来声明。

二、选择题

1. 以下哪个不是 C51 的关键字＿＿＿＿＿。

A. if　　　　　　　B. case　　　　　　C. return　　　　　　D. ch

2. 以下哪个声明语句是错误的？＿＿＿＿＿

A. ch ch1；　　　　　　　　　　　B. ch str[]＝"hello"

C. void fun；　　　　　　　　　　D. void func()；

3. break 语句不能应用于下列哪个语句内部？＿＿＿＿＿

A. if　　　　　　　B. for　　　　　　C. while　　　　　　D. do-while

4. 对于用语句 int num[3]声明的数组，下列哪个不是其中的元素？＿＿＿＿＿

A. num[0]　　　　　B. num[1]　　　　　C. num[2]　　　　　D. num[3]

5. 下列哪个不可以用于声明数组？＿＿＿＿＿

A. char　　　　　　B. int　　　　　　C. float　　　　　　D. void

6. 使用指针作为函数参数，在函数执行后，实参变量＿＿＿＿＿。

A. 变了　　　　　　B. 不变　　　　　　C. 有可能变　　　　　D. 有可能不变

三、简答题

1. 简述 a＋＋和＋＋a 的区别。

2. 简述 ＆＆ 和 ＆ 运算符的区别。

3. 简述 break 语句和 continue 语句在应用到循环语句内部的区别。

4. 简述结构变量的三种声明方式。

5. 简述结构指针和普通指针的区别。

第9章　单片机应用系统设计实例

　　单片机广泛应用于工业控制、医疗设备、智能家居等多方面，本章以几个简单的例子来介绍基于单片机的电子产品的开发、设计过程。

9.1　基于单片机的数字温度计设计

9.1.1　单片机数字显示温度计的原理

　　温度测量通常可以使用两种方式来实现：一种是用热敏电阻之类的器件，由于感温效应，热敏电阻的阻值能够随温度发生变化，当热敏电阻接入电路后，流过它的电流或其两端的电压就会随温度发生相应的变化；再将随温度变化的电压或电流采集起来，进行 A/D 转换后，发送到单片机进行数据处理，通过显示电路，就可以将被测温度显示出来。这种设计需要用到 A/D 转换电路，其测温电路比较麻烦。第二种方法是用温度传感器芯片。温度传感器芯片能把温度信号转换成数字信号，直接发送给单片机，转换后通过显示电路显示即可。这种方法设计的电路其结构简单，设计方便，使用非常广泛，本节就介绍采用第二种方法设计的单片机数字显示温度计。要求温度测量范围为－55～99℃，精度误差小于 0.5℃。

9.1.2　系统硬件电路设计

　　单片机数字显示温度计主要由单片机 AT89C52、测温电路和显示电路等部分组成，其硬件电路如图 9-1 所示。

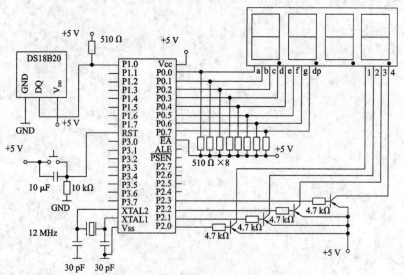

图 9-1　系统硬件电路

1. 单片机 AT89C52 简介

本设计中采用 AT89C52 芯片。AT89C52 是一个低电压，高性能 CMOS 工艺的 8 位单片机，片内含 8 KB 的可反复擦写的 Flash 只读程序存储器和 256 B 的随机存取数据存储器（RAM），器件采用 ATMEL 公司的高密度、非易失性存储技术生产，兼容标准 MCS-51 指令系统。

AT89C52 有 40 个引脚，32 个外部双向输入/输出端口，2 个外部中断口，3 个 16 位可编程定时器/计数器，2 个全双工串行通信口，2 个读写口线。AT89C52 可以按照常规方法进行编程，也可以在线编程。ATMEL 公司将通用的微处理器和可反复擦写的 Flash 存储器结合在一起，有效地提高了系统性能，降低了开发成本。

2. 显示电路介绍

显示电路由四位数码管组成，用于分别显示符号、温度十位、个位和小数点后一位。四位数码管采用共阳极动态扫描显示方式，8 位字段码输入端接 AT89C52 的 P0 口，四位位选端由 P2 口的低四位控制。AT89C52 的 P0 口作输出时外接上拉电阻，四位位选端不是直接与 P2 口的低四位连接，而是通过三极管连接，这样是为了增加驱动能力。但必须注意，这样连接数码管的位选端与 P2 口低四位的输出有一个反向关系，P2 口的低四位是通过低电平来选中数码管的。

3. 温度传感器 DS18B20 介绍

本系统的测温电路由数字温度传感器 DS18B20 组成。DS18B20 是美国 DALLAS 半导体公司推出的智能温度传感器，温度测量范围为 $-55 \sim +125$℃，可编程为 $9 \sim 12$ 位的 A/D 转换精度，测温分辨率可达 0.0625℃，被测温度用 16 位补码方式串行输出。其工作电源既可以在远端引入，也可采用寄生电源方式产生。

1) DS18B20 的外部结构

DS18B20 可采用 3 脚 TO-92 小体积封装和 8 脚 SOIC 封装，其外形和引脚如图 9-2 所示。图中引脚定义如下：

DQ：数字信号输入/输出端；

GND：电源地；

V_{DD}：外接供电电源输入端（在寄生电源接线方式时接地）。

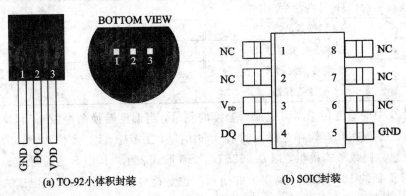

图 9-2 DS18B20 的外形及引脚定义

2）DS18B20 的内部结构

DS18B20 内部主要由 4 部分组成：64 位光刻 ROM、温度传感器、非易失性温度报警触发器 TH 和 TL、配置寄存器等，其内部结构如图 9-3 所示。

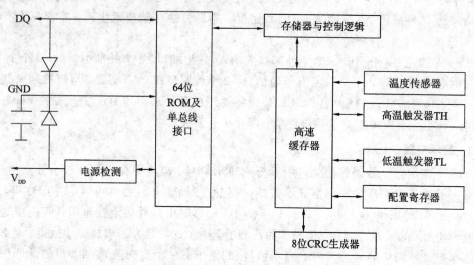

图 9-3　DS18B20 的内部结构

① 光刻 ROM 存储器：光刻 ROM 中存放的是 64 位序列号，出厂前已被光刻好，它可以看做是该 DS18B20 的地址序列号。不同的器件地址序列号不同。64 位序列号的排列是：开始 8 位(28H)是产品类型标号，接着的 48 位是该 DS18B20 自身的序列号，最后 8 位是前面 56 位的循环冗余校验码。光刻 ROM 的作用是使每一个 DS18B20 都各不相同，这样就可以实现一根总线上挂接多个 DS18B20。

② 高速暂存器：高速暂存器由 9 个字节组成，其分配如表 9-1 所示。第 0 和第 1 个字节存放转换所得的温度值；第 2 和第 3 个字节分别为高温度触发器 TH 和低温度触发器 TL；第 4 个字节为配置寄存器；第 5、6、7 个字节保留；第 8 个字节为 CRC 校验寄存器。

表 9-1　DS18B20 高速暂存存储器的分布

字节号	功　　能	字节号	功　　能
0	温度转换后的低字节	5	保留
1	温度转换后的高字节	6	保留
2	高温度触发器 TH	7	保留
3	低温度触发器 TL	8	CRC 校验寄存器
4	配置寄存器		

DS18B20 中的温度传感器可完成对温度的测量，当温度转换命令发布后，转换后的温度以补码形式存放在高速暂存存储器的第 0 和第 1 个字节中。以 12 位为例：用 16 位符号扩展的二进制补码数形式提供，以 0.0625℃/LSB 形式表示，其中 S 为符号位。表 9-2 是12 位转化后得到的 12 位数据，高字节的前面 5 位是符号位，如果测得的温度大于 0，这 5位为 0，只要将测到的数值乘以 0.0625 即可得到实际温度；如果温度小于 0，这 5 位为 1，测到的数值需取反加 1 再乘以 0.0625，即可得到实际温度。

表 9-2　DS18B20 温度值格式表

	D7	D6	D5	D4	D3	D2	D1	D0
LS Byte	2^3	2^2	2^1	2^0	2^{-1}	2^{-2}	2^{-3}	2^{-4}
	D7	D6	D5	D4	D3	D2	D1	D0
MS Byte	S	S	S	S	S	2^6	2^5	2^4

例如，＋125℃的数字输出为 07D0H，＋25.0625℃的数字输出为 0191H，－25.0625℃的数字输出为 FF6FH，－55℃的数字输出为 FC90H。表 9-3 列出了部分温度值与采样数据的对应关系。

表 9-3　DS18B20 部分温度数据表

温度/℃	16 位二进制编码	十六进制表示	温度/℃	16 位二进制编码	十六进制表示
＋125	0000 0111 1101 0000	07D0H	0	0000 0000 0000 0000	0000H
＋85	0000 0101 0101 0000	0550H	－0.5	1111 1111 1111 1000	FFF8H
＋25.0625	0000 0001 1001 0001	0191H	－10.125	1111 1111 0101 1110	FF5EH
＋10.125	0000 0000 1010 0010	00A2H	－25.0625	1111 1110 0110 1111	FE6FH
＋0.5	0000 0000 0000 1000	0008H	－55	1111 1100 1001 0000	FC90H

高温度触发器和低温度触发器分别存放温度报警的上限值 TH 和下限值 TL；DS18B20 完成温度转换后，就把转换后的温度值 T 与温度报警的上限值 TH 和下限值 TL 作比较，若 T>TH 或 T<TL，则把该器件的报警标志位置位，并对主机发出的告警搜索命令作出响应。

配置寄存器用于确定温度值的数字转换分辨率，该字节各位的意义如下：

D7	D6	D5	D4	D3	D2	D1	D0
TM	R1	R0	1	1	1	1	1

其中：低五位一直是 1，TM 是测试模式位，用于设置 DS18B20 是工作模式还是测试模式。在 DS18B20 出厂时该位被设置为 0，用户不要改动它。R1 和 R0 用来设置分辨率，如表 9-4 所示。

表 9-4　DS18B20 分辨率设置表

R1	R0	分辨率	温度最大转换时间/ms
0	0	9	93.75
0	1	10	187.5
1	0	11	275.00
1	1	12	750.00

CRC 校验寄存器存放的是前 8 个字节的 CRC 校验码。

3）DS18B20 的温度转换过程

根据 DS18B20 的通信协议，主机控制 DS18B20 完成温度转换必须经过三个步骤：每一次读写之前都要对 DS18B20 进行复位，复位成功后发送一条 ROM 指令，最后发送 RAM 指令，这样才能对 DS18B20 进行预定的操作。DS18B20 的 ROM 指令和 RAM 指令如表 9-5 和表 9-6 所示。

表 9 - 5   ROM 指令表

指　令	约定代码	功　　能
读 ROM	33H	读 DS18B20 温度传感器 ROM 中的编码（即 64 位地址）
匹配 ROM	55H	发出此命令之后，接着发出 64 位 ROM 编码，访问单总线上与该编码相对应的 DS18B20 使之做出响应，为下一步对该 DS18B20 的读写做好准备
搜索 ROM	0F0H	用于确定挂接在同一总线上 DS18B20 的个数和识别 64 位 ROM 地址，为操作各器件做好准备
跳过 ROM	0CCH	忽略 64 位 ROM 地址，直接向 DS18B20 发温度转换命令。适用于单片工作
告警搜索命令	0ECH	执行后只有温度超过设定值上限或下限的片子才作出响应

表 9 - 6   RAM 指令表

指　令	约定代码	功　　能
温度转换	44H	启动 DS18B20 进行温度转换，12 位转换时最长为 750 ms（9 位为 93. 75 ms）。结果存入内部 9 字节 RAM 中
读暂存器	0BEH	读内部 RAM 中 9 字节的内容
写暂存器	4EH	发出向内部 RAM 的 3、4 字节写上、下限温度数据的命令，紧跟该命令之后，是传送两个字节的数据
复制暂存器	48H	将 RAM 中第 3、4 字节的内容复制到 EEPROM 中
重调 EEPROM	0B8H	将 EEPROM 中的内容恢复到 RAM 中的第 3、4 字节
读供电方式	0B4H	读 DS18B20 的供电方式。寄生供电时 DS18B20 发送"0"，外接电源供电时 DS18B20 发送"1"

　　每一步骤都有严格的时序要求，所有时序都是将主机作为主设备，单总线器件作为从设备。而每一次命令和数据的传输都是从主机启动写时序开始，如果要求单总线器件回送数据，在进行写命令后，主机需要启动读时序完成数据接收。数据和命令的传输都是低位在前。

　　时序可分为初始化时序、读时序和写时序。复位时要求主 CPU 将数据线下拉 500 μs，然后释放，DS18B20 收到信号后等待 15～60 μs 左右后发出 60～240 μs 的低脉冲，主 CPU 收到此信号则表示复位成功。

　　读时序分为读"0"时序和读"1"时序两个过程。对于 DS18B20 的读时序，是从主机把单总线拉低之后，在 15 μs 之内就得释放单总线，以让 DS18B20 把数据传输到单总线上。DS18B20 完成一个读时序过程至少需要 60 μs。

　　对于 DS18B20 的写时序，仍然分为写"0"时序和写"1"时序两个过程。DS18B20 写"0"时序和写"1"时序的要求不同，当要写"0"时，单总线要被拉低至少 60 μs，以保证 DS18B20 能够在 15 μs 到 45 μs 之间正确地采样 I/O 总线上的"0"电平；当要写"1"时，单总线被拉低之后，在 15 μs 之内就得释放单总线。

4. DS18B20 与单片机的接口

　　DS18B20 可采用外部电源供电，也可采用内部寄生电源供电。其可单片连接形成单点测温系统，也能够多片连接组网形成多点测温系统。DS18B20 通常与单片机有以下连接方式。

图 9-4 所示是单片寄生电源供电方式连接图，在寄生电源供电方式下，DS18B20 从单线信号线上汲取能量，在信号线 DQ 处于高电平期间把能量存储在内部电容里，在信号线处于低电平期间消耗电容上的电能工作，直到高电平到来再给寄生电源（电容）充电。寄生电源方式有 3 个好处：第一，进行远距离测温时，无需本地电源；第二，可以在没有常规电源的条件下读取 ROM；第三，电路更加简洁，仅用一根 I/O 口来实现测温。

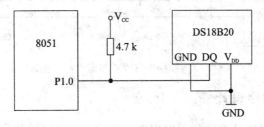

图 9-4　单片寄生电源供电连接

要想使 DS18B20 进行精确的温度转换，I/O 线必须保证在温度转换期间能够提供足够的能量，V_{CC} 必须保证为 5V。当电源电压下降时，寄生电源能够汲取的能量也降低，会使温度误差变大。为了使 DS18B20 在动态转换周期中获得足够的电流供应，提高电源供电，可进行如图 9-5 所示的改进。当进行温度转换操作或复制到 EEPROM 时，用 MOS 管把 I/O 线直接拉到 V_{CC} 就可提供足够的电流，在发出温度转换操作或复制到 EEPROM 指令后，必须在最长 10 μs 内把 I/O 线转换到强上拉状态。在强上拉方式下可以解决电流供应不足的问题，因此也适合于多点测温应用，缺点就是要多占用一根 I/O 线进行强上拉切换。

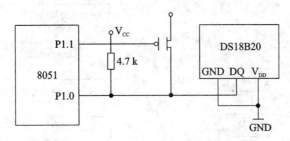

图 9-5　改进的单片机寄生电源供电连接

图 9-6 所示为单片机外部电源供电方式连接图。在外部电源供电方式下，DS18B20 工作电源由 V_{DD} 引脚接入，此时 I/O 线不需要强上拉，不存在电源电流不足的问题，可以保证转换精度，同时在总线上理论可以挂接任意多个 DS18B20 传感器，组成多点测温系统。

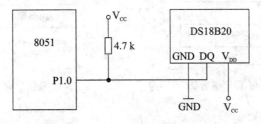

图 9-6　单片机外部电源供电连接

　　注意：在外部供电方式下，DS18B20 的 GND 引脚不能悬空，否则不能转换温度，读取的温度总是 85℃。

　　图 9-7 所示为外部供电方式的多点测温电路图，多个 DS18B20 直接并联在唯一的三线上，实现组网多点测温。

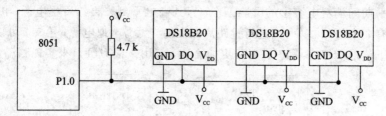

图 9-7　外部供电方式的多点测温电路

9.1.3　系统软件程序设计

　　单片机数字显示温度计的软件程序主要由主程序、温度测量子程序、温度转换子程序和显示子程序等组成。

1. 主程序

　　在主程序中首先初始化，检测 DS18B20 是否存在，然后通过调用读温度子程序读出 DS18B20 的当前值，调用温度转换子程序把从 DS18B20 中读出的值转换成对应的温度，调用显示子程序把温度值在数码管的相应位置进行显示。主程序流程图如图 9-8 所示。

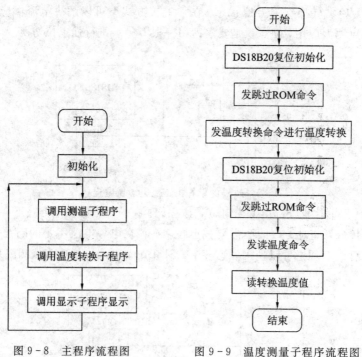

图 9-8　主程序流程图　　　　　图 9-9　温度测量子程序流程图

2. 温度测量子程序

　　温度测量子程序的功能是读出并处理 DS18B20 测量的当前温度值，读出的温度值以

BCD 码的形式存放在缓冲区，温度的正负号用一个符号标志来表示，温度为正表示为 0，温度为负表示为 1。

注意：DS18B20 每次读写之前都要先进行复位，复位成功后发送一条 ROM 指令，最后发送 RAM 指令，这样才能对 DS18B20 进行预定的操作。

温度测量子程序流程图如图 9 - 9 所示。

3. 温度转换子程序

温度转换子程序实现把从 DS18B20 中读出的值转换成对应的温度值，以 BCD 码的形式存放在缓冲区，正负符号存放在符号标志位中。温度转换子程序流程图如图 9 - 10 所示。

4. 显示子程序

显示子程序首先把温度转换子程序得到的值变换后放入显示缓冲区，然后调用四位数码管动态显示程序。流程图如图 9 - 11 所示。

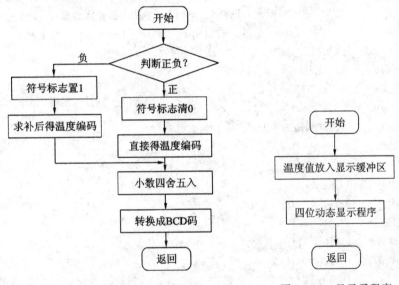

图 9 - 10　温度转换子程序流程图　　　　图 9 - 11　显示子程序

5. 汇编语言源程序清单

(1) 单片机采用 AT89C52，晶振为 12 MHz，P1.0 与 DS18B20 的 DQ 相连，P0 为四位共阳极数码管端口。

(2) P2 口低四位为位选码口。数码管的显示缓冲区片内 RAM 的 50H，51H，52H，53H。

(3) FLAG1 为 DS18B20 的检测标志，FLAG2 为温度值的符号标志，负用 1 表示，正用 0 表示。

(4) 温度显示范围为 -55℃ ~ 99℃，只用到后面三位数码管。

TEMPER_L	EQU	36H
TEMPER_H	EQU	35H
TEMPER_NUM	EQU	33H
FLAG1	EQU	0D5H
FLAG2	EQU	00H

```
DQ                EQU    P1.0
SkipDS18B20       EQU    0CCH
StartDS18B20      EQU    44H
ReadDs            EQU    0BEH


        ORG     0000H
        SJMP    MAIN
        ORG     0040H
MAIN:   MOV     SP, #60H
        CLR     EA
        CLR     FLAG2
        LCALL   RE_CONFIG
LL:     CLR     FLAG2
        LCALL   GET_TEMPER        ;将从 DS18B20 中读出的温度数据
                                  ;转换为 BCD 码(—55~99℃)

        LCALL   TEMPER_COV
        MOV     A, TEMPER_NUM
        ANL     A, #0FH
        MOV     50H, A
        MOV     A, TEMPER_NUM
        ANL     A, #0F0H
        SWAP    A
        MOV     51H, A
        MOV     52H, #10H
        JNB     FLAG2, L1
        MOV     52H, #11H
L1:     MOV     53H, #10H
        LCALL   DISPLAY
        LCALL   DISPLAY
        LCALL   DISPLAY
        LCALL   DISPLAY
        LJMP    LL
;读出转换后的温度值
GET_TEMPER:
        SETB    DQ
        LCALL   InitDS18B20
        JB      FLAG1, S22
        RET
S22:    LCALL   Delay64us
        MOV     A, #SkipDS18B20   ;跳过 ROM
        LCALL   WriteByteDS18B20
        MOV     A, #StartDS18B20  ;发出温度转换命令
        LCALL   WriteByteDS18B20
```

```
            LCALL    DELAY1s
            LCALL    InitDS18B20
            JB       FLAG1，ABC
            RET
ABC：       LCALL    Delay64us
            MOV      A，＃SkipDS18B20      ;跳过 ROM 匹配
            LCALL    WriteByteDS18B20
            MOV      A，＃ReadDs            ;发出读温度命令
            LCALL    WriteByteDS18B20
            LCALL    ReadDS18B20
            RET
;读 DS18B20 的程序，从 DS18B20 中读出一个字节的数据
ReadByteDS18B20：
            MOV      R2，＃8
RE1：
            CLR      C
            SETB     DQ
            NOP
            NOP
CLR    DQ
            NOP
            NOP
            NOP
            SETB     DQ
            MOV      R3，＃7
            DJNZ     R3，$
            MOV      C，DQ
            MOV      R3，＃23
            DJNZ     R3，$
            RRC      A
            DJNZ     R2，RE1
            RET
;写 DS18B20 的程序
WriteByte DS18B20：
            MOV  R2，＃8
            CLR  C
WR1：
            CLR      DQ
            MOV      R3，＃6
            DJNZ     R3，$
            RRC      A
            MOV      DQ，C
            MOV      R3，＃23
```

```
        DJNZ    R3，$
        SETB    DQ
        NOP
        DJNZ    R2，WR1
        SETB    DQ
        RET
;读 DS18B20 的程序，从 DS18B20 中读出两个字节的温度数据
ReadDS18B20：
        LCALL   ReadByteDS18B20
        MOV     TEMPER_L，A
        LCALL   ReadByteDS18B20
        MOV     TEMPER_H，A
;重新写 DS18B20 暂存存储器设定值
RE_CONFIG：
        JB      FLAG1，RE_CONFIG1 ;若 DS18B20 存在，转 RE_CONFIG1
RET
RE_CONFIG1：
        MOV     A，#0CCH         ;发 SKIP ROM 命令
        LCALL   WriteByteDS18B20
        MOV     A，#4EH          ;发写暂存存储器命令
        LCALL   WriteByteDS18B20
        MOV     A，#00H          ;TH(报警上限)中写入 00H
        LCALL   WriteByteDS18B20
        MOV     A，#00H          ;TL(报警下限)中写入 00H
        LCALL   WriteByteDS18B20
        MOV     A，#7F           ;选择 12 位温度分辨率
        LCALL   WriteByteDS18B20
        RET
;延时子程序
Delay500us：
        MOV     R6，#00H
        DJNZ    R6，$
        RET
Delay64us：
        MOV     R6，#20H
        DJNZ    R6，$
        RET
Delay1s：
        MOV     B，#130
Delall：
        PUSH    B
        POP     B
        DJNZ    B，Dela11
```

```
            RET
; DS18B20 初始化程序
InitDS18B20：
        CLR     DQ
        MOV     R7，#00H
        DJNZ    R7，$              ;延时
        SETB    DQ
        MOV     R7，#25H
        DJNZ    R7，$
        SETB    FLAG1             ;置标志位，表示 DS18B20 存在
        JNB     DQ，TSR5
        CLR     FLAG1             ;置标志位，表示 DS18B20 不存在
        LJMP    TSR7
TSR5：
        MOV     R7，#06BH          ;200 μs 延时
        DJNZ    R7，$
TSR7：
        SETB    DQ
        RET
; 将从 DS18B20 中读出的温度数据进行转换
TEMPER_COV：
        MOV     A，TEMPER_H
        SUBB    A，#0F8H
        JC      TEM0              ;看温度值是否为负，不是，则转换
        SETB    FLAG2             ;是，置标志位 FLAG2
        MOV     A，TEMPER_H
        CPL     A
        MOV     TEMPER_H，A
        MOV     A，TEMPER_L
        CPL     A
        INC     A
        MOV     TEMPER_L，A
TEM0：
        MOVA，#0F0H
        ANL     A，TEMPER_L        ;舍去温度低位中小数点后的四位温度数值
        SWAP    A
        MOV     TEMPER_NUM，A
        MOV     A，TEMPER_L
        JNB     ACC.3，TEMPER_COV1         ;四舍五入取温度值
        INC     TEMPER_NUM
TEMPER_COV1：
        MOV     A，TEMPER_H
        ANL     A，#07H
```

```
            SWAP    A
            ORL     A, TEMPER_NUM
            MOV     TEMPER_NUM, A              ;保存变换后的温度数据
            LCALL   BIN_BCD
            RET
;将 16 进制的温度数据转换成压缩 BCD 码
BIN_BCD:
            MOV     DPTR, #TEMP_TAB
            MOV     A, TEMPER_NUM
            MOVC    A, @A+DPTR
            MOV     TEMPER_NUM, A
            RET
;动态显示
DISPLAYMOV      R0, #50H                  ;动态显示初始化，使 R0 指向缓冲区首址
            MOV     R2, #4
            MOV     R3, #0F7H
            MOV     A, R3
LD0:        MOV     P2, A                     ;选通显示器低位（最右端一位）
            MOV     A, @R0                    ;读要显示的数
            ADD     A, #0BH                   ;调整距段选码表首的偏移量
            MOVC    A, @A+PC                  ;查表取段选码
            MOVP0, A                          ;段选码从 P0 口输出
            ACALL   DL1                       ;调用 1 ms 延时子程序
            INC     R0                        ;指向缓冲区下一单元
            MOV     A, R3                     ;位选码送累加器
            RR      A                         ;未显示完，把位选字变为下一位选字
            MOV     R3, A                     ;修改后的位选字送 R3
            DJNZ    R2, LD0
            RET
TAB:        DB  0C0H, 0F9H, 0A4H, 0B0H, 99H, 92H, 82H, 0F8H      ;字段码表
            DB80H, 90H, 88H, 83H, 0C6H, 0A1H, 86H, 8EH, FFH, 0BFH
DL1:        MOV     R7, #02H          ;延时子程序
DL:         MOV     R6, #0FFH
DL0:        DJNZ    R6, DL0
            DJNZ    R7, DL
            RET
TEMP_TAB:
            DB  00H, 01H, 02H, 03H, 04H, 05H, 06H, 07H
            DB  08H, 09H, 10H, 11H, 12H, 13H, 14H, 15H
            DB  16H, 17H, 18H, 19H, 20H, 21H, 22H, 23H
            DB  24H, 25H, 26H, 27H, 28H, 29H, 30H, 31H
            DB  32H, 33H, 34H, 35H, 36H, 37H, 38H, 39H
            DB  40H, 41H, 42H, 43H, 44H, 45H, 46H, 47H
```

```
        DB  48H, 49H, 50H, 51H, 52H, 53H, 54H, 55H
        DB  56H, 57H, 58H, 59H, 60H, 61H, 62H, 63H
        DB  64H, 65H, 66H, 67H, 68H, 69H, 70H, 71H
        DB  72H, 73H, 74H, 75H, 76H, 77H, 78H, 79H
        DB  80H, 81H, 82H, 83H, 84H, 85H, 86H, 87H
        DB  88H, 89H, 90H, 91H, 92H, 93H, 94H, 95H
        DB  96H, 97H, 98H, 99H
        END
```

6. C 语言源程序清单

```
/* * * * * * * * * * * * * * * * * * * * * * * * * * * * * * * * * * * * * */
/* 单片机型号：AT89C52, 晶振为 12MHz, P1.0 与 DS18B20 的 DQ 端相连 */
/* P0 为四位数码管的字段码口, P2 口低四位为位选码口 */
/* flag 为温度值的正负标志位, flag 为 1 时表示温度值为负 */
/* flag 为 0 时表示温度值为正 */
/* 温度测量范围(−55～99.9℃)。变量 cc 中保存读出的温度值的整数部分 */
/* xs 保存读出的温度值的小数部分的第一位 */
/* * * * * * * * * * * * * * * * * * * * * * * * * * * * * * * * * * * * * */
#include<reg52.h>
#define  uchar  unsigned  char
#define  uint   unsigned   int
sbit    DQ=P1⁰;                //定义端口
union{
    uchar c[2];
    uint x;
}temp;
uchar   flag;
uint    cc, xs;
uchar   disbuffer[4];


void    delay(uint i)          //延时程序
{
    uint j;
    for(j=I; j>0; j−−);
}


uchar ow_reset(void)           //复位
{
    uchar reset;
    DQ=0;                      //DQ 低电平
    delay(50);
    DQ=1;
    delay(3);
```

```
        reset=DQ;
        delay(25);
        return(reset);
    }


    uchar read_byte(void)                //从 1-wire 总线上读取一个字节
    {
        uchar  i;
        uchar    value=0;
        for(i=8; i>0; i——)
        {
            value>>1;
            DQ=0;
            DQ=1;
            delay(1);
            if(DQ) value|=0x80;
            delay(6);
        }
        return(value);
    }


    void write_byte(uchar va1)           //向 1-wire 总线上写入一个字节
    {
        uchar I;
        for(i=8; i>0; i——)
        {
            DQ=0;
            DQ=va1&0x01;
            delay(5);
            DQ=1;
            va1=va1/2;
        }
        delay(5);
    }


    void initds18b20(void)               //初始化设置
    {
        ow_reset();
        write_byte(0xCC);                //跳过 ROM
        write_byte(0x4E);                //写暂存存储器命令
        write_byte(0x00);                //写高温触发器
        write_byte(0x00);                //写低温触发器
        write_byte(0x7F);                //选择 12 位温度分辨率
```

```
    }

void Read_Temperature(void)              //读取温度
{
    ow_reset();
    write_byte(0xCC);                    //跳过 ROM
    write_byte(0x44);                    //开始转换
    ow_reset();
    write_byte(0xCC);                    //发跳过 ROM
    write_byte(0xBE);                    //发读温度命令
    temp.c[1]=read_byte();               //读低字节
    temp.c[0]=read_byte();               //读高字节
}

void  Temperature_cov (void)             //温度转换
{
    if (temp.c[0]>0xf8)                  //如果为负，则符号标志置 1，计算温度值
    {
        flag=1;
        temp.x=~temp.x+1;
    }
    cc=temp.x/16;                        //计算出温度值的整数部分
    xs=temp.x&0x0f;                      //取温度值小数部分的第一位
    xs=xs*10;
    xs=xs/16;
}
// * * * * * * * * * * * * * 显示函数 * * * * * * * * * * * * * * * * * * *
void display(void)                       //定义显示函数
{
    uchar  codevalue[]={0xC0, 0xF9, 0xA4, 0xB0, 0x99, 0x92, 0x82, 0xF8, 0x80, 0x90, 0x88,
0x83, 0xC6, 0xA1, 0x86, 0x8E, 0xFF, 0xBF};
    uchar  chocode[]={0xF7, 0xFB, 0xFD, 0xFE};
    uchar  i=0, p, t;
    if(flag==1)
        disbuffer[3]=0x11;
    else
        disbuffer[3]=0x10;
    disbuffer[0]=xs;
    disbuffer[1]=(cc%10);
    disbuffer[2]=(cc/10);
    for(i=0; i<4; i++)
    {
        t=chocode[i];                    //取当前的位选码
```

```
        P2＝t;                      //送出位选码
        p＝disbuffer[i];           //取当前显示的字符
        t＝codevalue[p];           //查得显示字符的段码
        if(i＝＝1)t＝t＋0x80;
        P0＝t;                      //送出字段码
        delay(40);                 //延时
        }
        P2＝0xFF;
}
//＊＊＊＊＊＊＊＊＊主程序＊＊＊＊＊＊＊＊＊＊＊＊＊＊＊＊＊＊//
void main()
{
    delay(10);
    EA＝0;
    flag＝0;
    initDS18B20();
    while(1)
    {
        flag＝0;
        Read_Temperature();        //读取双字节温度
        Temperature_cov();         //温度转换
        display();                 //显示
        display();
        display();
    }
}
```

9.2　单片机红外报警器的设计

9.2.1　红外报警器工作原理

随着科技的发展和人们安防意识的提高,红外报警器越来越广泛地应用于智能小区及家庭安防等领域。

红外报警器分为主动红外报警器和被动红外(Passive Infrared,PIR)报警器。主动红外入侵报警器有发射机和接收机两部分,发射机由电源、发光源和光学系统组成;接收机由光学系统、光电传感器、放大器、信号处理器等部分组成。发射机中的红外发光二极管在电源的激励下,发出一束经过调制的红外光束(此光束的波长约在 $0.8 \sim 0.95\ \mu m$ 之间),经过光学系统的作用变成平行光发射出去。此光束被接收机接收,由接收机中的红外光电传感器把光信号转换成电信号,经过电路处理后传给报警控制器。由发射机发射出的红外线经过防范区到达接收机,构成了一条警戒线。正常情况下,接收机收到的是一个稳定的光信号,当有人入侵该警戒线时,红外光束被遮挡,接收机收到的红外信号发生变化,提取这一变化信号,经适当的放大处理,控制报警器发出报警信号。此类报警器最大的优点就是防范距离远,能达到被动红外的 10 倍以上探测距离。

被动红外报警器借助于热释电红外传感器检测防控区域红外能量的变化,并以此来判断是否有人入侵。人体的红外能量与环境有差别,当人通过探测区域时,人体所发出的红外线被热释电红外传感器接收,传感器上的红外感应源失去电荷平衡,向外释放电荷,经转换、放大处理后,向外输出电压信号,驱动报警器报警。

本节设计了一种基于单片机的被动红外报警器。该报警器以 STC89C52 单片机为核心,外接热释电红外传感器及报警电路,当有人在探测区范围内移动时,红外传感器向单片机输出触发信号,单片机响应后输出控制信号,驱动声光报警电路报警。该设计包括硬件设计和软件设计两个部分。硬件包括单片机、热释电红外传感器、蜂鸣器、按键控制电路、LED 指示灯等等。软件部分主要完成系统的初始化、按键检测、报警触发信号检测、报警等功能。

9.2.2　报警器硬件电路设计

1. 总体框图

该报警器硬件可划分为电源模块、复位电路模块、时钟信号模块、按键控制模块、报警信号采集模块、声音报警模块、LED 指示模块等,总体框图如图 9 - 12 所示。

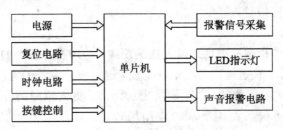

图 9 - 12　总体设计框图

系统中的处理器采用 STC89C52 单片机。STC89C52 是 STC 公司生产的一种低功耗、高性能 CMOS 8 位微控制器,具有 8 KB 在系统可编程 Flash 存储器。STC89C52 使用经典的 MCS - 51 内核,同时也做了很多的改进,使得该芯片具有传统 51 单片机不具备的功能。具体来讲该芯片具有以下特点:8 KB 的 Flash、512 字节 RAM、32 位 I/O 口线、看门狗定时器、内置 4KB EEPROM、MAX810 复位电路、3 个 16 位定时器/计数器、4 个外部中断、一个 7 向量 4 级中断结构(兼容传统 51 的 5 向量 2 级中断结构)、全双工串行口等等。另外 STC89C52 可降至 0Hz 静态逻辑操作,支持 2 种软件可选择节电模式。空闲模式下,CPU 停止工作,允许 RAM、定时器/计数器、串口、中断继续工作。掉电保护方式下,RAM 内容被保存,振荡器被冻结,单片机一切工作停止,直到下一个中断或硬件复位为止。

电源、复位电路、时钟信号属于最小系统的必备模块。复位电路的功能就是确定单片机的工作起始状态,完成单片机的启动过程。单片机接通电源时产生复位信号,完成单片机启动,确定单片机起始工作状态。当单片机系统在运行中,受到外界环境干扰出现程序跑飞的时候,按下复位按钮,内部的程序自动从头开始执行。复位一般有上电自动复位和外部按键手动复位两种。单片机在时钟电路工作以后,在 RESET 端持续给出 2 个机器周期的高电平时就可以完成复位操作。时钟电路好比单片机的心脏，它控制着单片机的工作节奏和指令执行速度。

报警信号采集模块将人体辐射的红外光谱变换成电信号，送出至STC89C52单片机。在单片机内，经软件查询、识别、判决等环节实时发出入侵报警控制信号，驱动蜂鸣器及报警指示灯报警。

2. 信号采集模块

1）热释电红外传感器

热释电红外传感器如图9-13所示，是由高热电系数材料制成的一种新型高灵敏度热释电元件。当红外线聚集在该元件上时，红外感应源失去电荷平衡，向外释放电荷，经转换、放大处理后，向外输出电压信号。由于人体辐射的红外线中心波长为9～10 μm，而探测元件能探测波长为0.2～20 μm 的红外光，为了降低环境干扰，在传感器顶端开设了一个装有滤光镜片的窗口，该滤光片只让波长为7～10 μm 的红外光通过，而对其他波长的红外线予以吸收，这样便形成了一种专门用作探测人体辐射的红外线传感器。同时，传感器内部包含两个互相串联或并联的热释电元件，这两个热释电元件极化方向相反，元件本身的热辐射以及环境背景辐射对两个热释电元件几乎具有相同的作用，使其产生的热释电效应相互抵消，无信号输出。一旦有运动的人体进入探测区域，人体红外辐射即被感应源接收，但是两片热释电元件接收到的热量不同，热释电也不同，即存在不能抵消的电信号，经处理后就能输出报警信号。

2）菲涅尔透镜

为了提高探测器的探测灵敏度以增大探测距离，一般在探测器的前方装设一个菲涅尔透镜，如图9-14所示。该透镜用透明塑料制成，透镜被分成若干等份，是一种特殊光学系统，它相当于热释电传感器的"眼镜"，能将更远距离、更大范围的红外线更有效地集中到红外感应源上。根据不同的性能要求和应用场合，菲涅尔透镜具有不同的焦距（感应距离），从而产生不同的监控视场，视场越多，控制越严密。

图9-13　热释电红外传感器

图9-14　菲涅尔透镜

3）BISS0001芯片简介

BISS0001具有独立的高输入阻抗运算放大器，配以热释电红外探测器和少量外围元器件，即可构成被动式热释电红外传感器，广泛用于安防、自动控制等相关领域。如图9-15所示为BISS0001集成芯片的内部框图，各引脚功能如图9-16所示，其详细说明见表9-7。

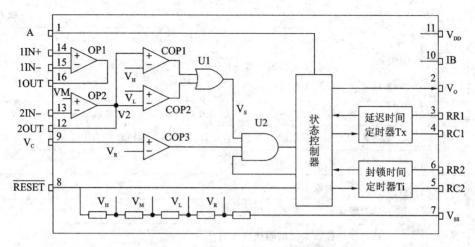

图 9 - 15 BISS0001 芯片内部框图

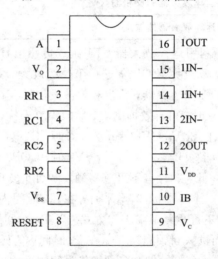

图 9 - 16 BISS0001 芯片引脚功能

表 9 - 7 BISS0001 管脚说明

引脚	名称	I/O	功能说明
1	A	I	可重复触发/不可重复触发选择端。当 A 端接"0"电平时,在 Tx 时间内任何 V2 的变化都被忽略,直至 Tx 时间结束,即所谓不可重复触发工作方式。当 A 为"1"时,允许重复触发
2	V_o	O	控制信号输出端。由 VS 的上跳前沿触发,使 V_o 输出从低电平跳变到高电平时视为有效触发。在输出延迟时间 Tx 之外和无 V_s 的上跳变时,V_o 保持低电平状态
3	RR1	—	输出延迟时间 Tx 的调节端
4	RC1	—	输出延迟时间 Tx 的调节端
5	RC2	—	触发封锁时间 Ti 的调节端
6	RR2	—	触发封锁时间 Ti 的调节端
7	V_{ss}	—	工作电源负端,一般接 0V

引脚	名称	I/O	功 能 说 明
8	$V_{RF}/$ RESET	I	参考电压 V_{RF} 及复位输入端 RESET 通常接 V_{CC}，当接"0"时可使定时器复位
9	V_C	I	触发禁止端，当 $V_C < V_R$ 时禁止触发，当 $V_C > V_R$ 时允许触发（$V_R \approx 0.2V_{DD}$）
10	IB	—	运算放大器偏置电流设置端，经 RB 接 V_{SS} 端，RB 取值为 1M 左右
11	V_{CC}	—	工作电源正端，范围为 3～5 V
12	2OUT	O	第二级运算放大器的输出端
13	2IN−	I	第二级运算放大器的反相输入端
14	1IN+	I	第一级运算放大器的同相输入端
15	1IN−	I	第一级运算放大器的反相输入端
16	1OUT	O	第一级运算放大器的输出端

首先，根据实际需要，利用运算放大器 OP1 组成传感信号预处理电路，将信号放大。然后将此信号耦合输送给运算放大器 OP2，进行第二级放大，并将输出信号 V2 送到由比较器 COP1 和 COP2 组成的双向鉴幅器，检出有效触发信号 V_s。由于 $V_H \approx 0.7V_{DD}$、$V_L \approx 0.3V_{DD}$，所以，当 $V_{DD} = 5$ V 时，可有效抑制 ± 1 V 的噪声干扰，提高系统的可靠性。COP3 是一个条件比较器。当输入电压 $V_C < V_R$（$\approx 0.2V_{DD}$）时，COP3 输出为低电平，封锁住了与门 V2，禁止触发信号 V_s 向下级传递；而当 $V_C > V_R$ 时，COP3 输出为高电平，进入延时周期。依据 A 端接的电平的高低，芯片有不可重复触发和可重复触发两种工作方式。

① 不可重复触发方式。当 A 端接"0"电平时，在 Tx 时间内任何 V2 的变化都被忽略，直至 Tx 时间结束，即所谓不可重复触发工作方式。当 Tx 时间结束时，V_o 下跳回低电平，同时启动封锁时间定时器而进入封锁周期 Ti。在 Ti 时间内，任何 V2 的变化都不能使 V_o 跳变为有效状态（高电平），故可有效抑制负载切换过程中产生的各种干扰。

② 可重复触发工作方式。在 $V_C > V_R$、A 接高电平时，V_s 可重复触发 V_o 为有效状态，并可促使 V_o 在 Tx 周期内一直保持有效状态。在 Tx 时间内，只要 V_s 发生上跳变，则 V_o 将从 V_s 上跳变时刻起继续延长一个 Tx 周期；若 V_s 保持为"1"状态，则 V_o 一直保持有效状态；若 V_s 保持为"0"状态，则在 Tx 周期结束后 V_o 恢复为无效状态，并且，同样在封锁时间 Ti 内，任何 V_s 的变化都不能触发 V_o 为有效状态。

4）信号采集与处理电路

红外信号采集与处理模块如图 9-17 所示。在图中，热释电红外传感器将检测到的由行人产生的红外能量转化为交变电压信号经过 R1、C1 进行隔交（去除交流干扰）、限幅、整流输入到 BISS0001 的 14（1IN+）管脚，经 14，15 管脚（1IN−）一级放大后由 16（1OUT）口输出。

输出信号由电阻 R6 和电容 C3 进行耦合，其后由 13（2IN−）管脚输入，进行二级放大。再经双向鉴幅、状态控制器，从端口 2 输出，送到单片机。与 BISS0001 芯片的 3、4 引脚相连接的 R10 和 C6 决定了输出延迟时间，通过调整 R10 及 C6 的大小，可以调整输出延迟时间 Tx。与 BISS0001 芯片的 5、6 引脚相连接的 R9 和 C7 决定了触发封锁时间 Ti，通过调整 R9 及 C7 的大小，可以调整触发封锁时间 Ti。SW 开关用来控制电路是否可重触发，当 SW 接地，电路被设置成不可重触发方式时，若 SW 与＋5 V 电源连接，则电路即为可重触发方式；在该方式下，只要有人在监控区域内走动，电路将不停地输出报警信号。为了提高报警器的可靠性，本设计选择可重触发方式。

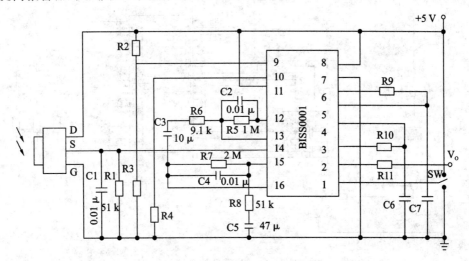

图 9-17　红外信号处理模块

3. 按键控制电路

本电路的设计就是为了控制系统中布控和紧急状态下不同的工作形式。当按下布控按键 30 秒后进入监控状态；当有人靠近时，热释电红外传感器感应到红外信号，经处理后传回单片机，单片机立即报警；当遇到特殊紧急情况时，可按下紧急报警键，蜂鸣器进行报警。如图 9-18 所示，P1.0 对应紧急按钮 S4，P1.1 对应布控按钮 S3，P1.2 对应取消报警按钮 S2。

4. 指示灯和报警电路

如图 9-19 所示，在单片机的 I/O 里会输出高低电平，在 P2.0、P2.1 和 P2.2 分别接上 LED 指示灯，而 P2.3 接上蜂鸣器，在蜂鸣器外接一个 8550 的三极管起到开关作用，当三极管达到饱和状态时就驱动蜂鸣器工作。

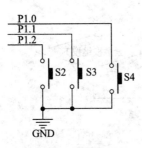

图 9-18　按键部分

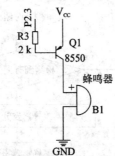

图 9-19　指示灯和报警电路

报警器原理图如图 9-20 所示。

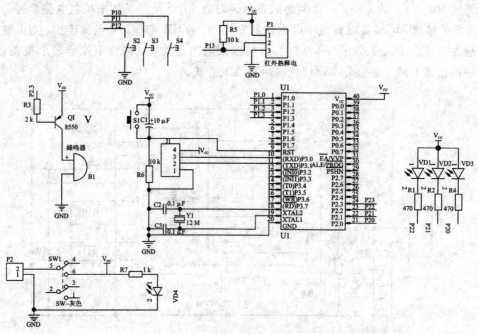

图 9 - 20　报警器原理图

9.2.3　软件设计

1. 主程序工作流程图

系统主程序工作流程图如图 9 - 21 所示。

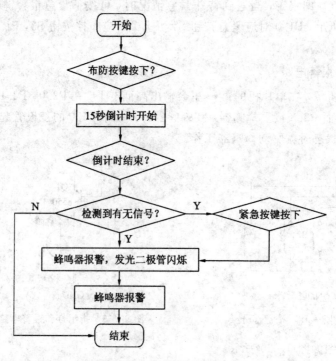

图 9 - 21　主程序工作流程图

2. 软件设计

```
#include <reg52.h>                      //调用单片机头文件
#define uchar    unsigned char          //无符号字符型　宏定义　变量范围 0~255
#define uint     unsigned int           //无符号整型　宏定义　变量范围 0~65535
sbit    beep = P2^3;                    //蜂鸣器定义
sbit    red = P2^2;                     //红色发光二极管定义
sbit    green = P2^1;                   //绿色发光二极管定义
sbit    yellow = P2^0;                  //黄色发光二极管定义
sbit    PIR = P1^3;                     //红外热释传感器定义
bit    flag_300 ms = 0;
uchar   flag_alarm;                     //报警标志位
uchar   flag_monitor;                   //布控标志位
uchar   flag_ monitor _en;             //布控标志位使能
uint flag_value;   //用做定时器的变量


/* * * * * * * * * * * * * * * * *1 ms 延时函数 * * * * * * * * * * * * * * * * * * * */
void delay_1 ms(uint q)
{
    uint i, j;
    for(i=0; i<q; i++)
        for(j=0; j<120; j++);
}


/* * * * * * * * * * * * * * * * * *独立按键程序 * * * * * * * * * * * * * * * * * * * */
uchar key_value;                        //按键值


void key()                              //独立按键程序
{
    static  uchar  key_new;
    key_value = 20;                     //按键值还原
    P1 |= 0x07;
    if((P1 & 0x07) ! = 0x07)            //按键按下
    {
        delay_1 ms(1);                  //按键消抖动
        if(((P1 & 0x07) ! = 0x07) && (key_new == 1))
        {                               //确认是按键按下
key_new = 0;
switch(P1 & 0x07)                        //用 P1 口的各位与二进制数"00000111"
    {                                   //相与，以此来判断 P1 口低 3 位的状态
            case 0x06: key_ value = 1; break;      /* 如过"与运算"结果为 0x06(即二进制
                                                    00000110)，则说明 P1.0 这一位被按下，
                                                    变为低电平 0 了，即可得出 P1.0 口对应
```

```
                                          键按下，得到按键值 */
          case 0x05：key_ value = 2；break；        //P1.1 口对应键按下，得到按键值
          case 0x03：key_ value = 3；break；        //P1.2 口对应键按下，得到按键值
          }
       }
    }
    else                              //按键松开
        key_new = 1；
}


/* * * * * * * * * * * * * * *对应不同按键处理* * * * * * * * * * * * * * * * * */
void key_dealwith()
{
    if(key_ value == 1)              //P1.0 口对应的紧急按键被按下，按键紧急报警
    {
        flag_alarm = 1；            //报警标志位 ；
    }
    if(key_ value == 2)              //P1.1 口对应的按键被按下，布控
    {
        flag_ monitor_en = 1；
    }
    if(key_ value == 3)              // P1.2 口对应的按键按下，取消报警，变量清零
    {
        flag_alarm = 0；
        flag_ monitor = 0；
        flag_ monitor _en = 0；
        flag_value = 0；
        beep = 1；
        red = 1；                   //关闭红灯
        green = 1；                 //关闭绿灯
        yellow = 1；                //关闭黄灯
    }
}


/* * * * * * * * * * * * * * *定时器 0 初始化程序* * * * * * * * * * * * * * * * * */
void time_init()
{
    EA= 1；                         //开总中断
    TMOD = 0X01；                    //定时器 0 工作方式 1
    ET0= 1；                        //开定时器 0 中断允许
    TR0= 1；                        //定时器 0 定时运行启动
}
```

```
/* * * * * * * * * * * * * * * *红外报警处理* * * * * * * * * * * * * * * * * * * * * */
void PIR_dealwith()
{
    if(flag_ monitor _en == 1)        //准备开始布控
    {
        green = ~green;               //绿灯闪
    }
    if(flag_ monitor == 1)            //确认布防
    {
        green = 0;                    //如果延时布控成功,绿灯长亮
        if(PIR == 1)                  //红外有输出
        {
            flag_alarm = 1;
        }
    }
    if(flag_alarm == 1)               //报警
    {
        red = ~red;                   //红灯报警
        beep = ~beep;                 //蜂鸣器报警
    }
}


/* * * * * * * * * * * * * * * *主程序* * * * * * * * * * * * * * * * * * * * * * */
void main()
{
    time_init();                      //定时器初始化程序
    beep = 0;                         //开机叫一声
    delay_1 ms(200);
    P0 = P1 = P2 = P3 = 0xff;         //初始化单片机 I/O 口为高电平
    while(1)
    {
        key();
        yellow = ~PIR;                //红外热释电指示灯,有输出就亮黄灯
        if(key_ value < 10)
        {
            key_dealwith();           //按键设置函数
        }
        if(flag_300 ms == 1)
        {
            flag_300 ms = 0;
            PIR_dealwith();           //红外报警函数
        }
    }
```

```
}

/ * * * * * * * * * * * * * *定时器0中断服务程序 * * * * * * * * * * * * * * * * * /
void time0_int() interrupt 1
{
    static uint value;
    TH0 = 0x3c;
    TL0 = 0xb0;                    // 50 ms
    value ++;
    if(value % 6 == 0)
    {
        flag_300 ms = 1;
    }
    if(flag_ monitor _en == 1)
    {
        flag_value ++;             // 400×50 ms = 20000 ms = 20 秒
        if(flag_value >= 400)      //20 秒
        {
            flag_ monitor = 1;
            flag_ monitor _en = 0;
            flag_value = 0;
        }
    }
}
```

参 考 文 献

[1] 杜文洁，王晓红. 单片机原理及应用案例教程. 北京：清华大学出版社，2012.

[2] 张先庭，向瑛，王忠等. 单片机原理、接口与 C51 应用程序设计（第 1 版）[M]. 北京：国防工业出版社，2011.

[3] 王小立，王体英，朱志. 单片机小系统设计与制作[M]. 合肥：合肥工业大学出版社，2012.

[4] 彭伟. 单片机 C 语言程序设计实训 100 例[M]. 北京：电子工业出版社，2009.

[5] 宋国富主编. 单片机技能与实训[M]. 北京：电子工业出版社，2010 年 2 月.

[6] 陈永甫. 红外探测与控制电路（第 1 版）[M]. 北京：人民邮电出版社，2004.

[7] 张毅刚. 单片机原理及应用（第二版）[M]. 北京：高等教育出版社，2010.

[8] 李全利. 单片机原理及接口技术（第二版）[M]. 北京：高等教育出版社，2009.

[9] 谢维成. 单片机原理与应用及 C51 程序设计（第二版）[M]. 北京：清华大学出版社，2009.

[10] 张兰红，邹华. 单片机原理及应用[M]. 北京：机械工业出版社，2011.